普通高等教育"十二五"规划教材

现代电气控制及PLC应用

主　编　傅龙飞　王贵锋

副主编　杨永清　魏祥林

主　审　王永顺

U0217602

中国水利水电出版社

www.waterpub.com.cn

内 容 提 要

　　本书是根据高校已普遍将低压电气控制技术和可编程控制器原理及应用两门课程合并为电气控制及 PLC 应用一门课程的情况，并充分考虑到现代电气控制技术的实际应用和发展趋势，结合培养高级工程技术应用型人才的定位而编写的。本书从实际工程应用出发，在强调知识实用性的层面上涵盖了现代电气控制技术及 PLC 应用两大部分，共分 8 章，主要内容包括：常用低压电器、电气控制线路、PLC 基础、S7—200 系列 PLC 的硬件及其编程软件、S7—200 系列 PLC 的基本指令及其应用、S7—200 系列 PLC 常用功能指令及其应用、S7—200 系列 PLC 通信与网络、PLC 应用系统设计及实例。本书内容丰富、重点突出，同时配有大量实用的例题及习题，便于自学、易于教学。

　　本书可作为本科院校电气信息类、自动化类、机电类专业及非机电类专业的教材，也可供相关工程技术人员参考使用。

图书在版编目（C I P）数据

现代电气控制及PLC应用 / 傅龙飞，王贵锋主编. --
北京：中国水利水电出版社，2013.2(2023.11重印)
　普通高等教育"十二五"规划教材
　ISBN 978-7-5170-0669-5

　Ⅰ．①现… Ⅱ．①傅… ②王… Ⅲ．①电气控制－高
等学校－教材②plc技术－高等学校－教材 Ⅳ.
①TM571.2②TM571.6

中国版本图书馆CIP数据核字(2013)第034509号

书　　名	普通高等教育"十二五"规划教材 **现代电气控制及 PLC 应用**
作　　者	主　编　傅龙飞　王贵锋 副主编　杨永清　魏祥林 主　审　王永顺
出版发行	中国水利水电出版社 （北京市海淀区玉渊潭南路 1 号 D 座　100038） 网址：www. waterpub. com. cn E-mail：sales@mwr. gov. cn 电话：(010) 68545888（营销中心）
经　　售	北京科水图书销售有限公司 电话：(010) 68545874、63202643 全国各地新华书店和相关出版物销售网点
排　　版	中国水利水电出版社微机排版中心
印　　刷	北京市密东印刷有限公司
规　　格	184mm×260mm　16 开本　16 印张　380 千字
版　　次	2013 年 2 月第 1 版　2023 年 11 月第 5 次印刷
印　　数	10501—13500 册
定　　价	**49. 00 元**

前 言
QIANYAN

随着教学改革的不断深入，现代电气控制及 PLC 控制技术教学在课程体系、教学内容、教学手段和教学模式等方面都有了新的变化。为了适应这种形势的需要，我们编写了既能涵盖现代电气控制基本概念、理论及方法，又能全面介绍可编程控制器的配置、编程和控制方面知识且偏重于应用的新教材。

本书根据教育部 2007 年提出的《关于进一步深化本科教学改革全面提高教学质量的若干意见》，结合独立学院的电气信息类、自动化类、机电类专业及非机电类专业的教学实际情况编写而成。全书立足于本科应用型人才培养目标，以理论为基石、以实践为导向，突出应用能力、工程设计能力及创新能力的培养，使读者具备一定的可编程控制器基础知识并掌握相关的软硬件技术。

本书在内容组织上力求通俗易懂、实用性强、理论联系实际，前半部分介绍常用低压电路，典型电气控制线路及设计方法，后半部分讲述了 PLC 的基本结构、编程语言及工作原理，在此基础上详细讲述了 S7—200 系列 PLC 的硬件、软件、各类指令及其应用，并通过一些典型实例介绍了 PLC 应用系统的设计方法及技巧，从而进一步突出实践技能和应用能力的培养。

本书具有以下几个特点：

（1）将有关电气符号等国家标准融合在典型的工业控制示例中，介绍其工作原理及控制过程，使学生掌握元件的选型及配置等难点知识。

（2）按照自动化项目实现的顺序进行编写，从硬件的选型、连线、编程软件的安装、硬件配置、编程到调试，使初学者循序渐进地理解和学习一个完整的自动化项目的流程。

（3）以大量的篇幅介绍了基本指令的使用，指令列举了使用方法和环境，达到举一反三的目的。

（4）使用简单的示例程序介绍了复杂的间接寻址，示例程序来源于工程实际，针对性强。

（5）以 PLC 网络为基础，介绍了不同的通信方式和方法。

　　本书由傅龙飞、王贵锋任主编，杨永清、魏祥林任副主编。其中，傅龙飞编写了第 1 章及第 5 章，王贵锋编写了第 3 章及第 4 章，杨永清编写了第 7 章，魏祥林编写了第 6 章，吴小所编写了第 2 章及部分习题，陈天胜、任继锋、林冠吾共同编写了第 8 章，任继锋编写了部分例题并完成了大部分图表，赵中玉编写了部分例题及习题。全书由傅龙飞等统稿。

　　本书在编写过程中得到了兰州理工大学技术工程学院的大力支持，王永顺教授任主审，对送审稿提出了许多建设性和具体的意见，王瑞祥研究员对全书编写工作以及书稿内容提出了许多指导性的意见，谢黎明教授对送审稿提出了许多宝贵意见和建议，任宗义教授也对本书的编写给予了支持与帮助，张晋平副教授对本书进行了大量文字校对工作，一些兄弟院校老师对本书的编写也提出了不少宝贵意见。这些意见和建议对提高本书质量有着重要意义，在此，编者谨向他们表示诚挚的谢意。

　　由于编者学识有限，时间仓促，内容取舍不一定完全妥当，书中的疏误或不当之处，敬请广大读者批评指正。

编　者

2013 年 2 月

目 录
MULU

第1章 常用低压电器

在各种工业现场，尤其是在工矿企业的电气控制设备中，低压电器的使用极为广泛。对于一个电气控制系统而言，无论传统还是现代，低压电器均作为其基本组成元件，控制系统的优劣和低压电器的性能有直接关系。作为现代电气控制系统中主流的 PLC 控制系统，往往需要大量的低压控制电器才能组成一个完整的控制系统，因此，熟悉各种常用低压电器的结构、工作原理和使用方法是学习电气控制及 PLC 的基础。

1.1 低压电器的定义及分类

1.1.1 电器及低压电器

最早的电器是 18 世纪物理学家研究电与磁现象时使用的刀开关。19 世纪后期，由于电能的应用陆续推向社会，各种电器也相继问世。目前，电器泛指所有用电的器具。本课程从专业角度上看，电器主要指根据外界的信号（机械力、电动力或其他物理量等）和要求，手动或自动地接通或断开电路，断续或连续地改变电路参数，以实现对电路或非电路对象的切换、控制、保护、检测、变换和调节用的电气设备。简言之，电器就是一种能控制电能的工具，但现在这一名词已经广泛地扩展到民用领域。从普通民众的角度来讲，主要是指家庭常用的一些为生活提供便利的用电设备，如电视机、空调、冰箱、洗衣机、各种小家电、升降平台用电器等。

GB/T 12326—2008《电能质量　电压波动和闪变》将系统标称电压 $U_N \leqslant 1kV$ 称为低压（LV）。换言之，低压电器是指额定电压等级在 1000V（包括交流和直流）以下的电器。

1.1.2 低压电器的分类

低压电器种类繁多、功能各样、构造各异、用途广泛，其工作原理各不相同。常用低压电器的分类方法较多，主要可从以下几个角度进行分类。

1. 按用途或控制对象分类

（1）配电电器。主要用于低压配电系统中。要求系统发生故障时准确动作、可靠工作，在规定条件下具有相应的动稳定性与热稳定性，使电器不会被损坏。常用的配电电器有刀开关、转换开关、熔断器、断路器等。

（2）控制电器。主要用于电气传动系统中。要求寿命长、体积小、重量轻且动作迅速、准确、可靠。常用的控制电器有接触器、继电器、启动器、主令电器、电磁铁等。

2. 按动作方式分类

（1）自动电器。它依靠自身参数的变化或外来信号的作用，自动完成接通或分断等动作，如接触器、继电器等。

（2）手动电器。它是用手动操作来进行切换的电器，如刀开关、转换开关、按钮等。

3. 按触点类型分类

（1）有触点电器。它是利用触点的接通和分断来切换电路，如接触器、刀开关、按钮等。

（2）无触点电器。它是无可分离的触点，主要利用电子元件的开关效应，即导通和截止来实现电路的通、断控制，如接近开关、霍尔开关、电子式时间继电器、固态继电器等。

4. 按工作原理分类

（1）电磁式电器。它是根据电磁感应原理动作的电器，如接触器、继电器、电磁铁等。

（2）非电量控制电器。它是依靠外力或非电量信号（如速度、压力、温度等）的变化而动作的电器，如转换开关、行程开关、速度继电器、压力继电器、温度继电器等。

1.2 电 磁 式 接 触 器

一般将电磁式接触器简称为接触器，主要用于控制电动机、电热设备、电焊机和电容器组等，能频繁地接通或断开交直流主电路，实现远距离自动控制。它具有低电压释放保护功能，广泛应用在电力拖动自动控制线路中。

接触器分为交流接触器和直流接触器两大类型，图 1.1 所示为交流接触器的图形符号及结构示意图。

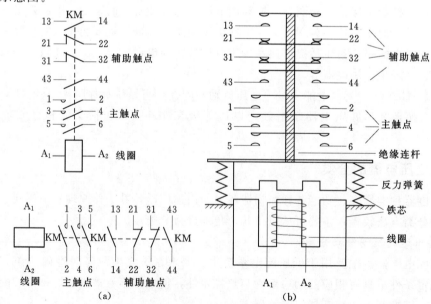

图 1.1 交流接触器图形符号及结构示意图
（a）接触器的图形符号；（b）接触器示意图

1.2.1 交流接触器的组成部分

1. 电磁机构

电磁机构由线圈、动铁芯（衔铁）和静铁芯组成。

电磁机构是电磁式低压电器的关键部分，其作用是利用电磁感应原理将电能转换成机械能，将电磁机构中吸引线圈的电能转换成电磁力，从而带动触点动作，以完成接通或断开电路的功能。电磁机构主要由吸引线圈、铁芯和衔铁组成，其结构形式按衔铁相对铁芯的运动方式可分为直动式和拍合式，拍合式又分为衔铁沿棱角转动和衔铁沿轴转动两种形式。

直动式电磁机构多用于交流接触器和交流继电器中。衔铁沿棱角转动的拍合式电磁机构多用于直流低压电器中。衔铁沿轴转动的拍合式电磁机构的铁芯形状有 E 形和 U 形两种，多用于触点容量较大的交流低压电器中。

吸引线圈的作用是将电能转换为磁能。线圈通入电流时，会在铁芯上产生磁通，衔铁在电磁吸力的作用下产生位移，从而带动触点系统动作。按照线圈通入电流种类的不同，吸引线圈可分为直流线圈和交流线圈。

对于直流线圈，铁芯不发热，只有线圈发热，所以直流电磁式低压电器的线圈一般做成无骨架、高而薄的瘦高形，使线圈与铁芯直接接触，易于线圈散热。铁芯和衔铁通常由铸钢、铸铁或软钢制成。

对于交流线圈，除线圈发热外，由于铁芯存在涡流和磁滞损耗，铁芯也会发热。为了改善线圈和铁芯的散热情况，在线圈中设有骨架，并将线圈制成短而厚的矮胖形，同时将铁芯与线圈隔开，以增加铁芯的散热面积。铁芯通常由硅钢片叠压而成，以减小交变磁场在铁芯中产生的涡流及磁滞损耗。

按照线圈在电路中的连接形式，吸引线圈可分为串联线圈（电流型线圈）和并联线圈（电压型线圈）。串联线圈串接在线路中，可用于电流检测，为减少对电路分压的影响，串联线圈采用的导线较粗、匝数少，因此线圈的阻抗较小。并联线圈并接在线路中，为减少电路的分流作用，需较大的阻抗，通常线圈的导线细、匝数多。

此外，需要对电磁吸力与反力特性进行简单说明。电磁机构工作时，由于线圈通电产生磁通并作用于衔铁，从而产生电磁吸力；线圈断电时，衔铁在复位弹簧拉力作用下复位。因此作用于衔铁的力有两个，即电磁吸力和反力。电磁机构的工作情况可由吸力特性和反力特性来表征。

电磁机构产生的电磁吸力与气隙之间的关系称为吸力特性。电磁吸力是反映电磁式低压电器工作可靠性的一个非常重要的参数，对于直流电磁机构，外加电压和线路电阻恒定时，流过线圈的电流为常数，与磁路的气隙大小无关；对于交流电磁机构，由于外加交变电压，当气隙一定时，其气隙磁感应强度也为交变量，按正弦规律变化，交流电磁机构的励磁电流与气隙成正比，在动作过程中为恒磁通工作，但考虑到漏磁通的影响，其吸力随气隙的减小略有增加，所以吸力特性比较平坦。

衔铁受到的反作用力（包括电磁机构转动部分的静阻力）与气隙之间的关系称为反力特性。反力的大小与复位弹簧、摩擦阻力及衔铁的质量有关。为了保证电磁机构能正常工作，其吸力特性与反力特性必须配合恰当；在衔铁吸合过程中，其吸力必须始终大于反力，也就是要保证吸力特性高于反力特性，但要注意吸力不能过大，否则会影响到电磁机构的寿命。在使用中可以通过调节复位弹簧或触点的初压力来改变反力特性，使之与吸力特性良好配合。

需要注意的是，对于单相交流电磁机构，由于磁通是交变的，当磁通为零时电磁吸力也为零，此时吸合后的衔铁会在反力的作用下被拉开。也就是说，由于交流电源频率的变化，电磁吸力每个周期有两次过零点。而磁通过零后吸力又随之增大，当吸力大于反力时衔铁再次吸合。所以衔铁将产生强烈的振动或噪声（嗡嗡声），甚至导致铁芯松动使电器无法正常工作。对此，解决的方法是在铁芯的端部开一个槽，槽内嵌入铜环（或闭合的线圈），称为短路环（或分磁环），短路环将磁通分相，产生两个大小不同、相位相异的电磁吸力。由于两个磁通不同时为零，因此合力始终大于零，只要此合力始终大于反力，衔铁的振动现象就会消除。

2. 触头系统

触头也称为触点，是电磁式低压电器的执行部分，用于接通或断开被控制的电路，包括主触头和辅助触头。主触头用于通断主电路，有 3 对或 4 对常开触头；辅助触头用于控制电路，起电气联锁或控制作用，通常有两对常开触头和两对常闭触头。

（1）触点的接触形式。触点的结构形式很多，按其接触形式可分为 3 种，即点接触、线接触和面接触。

1）点接触形式。触点间的接触面小，常用于通断电流较小的电路，如继电器触点。

2）线接触形式。触点间的接触区域为一条直线，这类触点也称为指形触点，为保证接触良好而常采用滚动接触的方法。这类触点多用于中等容量电器中，如接触器的主触点。

3）面接触形式。触点间接触面很大，允许通过较大的电流。通常一对触点由动触点和静触点组成。

（2）电接触状态与接触电阻。触点在闭合时（动、静触点完全接触）有工作电流通过的状态，称为电接触状态。电接触状态的好坏将影响触点的可靠性和使用寿命。由于触点表面的不平整或氧化膜的存在，使得动、静触点闭后，不可能完全紧密地接触。从微观上看，仅是在一些凸起点周围存在着有效接触，并形成收缩状的电流线。局部区域电流密度的加大，使得该区域的电阻远远大于金属导体的电阻，这种电阻称为接触电阻。

由于接触电阻的存在，不仅会造成一定的电压损失，还会增加铜损耗，造成触点温度升高。温度升高又会加快触点表面的氧化过程，使接触电阻增加。极端情况下易使触点产生熔焊现象，既影响电路工作的可靠性，又降低了触点的寿命。因此实际中应采取必要的措施来减小接触电阻，主要有以下几种方法：

1）增加动、静触点的接触压力，使接触时的凸起点发生形变而增加有效接触面积，从而减小接触电阻。通常可在动触点上安装触点弹簧。

2）触点材料的电阻系数越小，接触电阻也越小。而金属中银的电阻系数最小，其氧化物与金属银的导电率非常接近，但金属银的价格较高，所以常采用在铜质底座上镀银或嵌银的方法，以减小接触电阻。

3）由于温度的升高会加速触点金属表面的氧化过程，尤其在大容量的低压电器中，严重的氧化会使接触点之间形成绝缘而导致电路断路。因此，可采用滚动接触的指形触点，每次闭合时动、静触点间的相对摩擦过程可有效去除氧化膜，从而增加触点的导电性。

另外，现场恶劣的工作环境也有可能影响触点的导电性，如环境中的尘埃、悬浮在空气中的油渍等。所以应定期使用无水乙醇或其他药水对触点进行擦拭，保持其表面的清洁。

（3）触点的分类。按照可承担负载电流的大小，可将触点分为主触点和辅助触点，主触点允许流过的电流大。按照动作特点划分，可将触点分为常开触点和常闭触点。常开触点也称为动合触点，此类触点在线圈失电（电磁机构不动作）时处于断开状态，而在线圈得电时处于闭合状态。常闭触点也称为动断触点，此类触点在线圈失电时处于闭合状态，而在线圈得电时处于断开状态。

3. 灭弧装置

当触点通断电路时，如果被断开电路的电流（或电压）超过一定数值，由于气体放电，就会在动、静触点间产生强烈的火花，称为电弧。电弧会产生高温并发出强光，通常会烧损触点表面，影响电器的工作状态，降低电器的使用寿命，严重时会引起火灾或造成人身伤害事故。因此，在电器中应采取适当的措施尽可能快地熄灭电弧。

为使电弧熄灭，应设法降低电弧的温度和电场强度，如增大电弧长度、加大散热面积等。低压电器中常用的灭弧装置有用于直流低压电器中的磁吹式灭弧装置，这种灭弧装置是利用电弧电流来灭弧的，因而电弧电流越大，吹弧的能力越强，灭弧效果也越好；亦有用于交流的灭弧装置灭弧栅等。为了加强灭弧效果，可将同一电器的两个或多个触点串联起来当做一个触点使用，这组触点便形成多断点，这种灭弧方式称为多断点灭弧。

容量在 10A 以上的接触器都有灭弧装置。对于小容量的接触器，常采用双断口桥形触头以利于灭弧；对于大容量的接触器，常采用纵缝灭弧罩及栅片灭弧结构。

4. 其他部件

其他部件包括反作用弹簧、缓冲弹簧、触头压力弹簧、传动机构及外壳等。

接触器上标有端子标号，线圈为 A1、A2，主触头 1、3、5 接电源侧，2、4、6 接负荷侧。辅助触头用两位数表示，前一位为辅助触头顺序号，后一位的 3、4 表示常开触头，1、2 表示常闭触头。

接触器的控制原理很简单，当线圈接通额定电压时产生电磁力，克服弹簧反力，吸引动铁芯向下运动，动铁芯带动绝缘连杆和动触头向下运动使常开触头闭合，常闭触头断开；当线圈失电或电压低于释放电压时，电磁力小于弹簧反力，常开触头断开，常闭触头闭合。

1.2.2 接触器的主要技术参数和类型

（1）额定电压。接触器的额定电压是指主触头的额定电压。交流额定电压有 220V、380V 和 660V，在特殊场合应用的额定电压高达 1140V；直流额定电压主要有 110V、220V 和 440V。

（2）额定电流。接触器的额定电流是指主触头的额定工作电流。它是在一定条件（额定电压、使用类别和操作频率等）下规定的，目前常用的电流等级为 10～800A。

（3）吸引线圈的额定电压。交流额定电压有 36V、127V、220V 和 380V；直流额定电压有 24V、48V、220V 和 440V。

（4）机械寿命和电气寿命。接触器是频繁操作电器，应有较高的机械和电气寿命，该指标是产品质量的重要指标之一。

（5）额定操作频率。接触器的额定操作频率是指每小时允许的操作次数，一般为 300 次/h、600 次/h 和 1200 次/h。

（6）动作值。动作值是指接触器的吸合电压和释放电压。规定接触器的吸合电压大于线圈额定电压的 85％时应可靠吸合，释放电压不高于线圈额定电压的 70％。

常用的交流接触器有 CJ10、CJ12、CJ10X、CJ20、CJX1、CJX2、3TB 和 3TD 等系列。

1.2.3　接触器的选择

选择接触器时应注重以下几点：

（1）根据负载性质选择接触器的类型。

（2）额定电压应不小于主电路工作电压。

（3）额定电流应不小于被控电路的额定电流。对于电动机负载，还应根据其运行方式适当增大或减小。

（4）吸引线圈的额定电压与频率要与所在控制电路选用的电压和频率一致。

1.3　控 制 继 电 器

控制继电器用于电路的逻辑控制，继电器具有逻辑记忆功能，能组成复杂的逻辑控制电路，用于将某种电量（如电压、电流）或非电量（如温度、压力、转速、时间等）的变化量转换为开关量，以实现对电路的自动控制功能。

继电器的种类很多，按输入量可分为电压继电器、电流继电器、时间继电器、速度继电器、压力继电器等；按工作原理可分为电磁式继电器、感应式继电器、电动式继电器、电子式继电器等；按用途可分为控制继电器、保护继电器等；按输入量变化形式可分为有或无继电器（all-or-nothing relay）和量度继电器。

有或无继电器是根据输入量的有或无来动作的，无输入量时继电器不动作，有输入量时继电器动作，如中间继电器、通用继电器、时间继电器等。

量度继电器是根据输入量的变化来动作的，工作时其输入量是一直存在的，只有当输入量达到一定值时继电器才动作，如电流继电器、电压继电器、热继电器、速度继电器、压力继电器、液位继电器等。

1.3.1　电磁式继电器

控制电路中的继电器大多数是电磁式继电器。电磁式继电器具有结构简单、价格低廉、使用维护方便、触点容量小（一般在 5A 以下）、触点数量多且无主辅之分、无灭弧装置、体积小、动作迅速准确、控制灵敏、可靠等特点，广泛地应用于低压控制系统中。常用的电磁式继电器有电流继电器、电压继电器、中间继电器以及各种小型通用继电器等。

电磁式继电器的结构和工作原理与接触器相似，主要由电磁机构和触点组成。电磁式继电器也有直流和交流两种。如图 1.2（a）所示为直流电磁式继电器的结构示意图，在线圈两端加上电压或通入电流，产生电磁力，当电磁力大于弹簧反力时，吸动衔铁使常开、常闭触点动作；当线圈的电压或电流下降或消失时，释放衔铁，触点复位。

1. 电磁式继电器的整定

继电器的吸动值和释放值可以根据保护要求在一定范围内调整，现以图 1.2（a）所示的直流电磁式继电器为例予以说明。

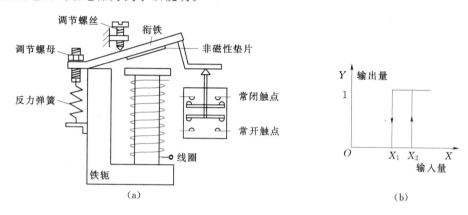

图 1.2　直流电磁式继电器结构示意图及输入输出特性

(a) 直流电磁式继电器结构示意图；(b) 继电器输入—输出特性

（1）转动调节螺母，调整反力弹簧的松紧程度可以调整动作电流（电压）。弹簧反力越大，动作电流（电压）越大；反之越小。

（2）改变非磁性垫片的厚度。非磁性垫片越厚，衔铁吸合后磁路的气隙和磁阻就越大，释放电流（电压）也就越大；反之越小，而吸引值不变。

（3）转动调节螺丝，可以改变初始气隙的大小。在反作用弹簧力和非磁性垫片厚度一定时，初始气隙越大，吸引电流（电压）越大；反之越小，而释放值不变。

2. 电磁式继电器的特性

继电器的主要特性是输入—输出特性，又称为继电特性，如图 1.2（b）所示。

当继电器输入量 X 由 0 增加至 X_2 之前，输出量 Y 为 0。当输入量增加到 X_2 时，继电器吸合，输出量 Y 为 1，表示继电器线圈得电，常开触点闭合，常闭触点断开。当输入量继续增大时，继电器动作状态不变。

在输出量 Y 为 1 的状态下，输入量 X 减小至小于 X_2 时 Y 值仍不变，当 X 再继续减小至小于 X_1 时，继电器释放，输出量 Y 变为 0，X 再减小，Y 值仍为 0。

在继电特性曲线中，X_2 称为继电器吸合值，X_1 称为继电器释放值。$k = X_1/X_2$，称为继电器的返回系数，它是继电的重要参数之一。

返回系数 k 值可以调节，不同场合对 k 值的要求不同。例如，一般控制继电器要求 k 值低些，在 0.1～0.4 之间，这样继电器吸合后，输入量波动较大时不致引起误动作；保护继电器要求 k 值高些，一般在 0.85～0.9 之间。k 值是反映吸力特性与反力特性配合紧密程度的一个参数，一般 k 值越大，继电器灵敏度越高；k 值越小，灵敏度越低。

1.3.2　中间继电器

　　中间继电器是最常用的继电器之一，其结构和接触器基本相同，如图 1.3（b）所示，其图形符号如图 1.3（a）所示。

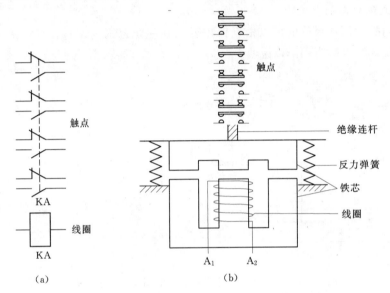

（a）　　　　　　　　　　　　　　（b）

图 1.3　中间继电器图形符号及结构示意图

（a）中间继电器的图形符号；（b）中间继电器结构示意图

　　中间继电器在控制电路中具有逻辑变换和状态记忆的功能，可用于扩展触点的容量和数量。另外，在控制电路中还可以调节各继电器、开关之间的动作时间，防止电路误动作。中间继电器实质上是一种电压继电器，它是根据输入电压的有或无而动作的，一般触点对数多，触点容量额定电流为 5～10A。中间继电器体积小，动作灵敏度高，一般不用于直接控制电路的负荷，但当电路的负荷电流在 5～10A 以下时，也可代替接触器起控制负荷的作用。中间继电器的工作原理和接触器一样，触点较多，一般为 4 常开和 4 常闭触点。

　　常用的中间继电器型号有 JZ7、JZ14 等。

1.3.3　电流继电器

　　电流继电器的输入量是电流，它是根据输入电流大小而动作的继电器。电流继电器的线圈串入电路中，以反映电路电流的变化，其线圈匝数少、导线粗、阻抗小。电流继电器可分为欠电流继电器和过电流继电器。

　　欠电流继电器用于欠电流保护或控制，如直流电动机励磁绕组的弱磁保护、电磁吸盘中的欠电流保护、绕线式异步电动机启动时电阻的切换控制等。欠电流继电器的动作电流整定范围为线圈额定电流的 30%～65%。需要注意的是，欠电流继电器在电路正常工作时，电流正常不欠电流时，欠电流继电器处于吸合动作状态，常开触点处于闭合状态，常闭触点处于断开状态；当电路出现不正常现象或故障导致电流下降或消失时，继电器中流过的电流小于释放电流而动作，所以欠电流继电器的动作电流为释放电流而不是吸合电流。

过电流继电器用于过电流保护或控制，如起重机电路中的过电流保护。过电流继电器在电路正常工作时流过正常工作电流，正常工作电流小于继电器所整定的动作电流时，继电器不动作，当电流超过动作电流整定值时才动作。过电流继电器动作时其常开触点闭合，常闭触点断开。交流过电流继电器整定范围为（110%～400%）I_N，直流过电流继电器整定范围为（70%～300%）I_N。

常用的电流继电器的型号有 JL12、JL15 等。

电流继电器作为保护电器时，其图形符号如图 1.4 所示。

1.3.4 电压继电器

电压继电器的输入量是电路的电压，它根据输入电压大小而动作。电压继电器可分为欠电压继电器、过电压继电器和零电压继电器 3 种。过电压继电器动作电压范围为（105%～120%）U_N；欠电压继电器吸合电压动作范围为（20%～50%）U_N，释放电压调整范围为（7%～20%）U_N；零电压继电器当电压降低至（5%～25%）U_N 时动作，它们分别起过压、欠压、零压保护。电压继电器工作时并联在电路中，因此线圈匝数多、导线细、阻抗大，反映电路中电压的变化，用于电路的电压保护。

电压继电器常用在电力系统继电保护中，在低压控制电路中使用较少。

电压继电器作为保护电器时，其图形符号如图 1.5 所示。

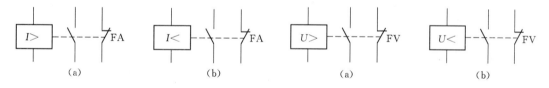

图 1.4　电流继电器的图形符号	图 1.5　电压继电器的图形符号
（a）过电流继电器；（b）欠电流继电器	（a）过电压继电器；（b）欠电压继电器

1.3.5 时间继电器

时间继电器在控制电路中用于时间的控制。其种类很多，按动作原理可分为电磁式、空气阻尼式、电动式和电子式等；按延时方式可分为通电延时型和断电延时型。下面以 JS7 型空气阻尼式时间继电器为例说明其工作原理。

空气阻尼式时间继电器是利用空气阻尼原理获得延时的，它由电磁机构、延时机构和触头系统 3 部分组成。电磁机构为直动式双 E 形铁芯，触头系统借用 LX5 型微动开关，延时机构采用气囊式阻尼器。

空气阻尼式时间继电器可以做成通电延时型，也可改成断电延时型，电磁机构可以是直流的，也可以是交流的，如图 1.6 所示。

现以通电延时型时间继电器为例介绍其工作原理。

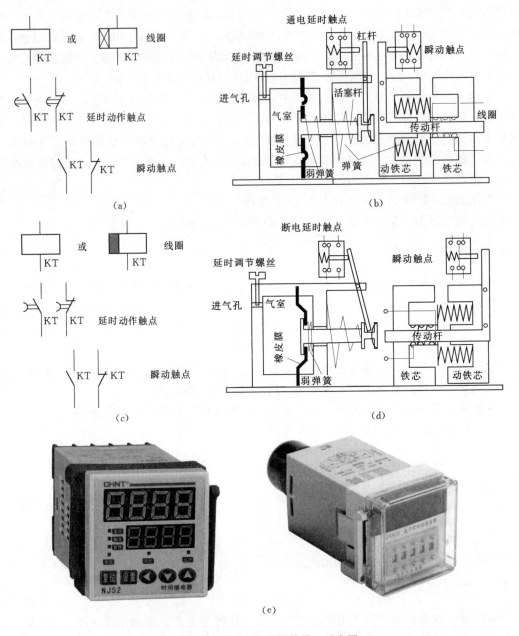

图 1.6 时间继电器图形符号、示意图

（a）通电延时继电器图形符号；（b）阻尼式通电延时继电器示意图；（c）断电延时继电器图形符号；
（d）阻尼式断电延时继电器示意图；（e）电子式时间继电器

　　图 1.6（b）所示为通电延时型时间继电器线圈不得电时的情况，当线圈通电后，动铁芯吸合，带动 L 形传动杆向右运动，使瞬动触点受压，其触点瞬时动作。活塞杆在塔形弹簧的作用下，带动橡皮膜向右移动，弱弹簧将橡皮膜压在活塞上，橡皮膜左方的空气不能进入气室，形成负压，只能通过进气孔进气，因此活塞杆只能缓慢地向右移动，其移动的速度和进气孔的大小有关（通过延时调节螺丝调节进气孔的大小可改变延时时间）。

经过一定的延时后，活塞杆移动到右端，通过杠杆压动微动开关（通电延时触点），使其常闭触头断开，常开触头闭合，起到通电延时作用。

当线圈断电时，电磁吸力消失，动铁芯在反力弹簧的作用下释放，并通过活塞杆将活塞推向左端，这时气室中的空气通过橡皮膜和活塞杆之间的缝隙排掉，瞬动触点和延时触点迅速复位，无延时。

如果将通电延时型时间继电器的电磁机构反向安装，就可以改为断电延时型时间继电器，如图 1.6（d）所示。线圈不得电时，塔形弹簧将橡皮膜和活塞杆推向右侧，杠杆将延时触点压下（注意，原来通电延时的常开触点现在变成了断电延时的常闭触点，原来通电延时的常闭触点现在变成了断电延时的常开触点），当线圈通电时，动铁芯带动 E 形传动杆向左运动，使瞬动触点瞬时动作，同时推动活塞杆向左运动，如前所述，活塞杆向左运动不延时，延时触点瞬时动作。线圈失电时动铁芯在反力弹簧的作用下返回，瞬动触点瞬时动作，延时触点延时动作。

时间继电器的线圈和延时触点图形符号，如图 1.6（a）和图 1.6（c）所示。

此处需要特别说明的是，时间继电器的瞬动触点与延时动作触点动作方式有着明显的区别，前者只要线圈（无论通电延时还是断电延时线圈）一旦得电，触点立刻动作；而后者只有延时时间到达时，方可动作。另外，由于延时触点符号较多，读者可通过圆弧圆心所在为触点动作趋势（类似于降落伞）判别各个不同的延时触点。

空气阻尼式时间继电器的优点是结构简单、延时范围大、寿命长、价格低廉，且不受电源电压及频率波动的影响，其缺点是延时误差大、无调节刻度指示，一般适用延时精度要求不高的场合。常用的产品有 JS7—A、JS23 等系列，其中 JS7—A 系列的主要技术参数为延时范围，分 0.4～60s 和 0.4～180s 两种，操作频率为 600 次/h，触头容量为 5A，延时误差为 ±15%。在使用空气阻尼式时间继电器时，应保持延时机构的清洁，防止因进气孔堵塞而失去延时作用。

目前使用较多的时间继电器为新型的电子式时间继电器，如图 1.6（e）所示。电子式时间继电器又称半导体时间继电器，利用半导体元件做成。具有适用范围广、延时精度高、调节方便、寿命长等一系列的优点，被广泛地应用于自动控制系统中。半导体延时电路大致可分为阻容式（电阻与电容构成）和数字式两大类，按触点类型又可分为有触点、无触点两类，如果延时电路的输出是有触点的继电器则称为触点输出，若输出是无触点元件则称为无触点输出。

在选用时间继电器时，应根据控制要求选择其延时方式，根据延时范围和精度选择继电器的类型。

1.3.6 热继电器

热继电器主要用于电气设备（以电动机为主）的过载保护。热继电器是一种利用电流热效应原理工作的电器，具有与电动机容许过载特性相近的反时限动作特性，主要与接触器配合使用，用于对三相异步电动机的过负荷和断相保护。

三相异步电动机在实际运行中，常会遇到因电气或机械原因等引起的过电流（过载和断相）现象。如果过电流不严重，持续时间短，绕组不超过允许温升，这种过电流是允许的；如果过电流情况严重，持续时间较长，则会加快电动机绝缘老化，甚至烧毁电动机，因此，在电动机回路中应设置电动机保护装置。常用的电动机保护装置种类很多，使用最多、最普遍的是双金属片式热继电器。目前，双金属片式热继电器均为三相式，有带断相保护和不带断相保护两种。

1. 热继电器的工作原理

如图 1.7（a）所示为热继电器图形符号，图 1.7（b）所示为双金属片式热继电器的结构示意图，由该图可见，热继电器主要由双金属片、热元件、复位按钮、传动杆、拉簧、调节旋钮、复位螺丝、触点和接线端子等组成。

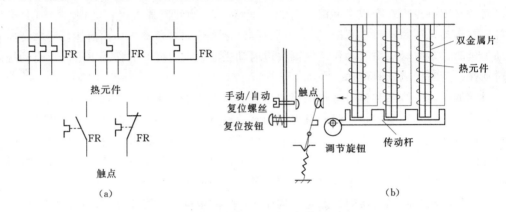

图 1.7　热继电器图形符号及结构示意图
(a) 热继电器图形符号；(b) 热继电器结构示意图

双金属片是一种将两种线膨胀系数不同的金属用机械辗压方法使之形成一体的金属片。膨胀系数大的（如铁镍铬合金、铜合金或高铝合金等）称为主动层，膨胀系数小的（如铁镍类合金）称为被动层。由于两种线膨胀系数不同的金属紧密地贴在一起，当产生热效应时，使得双金属片向膨胀系数小的一侧弯曲，由弯曲产生的位移带动触头动作。

热元件一般由铜镍合金、镍铬铁合金或铁铬铝等合金电阻材料制成，其形状有圆丝、扁丝、片状和带材几种。热元件串接于电动机的定子电路中，通过热元件的电流就是电动机的工作电流（大容量的热继电器装有速饱和互感器，热元件串接在其二次回路中）。当电动机正常运行时，其工作电流通过热元件产生的热量不足以使双金属片变形，热继电器不会动作。当电动机发生过电流且超过整定值时，双金属片的热量增大而发生弯曲，经过一定时间后，使触点动作，通过控制电路切断电动机的工作电源。同时，热元件也因失电而逐渐降温，经过一段时间的冷却，双金属片恢复到原来状态。

热继电器动作电流的调节是通过旋转调节旋钮来实现的。调节旋钮为一个偏心轮，旋转调节旋钮可以改变传动杆和动触点之间的传动距离，距离越长，动作电流越大；反之，动作电流越小。

热继电器复位方式有自动复位和手动复位两种，将复位螺丝旋入，使常开的静触点向动触点靠近，这样动触点在闭合时处于不稳定状态，在双金属片冷却后动触点也返回，为自动复位方式。如将复位螺丝旋出，触点不能自动复位，为手动复位方式。在手动复位方式下，需在双金属片恢复状态时按下复位按钮才能使触点复位。

2. 热继电器的选择原则

热继电器主要用于电动机的过载保护,使用中应考虑电动机的工作环境、启动情况、负载性质等因素,具体应按以下几个方面来选择:

(1) 热继电器结构型式的选择:星形接法的电动机可选用两相或三相结构热继电器,三角形接法的电动机应选用带断相保护装置的三相结构热继电器。

(2) 热继电器的动作电流整定值一般为电动机额定电流的 1.05~1.1 倍。

(3) 对于重复短时工作的电动机(如起重机电动机),由于电动机不断重复升温,热继电器双金属片的温升跟不上电动机绕组的温升,电动机将得不到可靠的过载保护。因此,不宜选用双金属片热继电器,而应选用过电流继电器或能反映绕组实际温度的温度继电器来进行保护。

1.3.7 速度继电器

速度继电器又称为反接制动继电器,主要用于三相鼠笼式异步电动机的反接制动控制。如图 1.8 所示为速度继电器的图形符号及原理示意图,它主要由转子、定子和触头 3 部分组成。转子是一个圆柱形永久磁铁,定子是一个鼠笼式空心圆环,由硅钢片叠成,并装有鼠笼式绕组。其转子的轴与被控电动机的轴相连接,当电动机转动时,转子(圆柱形永久磁铁)随之转动,产生一个旋转磁场,定子中的鼠笼式绕组切割磁力线而产生感应电流和磁场,两个磁场相互作用,使定子受力而跟随转动,当达到一定转速时,装在定子轴上的摆锤推动簧片触点运动,使常闭触点断开,常开触点闭合。当电动机转速低于某一数值时,定子产生的转矩减小,触点在簧片作用下复位。

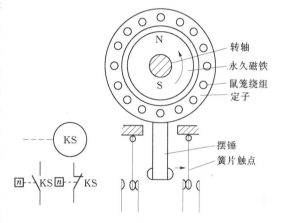

图 1.8 速度继电器的图形符号及原理示意图
(a) 图形符号;(b) 原理示意图

常用的速度继电器有 JY1 型和 JFZ0 型两种。其中,JY1 型可在 700~3600r/min 范围工作,JFZ0—1 型适用于 300~1000r/min,JFZ0—2 型适用于 1000~3000r/min。

一般速度继电器都具有两对转换触点:一对用于正转时动作;另一对用于反转时动作。触点额定电压为 380V,额定电流为 2A。通常速度继电器动作转速为 130r/min,复位转速在 100r/min 以下。

1.3.8 液位继电器

液位继电器主要用于对液位的高低进行检测并发出开关量信号,以控制电磁阀、液泵等设备对液位的高低进行控制。液位继电器的种类很多,工作原理也不尽相同,下面介绍 JYF—02 型液位继电器,其图形符号及结构示意图如图 1.9 所示。浮筒置于液体内,浮筒的另一端为一根磁钢，靠近磁钢的液体外壁也装一根磁钢，并和动触点相连，当水位上升时，浮筒受浮力而绕固定支点上浮，带动磁钢条向下，当内磁钢 N 极低于外磁钢 N 极时，由于液体壁内外两根磁钢同性相斥，壁外的磁钢受排斥力迅速上翘，带动触点迅速动作。同理，当液位下降，内磁钢 N 极高于外磁钢 N 极时，外磁钢受排斥力迅速下翘，带动触点迅速动作。液位高低的控制是由液位继电器安装的位置来决定的。

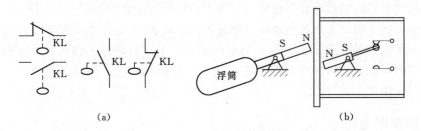

图 1.9　JYF—02 型液位继电器图形符号及结构示意图
(a) 液位继电器（传感器）图形符号；(b) 液位继电器（传感器）示意图

1.3.9　压力继电器

　　压力继电器主要用于对液体或气体压力的高低进行检测并发出开关量信号，以控制电磁阀、液泵等设备对压力的高低进行控制。如图 1.10 所示为压力继电器图形符号及结构示意图。

　　压力继电器主要由压力传送装置和微动开关等组成，液体或气体压力经压力入口推动橡皮膜和滑杆，克服弹簧反力向上运动，当压力达到给定压力时，触动微动开关，发出控制信号，旋转调压螺母可以改变给定压力。

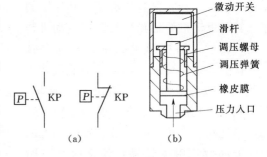

图 1.10　压力继电器图形符号及结构示意图
(a) 压力继电器（传感器）图形符号；
(b) 压力继电器（传感器）示意图

1.3.10　固态继电器

　　固态继电器（Solid State Relay，SSR）是目前使用较多的新型由微电子电路、分立电子器件、电力电子功率器件组成的无触点开关，如图 1.11 所示，固态继电器是具有隔离功能的无触点电子开关，在开关过程中无机械接触部件，因此固态继电器除具有与电磁继电器一样的功能外，还具有逻辑电路兼容，耐振、耐机械冲击，安装位置无限制，具有良好的防潮防霉防腐蚀性能，在防爆和防止臭氧污染方面的性能也极佳，输入功率小，灵敏度高，控制功率小，电磁兼容性好，噪声低和工作频率高等特点。专用的固态继电器可以具有短路保护，过载保护和过热保护功能，与组合逻辑固化封装就可以实现用户需要的智能模块，直接用于控制系统中。固态继电器目前已广泛应用于计算机外围接口设备、恒温系统、调温、电炉加温控制、电动机控制、数控机械，遥控系统、工业自动化装置；信号灯、调光、闪烁器、照明舞台灯光控制系统；仪器仪表、医疗器械、复印机、自动洗衣机；自动消防，保安系统，以及作为电网功率因素补偿的电力电容的切换开关等，另外在化工、煤矿等需防爆、防潮、防腐蚀场合中都有大量使用。

（a）　　　　　　　　　　　　　（b）

图 1.11　固态继电器

1. 固态继电器的组成

固态继电器由输入电路、隔离（耦合）和输出电路三部分组成。

（1）输入电路。按输入电压的不同类别，输入电路可分为直流输入电路，交流输入电路和交直流输入电路三种。有些输入控制电路还具有与 TTL/CMOS 兼容，正负逻辑控制和反相等功能，可以方便地与 TTL、MOS 逻辑电路连接。对于控制电压固定的控制信号，采用阻性输入电路。控制电流保证在大于 5mA。对于大的变化范围的控制信号（如 3～32V）则采用恒流电路，保证在整个电压变化范围内电流在大于 5mA 可靠工作。

（2）隔离（耦合）。固态继电器的输入与输出电路的隔离（耦合）方式有光电耦合和变压器耦合两种：光电耦合通常使用光电二极管—光电三极管，光电二极管—双向光控可控硅，光伏电池等实现控制侧与负载侧隔离控制；高频变压器耦合是利用输入的控制信号产生的自激高频信号经耦合到次级，经检波整流，逻辑电路处理形成驱动信号。

（3）输出电路。SSR 的功率开关直接接入电源与负载端，实现对负载电源的通断切换。主要使用有大功率晶体三极管（开关管 Transistor）、单向晶闸管（Thyristor 或 SCR）、双向晶闸管（Triac）、功率场效应管（MOSFET）、绝缘栅型双极晶体管（IGBT）。固态继电器的输出电路也可分为直流输出电路、交流输出电路和交直流输出电路等形式。按负载类型可分为直流固态继电器和交流固态继电器。直流输出时可使用双极性器件或功率场效应管，交流输出时通常使用两个晶闸管或一个双向晶闸管。而交流固态继电器又可分为单相交流固态继电器和三相交流固态继电器。交流固态继电器按导通与关断的时机，可分为随机型交流固态继电器和过零型交流固态继电器。

需要说明的是，除了额定电流 1～5A 直接安装在印刷线路板上的固态继电器以外，其余都应配置适当的散热器，而且 SSR 底板与散热器之间要涂上导热硅脂，两者紧密接触，用螺丝拧紧。

2. 固态继电器的优缺点

（1）总的来说，随着电气控制系统的发展，固态继电器的使用将越来越广泛，因为其具有如下优点：

1）高寿命，高可靠。固态继电器没有机械零部件，由固体器件完成触点功能，由于没有运动的零部件，因此能在高冲击、振动的环境下工作，由于组成固态继电器的元器件的固有特性，决定了固态继电器的寿命长，可靠性高。

2）灵敏度高，控制功率小，电磁兼容性好。固态继电器的输入电压范围较宽，驱动功率低，可与大多数逻辑集成电路兼容不需加缓冲器或驱动器。

3）快速转换。固态继电器因为采用固体器件，所以切换速度可从几毫秒至几微秒。

4）电磁干扰小。固态继电器没有输入"线圈"，没有触点燃弧和回跳，因而减少了电磁干扰。大多数交流输出固态继电器是一个零电压开关，在零电压处导通，零电流处关断，减少了电流波形的突然中断，从而减少了开关瞬态效应。

（2）固态继电器以下的几个缺点使用者在选用时应予注意：

1）导通后的管压降大，晶闸管或双向晶闸管的正向降压可达 1～2V，大功率晶体管的饱和压降也在 1～2V 之间，一般功率场效应管的导通电阻也较机械触点的接触电阻大。

2）半导体器件关断后仍可有数微安至数毫安的漏电流，因此不能实现理想的电隔离。

3）由于管压降大，导通后的功耗和发热量也大，大功率固态继电器的体积远远大于同容量的电磁继电器，成本也较高。

4）电子元器件的温度特性和电子线路的抗干扰能力较差，耐辐射能力也较差，如不采取有效措施，则工作可靠性低。

5）固态继电器对过载有较大的敏感性，必须用快速熔断器或 RC 阻尼电路对其进行过载保护。固态继电器的负载与环境温度明显有关，温度升高，负载能力将迅速下降。

6）主要不足是存在通态压降（需相应散热措施），有断态漏电流，交直流不能通用，触点组数少，另外过电流、过电压及电压上升率、电流上升率等指标差。

1.4　主　令　电　器

主令电器是作用于控制电路，专门用于发布控制命令或信号的电器，使控制电路执行对应的控制任务。主令电器应用广泛，种类繁多，常见的有控制按钮、行程开关、刀开关、转换开关、主令控制器、选择开关、足踏开关等。

1.4.1　控制按钮

控制按钮简称按钮，是一种最常用的主令电器，其结构简单，控制方便。

1. 按钮的结构、种类及常用型号

按钮由按钮帽、复位弹簧、桥式触点和外壳等组成，其图形符号及结构示意图如图 1.12 所示。触点采用桥式触点，额定电流在 5A 以下。触点又分常开触点（动开触点）和常闭触点（动断触点）两种。

按钮从外形和操作方式上可以分为平钮和急停按钮，急停按钮也叫蘑菇头按钮，一般带有机械锁扣，一旦按下可以自行锁定，直到解锁复位。其图形符号及示意图如图 1.12（c）、（d）所示，除此之外，还有钥匙钮、旋钮、拉式钮、万向操纵杆式、带灯式等多种类型。

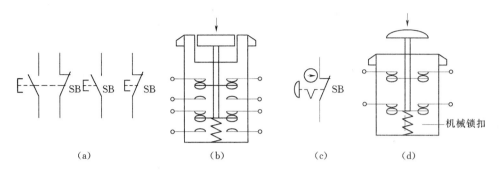

图 1.12　按钮图形符号及结构示意图

(a) 按钮图形符号；(b) 按钮示意图；(c) 急停按钮图形符号；(d) 急停按钮示意图

根据按钮的触点动作方式，可以将其分为直动式和微动式两种，图 1.12 中所示的按钮均为直动式，其触点动作速度和手按下的速度有关。而微动式按钮的触点动作变换速度快，和手按下的速度无关，其动作原理如图 1.13 所示。动触点由变形簧片组成，当弯形簧片受压向下运动低于平形簧片时，弯形簧片迅速变形，将平形簧片触点弹向上方，实现触点瞬间动作。

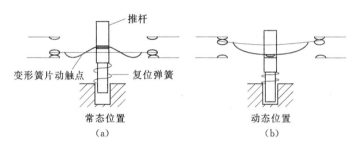

图 1.13　微动式按钮动作原理图

小型微动式按钮也称为微动开关，可以用于各种继电器和限位开关中，如时间继电器、压力继电器和限位开关等。

按钮一般为复位式，也有自锁式，最常用的按钮为复位式平按钮，如图 1.12 (b) 所示，其按钮与外壳平齐，可防止异物误碰。

2. 按钮的颜色

按钮的颜色不同，其代表的功能不尽相同，简单介绍如下：

(1) 红色按钮用于停止、断电或事故。

(2) 绿色按钮优先用于启动或通电，但也允许选用黑、白或灰色按钮。

(3) 一钮双用的启动与停止或通电与断电，即交替按压后改变功能的，不能用红色按钮，也不能用绿色按钮，而应用黑、白或灰色按钮。

(4) 按压时运动、抬起时停止运动（如点动、微动），应用黑、白、灰或绿色按钮，最好选用黑色按钮，而不能用红色按钮。

(5) 用于单一复位功能的，用蓝、黑、白或灰色按钮。

(6) 同时有复位、停止与断电功能的用红色按钮。

（7）灯光按钮不得用作事故按钮。

其中表 1.1 给出了按钮颜色的含义。

表 1.1　　　　　　　　　　　　　　按 钮 颜 色 的 含 义

颜　色	含　　义	应　用　举　例
红	处理事故	紧急停机 扑灭燃烧
	停止或断电	正常停机 停止一台或多台电动机 装置的局部停机 切断一个开关 带有停止或断电功能的复位
绿	启动或通电	正常启动 启动一台或多台电动机 装置的局部启动 接通一个开关装置（投入运行）
黄	参与	防止意外情况 参与抑制反常状态 避免不需要的变化（事故）
蓝	上述颜色未包含的任何指定用意	凡红、黄和绿色未包含的用意，皆可用蓝色
黑、灰、白	无特定用意	除单功能的停止或断电按钮外的任何功能

3. 按钮的选择原则

按钮的选择遵循如下原则：

（1）根据使用场合，选择控制按钮的种类，如开启式、防水式、防腐式等。

（2）根据用途，选用合适的型式，如钥匙式、紧急式、带灯式等。

（3）按控制回路的需要，确定不同的按钮数，如单钮、双钮、三钮、多钮等。

（4）按工作状态指示和工作情况的要求，选择按钮及指示灯的颜色。

1.4.2　行程开关

行程开关又称为限位开关，其种类很多，按运动形式可分为直动式、微动式、旋转式等；按触点的性质可分为有触点式和无触点式。

1. 有触点行程开关

有触点行程开关简称行程开关，行程开关的工作原理和按钮相同，区别在于它不是靠手的按压，而是利用生产机械运动的部件碰撞而使触点动作来发出控制指令的主令电器。它可用于控制生产机械的运动方向、速度、行程大小或位置等，其结构形式多种多样。

如图 1.14 所示为几种操作类型的行程开关动作原理示意图及图形符号。

行程开关的主要参数有型式、动作行程、工作电压及触头的电流容量。目前国内生产的行程开关有 LXK3、3SE3、LX19、LXW 和 LX 等系列。常用的为 LX19、LXW5、LXK3、LX32 和 LX33 等系列。

2. 无触点行程开关

无触点行程开关又称为接近开关，它可以代替有触头行程开关来完成行程控制和限位

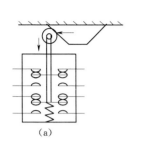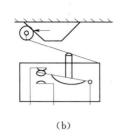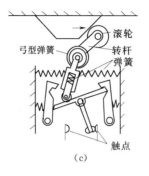

图 1.14　行程开关结构示意图及图形符号
(a) 直动式行程开关结构示意图；(b) 微动式行程开关结构示意图；
(c) 旋转式双向机械碰压限位开关示意图；(d) 行程开关图形符号

保护，还可用于高频计数、测速、液位控制、零件尺寸检测、加工程序的自动衔接等。由于它具有非接触式触发、动作速度快、可在不同的检测距离内动作、发出的信号稳定无脉动、工作稳定可靠、寿命长、重复定位精度高以及能适应恶劣的工作环境等特点，在机床、纺织、印刷、塑料等工业生产中应用广泛。

无触点行程开关分为有源型和无源型两种，多数无触点行程开关为有源型，主要包括检测元件、放大电路和输出驱动电路 3 部分，一般采用 5～24V 的直流电源或 220V 的交流电源等。如图 1.15 所示为三线式有源型接近开关结构图。

图 1.15　有源型接近开关结构图

接近开关按检测元件的工作原理可分为高频振荡型、超声波型、电容型、电磁感应型、永磁型、霍尔元件型与磁敏元件型等。不同类型的接近开关所检测的物体不同。

电容型接近开关可以检测各种固体、液体或粉状物体，其主要由电容振荡器及电子电路组成，它的电容位于传感界面，当物体接近时，将因改变了电容值而振荡，从而产生输出信号。

霍尔元件型接近开关用于检测磁场，一般用磁钢作为被检测体。其内部的磁敏感器件仅对垂直于传感器端面的磁场敏感，当磁极 S 极正对接近开关时，接近开关的输出产生正跳变，输出为高电平；当磁极 N 极正对接近开关时，输出为低电平。

超声波接近开关适于检测不能或不可触及的目标，其控制功能不受声、电、光等因素干扰，被检测体可以是固体、液体或粉末状物体，只要能反射超声波即可。其主要由压电陶瓷传感器、发射超声波和接收反射波用的电子装置及调节检测范围用的程控桥式开关等几个部分组成。

高频振荡型接近开关用于检测各种金属，主要由高频振荡器、集成电路或晶体管放大器和输出器 3 部分组成，其基本工作原理是当有金属物体接近振荡器的线圈时，该金属物体内部产生的涡流将吸取振荡器的能量，致使振荡器停振。振荡器的振荡和停振这两个信号，经整形放大后转换成开关信号输出。

接近开关输出形式有两线、三线和四线等，晶体管输出类型有 NPN 和 PNP 两种，外形有方形、圆形、槽形和分离型等多种，如图 1.16 所示为槽形三线式 NPN 型光电式接近开关的工作原理图和远距分离型光电开关工作示意图。

接近开关的主要参数有型式、动作距离范围、动作频率、响应时间、重复精度、输出型式、工作电压及输出触点的容量等。接近开关的图形符号可用图 1.17 表示。

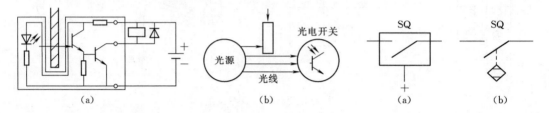

图 1.16　槽形和分离形光电开关　　　　　　图 1.17　接近开关的图形符号

(a) 槽形光电式接近开关；(b) 远距分离形光电开关　　　(a) 有源接近开关；(b) 无源接近开关

接近开关的产品种类十分丰富，常用的国产接近开关有 LJ、3SG 和 LXJ18 等多种系列，国外进口及引进产品亦在国内有大量的应用。

3．有触点行程开关的选择

有触点行程开关的选择应注意以下几点：

（1）根据应用场合及控制对象选择。

（2）根据安装环境选择防护形式，如开启式或保护式。

（3）控制回路的电压和电流。

（4）根据机械与行程开关及位移关系选择合适的头部形式。

4．接近开关的选择

接近开关的选择应注意以下几点：

（1）工作频率、可靠性及精度。

（2）检测距离、安装尺寸。

（3）输出信号的类型（有触点、无触点）。

（4）电源类型（直流、交流）、电压等级。

1.4.3　刀开关

刀开关是一种手动电器，常用的刀开关有 HD 型单投刀开关、HS 型双投刀开关、HR 型熔断器式刀开关、HZ 型组合开关、HK 型闸刀开关、HY 型倒顺开关等。

HD 型单投刀开关、HS 型双投刀开关、HR 型熔断器式刀开关主要在成套配电装置中作为隔离开关，装有灭弧装置的刀开关也可以控制一定范围内的负荷线路。作为隔离开关的刀开关的容量比较大，其额定电流在 $100 \sim 1500\text{A}$ 之间，主要用于供配电线路的电源隔离。隔离开关没有灭弧装置，不能操作带负荷的线路，只能操作空载线路或电流很小的线路，如小型空载变压器、电压互感器等。操作时应注意，停电时应将线路的负荷电流用断路器、负荷开关等开关电器切断后再将隔离开关断开，送电时操作顺序相反。隔离开关断开时有明显的断开点，有利于检修人员的停电检修工作。隔离刀开关由于控制负荷能力很小，也没有保护线路的功能，所以通常不能单独使用，一般要和能切断负荷电流和故障电流的电器（如熔断器、断路器和负荷开关等电器）一起使用。

下面主要介绍一下 HD 型单投刀开关的相关知识。

HD 型单投刀开关按极数分为 1 极、2 极、3 极几种，其操作示意图及图形符号如图 1.18 所示。其中，图 1.18（a）为直接手动操作示意图；图 1.18（b）为手柄操作示意图；图 1.18（c）为一般图形符号；图 1.18（d）为手动符号；图 1.18（e）为三极单投刀开关符号；当刀开关用作隔离开关时，其图形符号上加有一横杠，如图 1.18(f)～(h)所示。

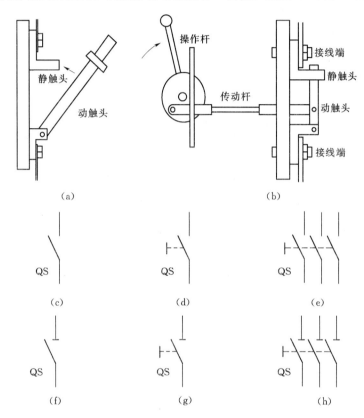

图 1.18　HD 型单投刀开关示意图及图形符号

(a) 直接手动操作；(b) 手柄操作；(c) 一般图形符号；(d) 手动符号；(e) 三极单投刀开关符号；

(f) 一般隔离开关符号；(g) 手动隔离开关符号；(h) 三极单投刀隔离开关符号

单投刀开关的型号含义如图 1.19 所示。

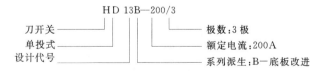

图 1.19　单投刀开关的型号含义

图 1.19 中各设计代号的含义为：11—中央手柄式；12—侧方正面杠杆操作机构式；13—中央正面杠杆操作机构式；14—侧面手柄式。

1.4.4 转换开关及凸轮控制器

1. 转换开关

转换开关是一种多档位、多触点、能够控制多回路的主令电器，主要用于各种控制设备中线路的换接、遥控及电流表、电压表的换相测量等，也可用于控制小容量电动机的启动、换向和调速。

转换开关的工作原理和凸轮控制器一样，只是使用地点不同：凸轮控制器主要用于主电路，直接对电动机等电气设备进行控制；而转换开关主要用于控制电路，通过继电器和接触器间接控制电动机。常用的转换开关类型主要有两大类，即万能转换开关和组合开关。二者的结构和工作原理相似，在某些应用场合下可相互替代。转换开关按结构类型分为普通型、开启组合型和防护组合型等；按用途分为主令控制用和控制电动机用两种。转换开关的图形符号和凸轮控制器一样，如图 1.20 所示。

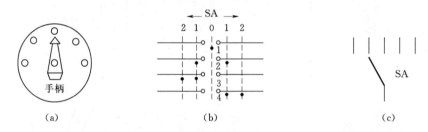

图 1.20　转换开关及图形符号
(a) 5 位转换开关；(b) 4 极 5 位转换开关图形符号；(c) 单极 5 位转换开关图形符号

转换开关的触点通断状态也可以用图表来表示，以图 1.20 所示的 4 极 5 位转换开关为例，其开关触点通断状态表见表 1.2。

表 1.2　　　　　　　　　　　　转换开关触点通断状态表

位置 触点号	←	↖	↑	↗	→
	90°	45°	0°	45°	90°
1			×		
2		×		×	
3	×	×			
4				×	×

注　×表示触点接通。

转换开关的主要参数有型式、手柄类型、触点通断状态表、工作电压、触头数量及其电流容量，在产品说明书中都有详细说明。常用的转换开关有 LW2、LW5、LW6、LW8、LW9、LW12、LW16、VK、3LB 和 HZ 等系列，其中 LW2 系列用于高压断路器操作回路的控制，LW5、LW6 系列多用于电力拖动系统中对线路或电动机实行控制，LW6 系列还可装成双列型式，列与列之间用齿轮啮合，并由同一手柄操作，此种开关最多可装 60 对触点。

转换开关的选择需要注意以下几个方面：

（1）额定电压和工作电流。

（2）手柄类型和定位特征。

（3）触点数量和接线图编号。

（4）面板类型及标志。

2. 凸轮控制器

凸轮控制器是一种采用手动操作，直接控制主电路大电流（10～600A）的开关电器。常用的控制器有 KT 型凸轮控制器、KG 型鼓型控制器和 KP 型平面控制器，各种控制器的作用和工作原理类似，下面以常用的凸轮控制器为例进行说明。

凸轮控制器是一种大型的手动控制器，主要用于起重设备中直接控制中小型绕线式异步电动机的启动、停止、调速、换向和制动，也适用于有相同要求的其他电力拖动场合。

凸轮控制器主要由触头、转轴、凸轮、杠杆、手柄、灭弧罩及定位机构等组成。如图 1.21 所示为凸轮控制器的结构原理示意图及图形符号。凸轮控制器中有多组触点，并由多个凸轮分别控制，以实现对一个较复杂电路中的多个触点进行同时控制。由于凸轮控制器中的触点较多，每个触点在每个位置的接通情况各不相同，所以不能用普通的常开、常闭触点来表示。图 1.21（a）所示为 1 极 12 位凸轮控制器示意图，图 1.21（b）所示图形符号表示这一触点有 12 个位置。由图 1.21（a）可见，当手柄转到 2、3、4 和 10 号位时，由凸轮将触点接通。图 1.21（c）所示为 5 极 12 位凸轮控制器，它是由 5 个 1 极 12 位凸轮控制器组合而成的。图 1.21（d）所示为 4 极 5 位凸轮控制器的图形符号，表示有 4 个触点，每个触点有 5 个位置，图中的小黑点表示触点在该位置接通。例如，当手柄打到右侧 1 号位时，2、4 触点接通。

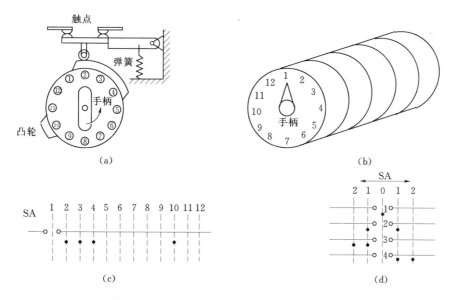

图 1.21 凸轮控制器的结构原理示意图及图形符号

（a）1 极 12 位凸轮控制器示意图；（b）5 极 12 位凸轮控制器；

（c）1 极 12 位凸轮控制器图形符号；（d）4 极 5 位凸轮控制器图形符号

由于凸轮控制器可直接控制电动机工作，所以其触头容量大并有灭弧装置。凸轮控制器的优点为控制线路简单、开关元件少、维修方便等，缺点为体积较大、操作笨重、不能实现远距离控制。目前使用的凸轮控制器有 KT10、KTJ14、KTJ15 及 KTJ16 等系列。

1.5　熔　　断　　器

熔断器在电路中主要起短路保护作用，用于保护线路。熔断器的熔体串接于被保护的电路中，熔断器以其自身产生的热量使熔体熔断，从而自动切断电路，实现短路保护及过载保护。熔断器具有结构简单、体积小、重量轻、使用维护方便、价格低廉、分断能力较强、限流能力良好等优点，因此在电路中得到广泛应用。

1.5.1　熔断器的结构原理及分类

熔断器由熔体和安装熔体的绝缘底座（或称熔管）组成。熔体由易熔金属材料如铅、锌、锡、铜、银及其合金制成，形状常为丝状或网状。由铅锡合金和锌等低熔点金属制成的熔体，因不易灭弧，多用于小电流电路；由铜、银等高熔点金属制成的熔体易于灭弧，

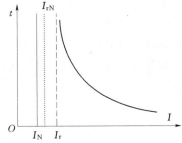

图 1.22　熔断器的反时限保护特性

多用于大电流电路。

熔断器串接于被保护电路中，电流通过熔体时产生的热量与电流平方和电流通过的时间成正比，电流越大，则熔体熔断时间越短，这种特性称为熔断器的反时限保护特性或安秒特性，如图 1.22 所示。其中，I_r 为熔体最小熔化电流，I_N 为负载额定电流，I_{rN} 熔体的额定电流。

熔断器种类很多，按结构分为开启式、半封闭式和封闭式；按有无填料分为有填料式和无填料式；按用途分为工业用熔断器、保护半导体器件熔断器及自复式熔断器等。

1.5.2　熔断器的主要技术参数

熔断器的主要技术参数包括额定电压、熔体额定电流、熔断器额定电流、极限分断能力等。

（1）额定电压。指保证熔断器能长期正常工作的电压。

（2）熔体额定电流。指熔体长期通过而不会熔断的电流。

（3）熔断器额定电流。指保证熔断器能长期正常工作的电流。

（4）极限分断能力。指熔断器在额定电压下所能开断的最大短路电流。在电路中出现的最大电流一般是指短路电流值，所以极限分断能力也反映了熔断器分断短路电流的能力。

1.6　断　　路　　器

低压断路器俗称自动开关或空气开关，用于低压配电电路中不频繁的通断控制。在电

路发生短路、过载或欠电压等故障时能自动分断故障电路，是一种控制兼保护电器。

断路器的种类繁多，按其用途和结构特点可分为 DW 型框架式断路器、DZ 型塑料外壳式断路器、DS 型直流快速断路器和 DWX 型、DWZ 型限流式断路器等。框架式断路器主要用作配电线路的保护开关，而塑料外壳式断路器除可用作配电线路的保护开关外，还可用作电动机、照明电路及电热电路的控制开关。

下面以塑料外壳式断路器为例，简单介绍断路器的结构、工作原理、使用与选用方法。

1.6.1　断路器的结构和工作原理

断路器主要由 3 个基本部分组成，即触头、灭弧系统和各种脱扣器，包括过电流脱扣器、失压（欠电压）脱扣器、热脱扣器、分励脱扣器和自由脱扣器。

如图 1.23 所示为断路器图形符号及工作原理示意图。断路器开关是靠操作机构手动或电动合闸的，触头闭合后，自由脱扣机构将触头锁在合闸位置上。当电路发生短路、过载或欠电压等故障时，通过各自的脱扣器使自由脱扣机构动作，自动跳闸以实现保护作用。分励脱扣器则作为远距离控制分断电路之用。

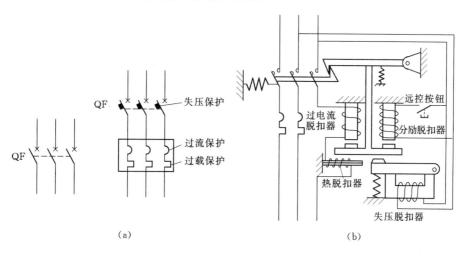

图 1.23　断路器工作原理示意图及图形符号

(a) 断路器图形符号；(b) 断路器工作原理

过电流脱扣器用于线路的短路和过电流保护，当线路的电流大于整定的电流值时，过电流脱扣器所产生的电磁力使挂钩脱扣，动触点在弹簧的拉力下迅速断开，实现短路器的跳闸功能。

热脱扣器用于线路的过负荷保护，工作原理和热继电器相同。

失压（欠电压）脱扣器用于失压保护，如图 1.23 (b) 所示，失压脱扣器的线圈直接接在电源上，处于吸合状态，断路器可以正常合闸；当停电或电压很低时，失压脱扣器的吸力小于弹簧的反力，使得动铁芯向上，挂钩脱扣，实现短路器的跳闸功能。

分励脱扣器用于远方跳闸，当在远方按下按钮时，分励脱扣器得电产生电磁力，使其脱扣跳闸。

不同断路器的保护作用不同，使用时应根据需要选用。在图形符号中也可以标注其保护方式，如图 1.23（a）所示，断路器图形符号中标注了失压、过负荷和过电流 3 种保护方式。

1.6.2　低压断路器的选择原则

低压断路器的选择应从以下几方面考虑：

（1）断路器类型应根据使用场合和保护要求来选择。如一般选用塑壳式；短路电流很大时选用限流型；额定电流比较大或有选择性保护要求时选用框架式；控制和保护含有半导体器件的直流电路时选用直流快速断路器等。

（2）断路器额定电压、额定电流应不小于线路、设备的正常工作电压、工作电流。

（3）断路器极限通断能力不小于电路最大短路电流。

（4）欠电压脱扣器额定电压等于线路额定电压。

（5）过电流脱扣器的额定电流不小于线路的最大负载电流。

习 题 与 思 考 题

1.1　简述电磁式低压电器的一般工作原理。

1.2　什么是电弧？常用的灭弧方法有哪些？

1.3　接触器的作用是什么？从结构上如何区分交流接触器和直流接触器？

1.4　单相交流电磁机构工作时为什么易产生振动和噪声？常用的解决办法是什么？请简述工作原理。

1.5　什么是继电器的返回系数？不同场合下返回系数如何选择？欲提高电压继电器的返回系数可采取哪些措施？

1.6　电压继电器和电流继电器在使用时有何区别？过（欠）电压继电器和过（欠）电流继电器在控制电路中是如何起到保护作用的？

1.7　简述低压电器常开触点和常闭触点的动作特性。

1.8　常用的时间继电器有哪几种类型？各自的工作原理是什么？简述时间继电器延时触点和非延时触点的动作特性。

1.9　中间继电器在控制电路中的作用是什么？

1.10　电气控制线路中接触器和继电器的主要区别是什么？

1.11　简述感应式速度继电器的工作原理。

1.12　熔断器的额定电流、熔体的额定电流和熔体的极限分断电流三者有何区别？选择熔断器时应注意哪些问题？

1.13　简述热继电器的结构及工作原理。

1.14　熔断器和热继电器在电气控制线路中各起什么保护作用？能否用热继电器作短路保护？能否用熔断器作过载保护？

1.15　常用的主令电器有哪些？它们在电路中的作用是什么？

1.16　按钮和行程开关在使用中的主要区别是什么？

1.17　低压断路器在电路中的作用是什么？如何选择低压断路器？

第2章 电气控制线路

在工业、农业、交通、民用等诸多中，广泛使用着各种生产机械和设备，它们大都以电动机作为动力来进行拖动。对电动机进行自动控制，最常见的是继电器—接触器控制方式，又称电气控制。电气控制线路是由各种低压电器如按钮、行程开关、继电器、接触器等，按照一定方式用导线连接起来组成的具有某种控制功能的控制线路，它可以方便地实现对电力拖动系统的启动、停止、调速等运行状态的控制，具有线路简单、调试方便、价格低廉、便于掌握等优点，目前在许多工矿企业各种生产机械的控制中有广泛的应用。

尽管生产领域中的机械设备种类繁多，生产工艺要求各异，但其控制原理和设计方法均类似。本章将从组成电气控制系统的基本环节出发，讲述电气控制线路设计的基本规律和一些典型的控制线路环节，并结合具体的生产工艺要求，引导读者了解并掌握电气控制线路的分析方法和设计原则。

2.1 电气控制线路的文字及图形符号

2.1.1 电气控制线路的文字符号

电气控制线路的文字符号目前执行 GB 5094—2005《电气技术中的项目代号》和 GB/T 20939—2007《技术产品及技术产品结构原则 字母代码 按项目用途和任务划分的主类和子类》。这两个标准都是根据 IEC 国际标准而制定的。

在 GB/T 20939—2007 中将所有的电气设备、装置和元件分成 23 个大类，每个大类用一个大写字母表示。文字符号分为基本文字符号和辅助文字符号。基本文字符号分为单字母符号和双字母符号两种。单字母符号应优先采用，每个单字母符号表示一个电器大类，见表 2.1。如 C 表示电容器类，R 表示电阻器类等；双字母符号由一个表示种类的单字母符号和另一个字母组成，第一个字母表示电器的大类，第二个字母表示对某电器大类的进一步划分。如 G 表示电源大类，GB 表示蓄电池，S 表示控制电路开关，SB 表示按钮，SP 表示压力传感器（继电器）。

文字符号用于标明电器的名称、功能、状态和特征。同一电器如果功能不同，其文字符号也不同，如照明灯的文字符号为 EL，信号灯的文字符号为 HL。

辅助文字符号表示电气设备、装置和元件的功能、状态和特征，由 1～3 位英文名称缩写的大写字母表示，如辅助文字符号 BW（Backward 的缩写）表示向后，P（Pressure 的缩写）表示压力。辅助文字符号可以和单字母符号组合成双字母符号，如单字母符号 K（表示继电器接触器大类）和辅助文字符号 AC（交流）组合成双字母符号 KA，表示交流继电器；单字母符号 M（表示电动机大类）和辅助文字符号 SYN（同步）组合成双字母符号 MS，表示同步电动机。辅助文字符号也可以单独使用，如 RD 表示信号灯为红色。

2.1.2 常用电气控制线路的图形符号

电气控制线路的图形符号目前执行 GB 4728—2008《电气图用图形符号》，也是根据 IEC 国际标准制定的。该标准给出了大量的常用电器图形符号，表示产品特征。通常将比较简单的电器作为一般符号。对于一些组合电器，不必考虑其内部细节时可用方框符号表示，如表 2.1 中的整流器、逆变器、滤波器等。

GB 4728—2008 的一个显著特点就是规定图形符号可以根据需要进行组合，在该标准中除了提供了大量的一般符号之外，还提供了大量的限定符号和符号要素，限定符号和符号要素不能单独使用，它们相当于一般符号的配件。将某些限定符号或符号要素与一般符号进行组合就可组成各种电气图形符号，例如图 2.1 所示的断路器的图形符号就是由多种限定符号、符号要素和一般符号组合而成的。

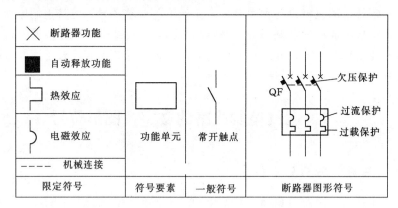

图 2.1　断路器图形符号的组成

常用电器分类及图形符号、文字符号举例见表 2.1。

表 2.1　　　　　　　　　　常用电器分类及图形符号、文字符号举例

分　类	名　称	图形符号 文字符号	分　类	名　称	图形符号 文字符号
A 组件 部件	启动装置	（图）	C 电容器	一般电容器	（图）
B 将电量变换成非电量，将非电量变换成电量	扬声器	B （将电量变换成非电量）		极性电容器	（图）
	传声器	B （将非电量变换成电量）		可变电容器	（图）

续表

分　类	名　称	图形符号 文字符号	分　类	名　称	图形符号 文字符号
D 二进制 元件	与门	D &	I		（不使用）
			J		（不使用）
	或门	D ≥1	K 继电器、 接触器	中间继电器	KA — KA
	非门	D		通用继电器	KA — KA
E 其他	照明灯	EL		接触器	KM — KM
F 保护器件	欠电流 继电器	$I<$ FA		通电延时型 时间继电器	KT 或 KT KT
	过电流 继电器	$I>$ FA			
	欠电压 继电器	$U<$ FV		断电延时型 时间继电器	KT 或 KT KT KT
	过电压 继电器	$U>$ FV			
	热继电器	FR FR FR FR FR	L 电感器、 电抗器	电感器	L（一般符号） L（带磁芯符号）
	熔断器	FU		可变电感器	L
G 发生器、 发电动机、 电源	交流发电 动机	G∼		电抗器	L
	直流发电 动机	G	M 电动机	鼠笼型 电动机	U V W M 3∼
	电池	GB			
H 信号器件	电喇叭	HA		绕线型 电动机	U V W M 3∼
	蜂鸣器	HA HA 优选形　一般形			
	信号灯	HL			

29

分　类	名　称	图形符号 文字符号	分　类	名　称	图形符号 文字符号
M 电动机	他励直流 电动机		P 测量设备，试验设备	有功 功率表	PW
	并励直流 电动机			有功 电度表	kWh PJ
	串励直流 电动机		Q 电力电路的开关器件	断路器	QF
	三相步进 电动机			隔离开关	QS
	永磁直流 电动机			刀熔开关	QS
N 模拟元件	运算放大器	N		手动开关	QS QS
	反相放大器	N		双投刀 开关	QS
	数—模 转换器	A/D N		组合开关 旋转开关	QS
	模—数 转换器	D/A N		负荷开关	QL
O		（不使用）	R 电阻器	电阻	R
P 测量设备，试验设备	电流表	PA		固定抽头 电阻	R
				可变电阻	R
				电位器	R_P
	电压表	PV		频敏变 阻器	R_F

分 类	名 称	图形符号 文字符号	分 类	名 称	图形符号 文字符号
S 控制、记忆、信号电路开关器件选择器	行程开关	SQ	T 变压器互感器	三相变压器（星形/三角形接线）	形式1　形式2　T
	压力继电器	SP		电压互感器	电压互感器与变压器图形符号相同，文字符号为TV
	液位继电器	SL　SL　SL　SL		电流互感器	形式1　形式2　TA
	速度继电器	SV　n SV　n SV	U 调制器变换器	整流器	U
	选择开关	SA		桥式全波整流器	U
	接近开关	SQ	V 电子管晶体管	二极管	V
	万能转换开关，凸轮控制器	SA 2 1 0 1 2		三极管	V　V PNP型　NPN型
	按钮	SB		晶闸管	V　V 阳极侧受控　阴极侧受控
	急停按钮	SB	W 传输通道，波导，天线	导线，电缆，母线	W
T 变压器互感器	单相变压器	T		天线	W
	自耦变压器	形式1　形式2　T	X 端子插头插座	插头	XP 优选型　其他型
				插座	XS 优选型　其他型
				插头插座	X 优选型　其他型

分 类	名 称	图形符号 文字符号	分 类	名 称	图形符号 文字符号
X 端子插头 插座	连接片	断开时 XB 接通时	Y 电器操 作的机 械器件	电磁制动器	M YB
	逆变器	U		电磁阀	或 或 YV
	变频器	f_1 f_2 U	Z 滤波器、 限幅器、 均衡器	滤波器	Z
Y 电器操 作的机 械器件	电磁铁	或 YA		限幅器	Z
	电磁吸盘	或 YH		均衡器	Z

2.2 典型电气控制线路

　　电气控制线路是指将各种低压电器、仪器设备、各种负载如电动机等用导线连接起来，能自动实现某种控制功能的控制电路。为便于对控制系统进行分析和设计，需要将组成电气控制系统的各种元器件、设备及连接方式用国家标准规定的文字、符号以图的形式表示出来．这种图称为电气控制线路图，主要分为电气原理图和电气安装图两种形式。

　　电气原理图是根据电路的工作原理绘制的，其结构简单、便于电路的分析和设计；电气安装图是按照各种电器的实际位置、大小进行实际接线的电路图，在实现电路控制原理的基础上还要考虑到设备的安装与维修。本书讲述的电气控制线路图主要是指电气原理图。

　　生产机械在工作中应具有根据工艺过程的要求，进行启动、制动、正反向、调速及保持一定工作状态的控制功能。生产机械设备大都以电动机作为动力，采用继电接触式控制系统进行控制。而继电接触式控制系统通常是由一些基本电气控制线路组成的。

　　由于三相异步电动机具有结构简单、维护方便、价格低廉等优点，因而已普遍应用于各种机械设备上。本节主要以异步电动机为例，介绍最基本的控制线路，它是分析和设计生产机械电气控制线路的基础。

　　三相异步电动机有全压直接启动和降压启动两种启动方式。异步电动机的全压启动电流一般可达额定电流的 3～8 倍。过大的启动电流会缩短电动机的使用寿命，其所引起的电压降，使电动机启动困难，甚至无法启动。同时，也影响到同一电网中其他电动机的正常工作。因此，一般采用降压启动来降低启动电流。电动机能否采用全压直接启动，应根据启动次数以及电动机容量、供电变压器容量、机械设备是否允许来确定。一般规定，电动机容量在 10kW 以下者，可直接启动；超过 10kW 以上时，电动机应采用降压启动。

电动机是否需要降压启动，也可用下面的经验公式来确定

$$\frac{I_{ST}}{I_N} \leqslant \frac{3}{4} + \frac{电源容量(kVA)}{4 \times 电动机额定功率(kW)}$$

式中　　I_{ST}——电动机全压启动电流，A；

　　　　I_N——电动机额定电流，A。

若计算结果符合上述经验公式，则采用降压启动方式；反之，可采用全压直接启动方式。

2.2.1　三相鼠笼式异步电动机的基本启、停控制线路

三相鼠笼式异步电动机用刀开关直接启动线路，通过操纵刀开关、转换开关、组合开关或自动开关来实现电动机电源的接通与断开。由于这种启动只有主电路而没有控制电路，所以无法实现遥控和自控，仅用于不频繁启动的小容量电动机。

1. 不可逆直接启、停控制线路

如图 2.2 (a) 所示是用接触器直接启动电动机的线路。该方法一般用于经常启动的中小容量电动机。电路分为两部分：主电路由接触器的主触点接通与断开；控制电路由按钮和接触器触点组成，控制接触器线圈的通断电，实现对主电路的通断控制，该图又称为启保停（自锁）控制线路。

电路工作原理为：合上刀开关 QS，按下启动按钮 SB2，接触器 KM 线圈通电（以下简称为 KM 得电或 KM 通电，其他器件相同），其常开主触点闭合，电动机接通电源全压启动，同时，与启动按钮并联的接触器常开触点也闭合。当松开 SB2 时，KM 线圈通过其自身常开辅助触点继续保持通电，从而保证电动机连续运转。这种依靠接触器自身辅助触点保持线圈通电的电路称为自锁或自保电路，起自锁作用的常开触点称为自锁触点或自保触点。

要使电动机停转，可按下 SB₁，切断 KM 线圈电路，使 KM 线圈失电（以下简称为 KM 断电或 KM 失电，其他器件相同），KM 常开触点均断开，切断主电路和控制电路，电动机停转。

电路的保护环节如下。

（1）短路保护。由熔断器 FU₁、FU₂ 分别实现主电路和控制电路的短路保护。

（2）过载保护。由热继电器 FR 实现电动机过载保护。当电动机出现过载时，串联在主电路中的 FR 的双金属片因过热变形，致使 FR 的常闭触点打开，切断 KM 线圈回路，电动机停转，实现过载保护。

（3）欠压和失压保护。当电源电压由于某种原因欠压或失压时，接触器电磁吸力急剧下降或消失，衔铁释放，KM 的常开触点断开，电动机停转。而当电源电压恢复正常时，电动机不会自行启动，以避免事故发生。因此是具有自锁的控制电路的欠压与失压保护。

在实际应用中，有的生产机械需要点动控制，有的生产机械在进行调整工作时也需采用点动拉制。如图 2.2 (b) 所示为具有点动控制的典型电路。当按下 SB₂ 时实现连续运转；当按下 SB₃ 时，常闭触点先断开，自锁回路断开，实现点动控制。

2. 单台电动机多地启、停控制

在实际生产中往往需要不只一地对电动机进行启、停控制，对于较长的生产线及传送

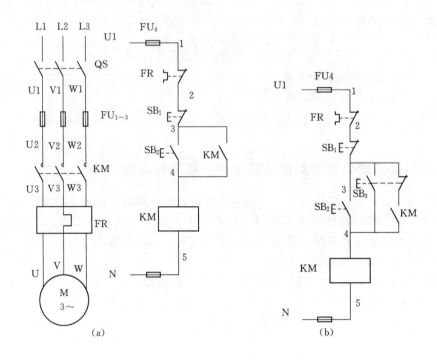

图 2.2　不可逆直接启、停控制线路

(a) 主电路及长时间运行控制线路图；(b) 点动与长时间运行的联锁控制线路

带更是如此。具体实现方法为将多地的启动按钮依次并联、多地的停止按钮依次串联，控制线路请读者自行设计。

3. 正反转控制电路

生产实践中，很多设备需要进行两个相反方向的运动，例如，机床工作台的前进和后退、起重机吊钩的上升和下降等，这可通过电动机的正转和反转来实现。从电机学课程可知，只要改变电动机定子绕组的任意两相电源相序，即可改变电动机的转向。

如图 2.3 所示为实现电动机正反转的控制电路。图 2.3（b）所示最为简单，按下正转启动按钮 SB_2，正向控制接触器 KM_1 得电并自锁，电动机正转；按下反转启动按钮 SB_3，则反向控制接触器 KM_2 得电，电动机反转。若此时按下 SB_2 和 SB_3，则 KM_1、KM_2 均得电，其常开触点闭合造成电源两相短路，因此，任何时候只能允许一个接触器通电工作。为实现这一要求，通常在控制电路中将正反转控制接触器的常闭触点分别串接在对方的工作线圈里，如图 2.3（c）所示，构成相互制约的关系，这种相互制约的关系称为互锁，其常闭触点称为互锁触点。利用接触器（或继电器）常闭触点的互锁又被称为电气互锁。该电路欲使电动机由正转到反转或由反转到正转，必须先按下停止按钮，然后再反向启动，这种线路，习惯上称为正停反控制线路。

复合按钮也具有互锁功能，图 2.3（d）所示电路是在图 2.3（c）所示电路的基础上将正转启动按钮 SB_2 和反转启动按钮 SB_3 的常闭触点串接在对方电路中，构成互相制约的关系，称为机械互锁。这种电路具有电气、机械双重互锁，既可实现正转—停止—反转—停止的控制，又可实现正转—反转—停止的控制，这种线路，习惯上称为正反停控制线路。

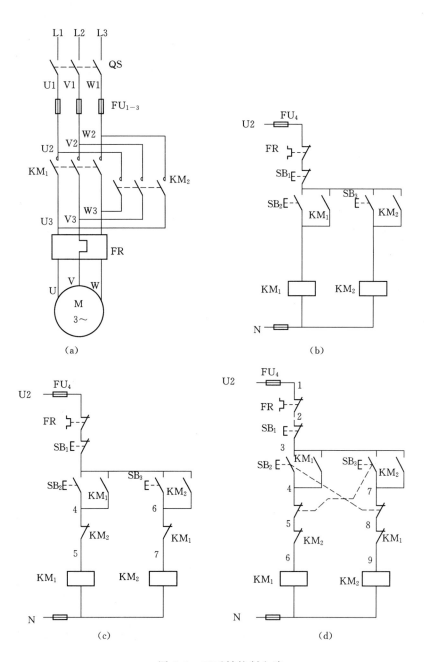

图 2.3 正反转控制电路

(a) 主电路；(b) 无互锁；(c) 只有电气互锁（正停反）

(d) 既有机械互锁又有电气互锁（正反停）

4. 顺序联锁控制电路

在生产实践中，常要求各种部件之间和生产机械之间能按顺序工作。

如图 2.4 (a) 所示，有两部电动机串级运行，要求实现启动时 M_1 先启动，停车时

M_2 先停止的顺序控制。控制电路如图 2.4（b）所示，将 M_1 的接触器 KM_1 常开触点串入 M_2 接触器 KM_2 的线圈回路，实现 M_1 先启动，M_2 后启动；将 M_2 的接触器 KM_2 常开触点并联于 M_1 的停止按钮 SB_1 的两端，即当 M_1 启动后，M_1 的停止按钮被短接，不起作用，直至 M_2 停车，KM_2 断电后，M_1 停止按钮才生效，这样就保证了 M_2 先停，1 号机再停。

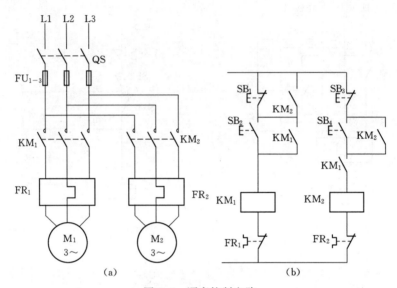

图 2.4　顺序控制电路
(a) 两个电动机串级运行；(b) 顺序控制电路图

这按顺序工作控制思想可推广到多台电动机或是多个系统，具体的实现方法请读者思考。

5. 行程控制线路

若有一小车，由交流电动机拖动，小车能正反方向启动和运行。当小车从某一方向启动后，就自动往返于甲乙两地来回运动，直到按停止按钮为止。要求设计一个继电器控制线路满足上述要求，则可以借鉴正反转控制线路，叠加上行程限位即可。

如图 2.5（a）所示，在甲地设置行程开关 SQ_1，当小车到达甲地时，小车上挡块压合 SQ_1，使其改变状态，即 SQ_1 的常开触点闭合，常闭触点断开。使用该常闭触点断开反转接触器，停止反向；用其常开触点接通正向启动回路，转入正向运动，小车驶向乙地。同样，在乙地设置行程开关 SQ_2，当小车到达乙地时，压合 SQ_2 开关，使电动机再次转向，小车返回甲地。这样就完成了小车自动在甲乙两地往返运动。小车主电路与正反转控制电路一样，控制电路如图 2.5（b）所示。

2.2.2　三相鼠笼式异步电动机的降压启动线路

三相鼠笼式异步电动机降压启动的方法有在定子电路中串入电阻或电抗、使用自耦变压器、星形—三角形启动和延边三角形启动等。这些方法的实质都是在电源电压不变的情况下，设法降低定子绕组的电压，以限制电动机的启动电流。

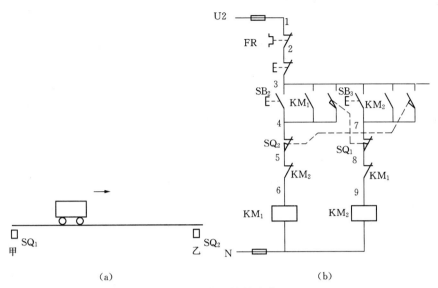

图 2.5 行程控制线路

(a) 小车往返甲乙两地图；(b) 行程控制电路图

1. 串电阻降压启动控制线路

在电动机启动的过程中，常利用串接电阻来降低定子绕组电压，以达到限制启动电流的目的，一旦启动完毕，串接电阻即被短接，电动机进入全电压正常运行。串接的电阻称为启动电阻。启动电阻的具体短接时间可由人工手动控制或由时间继电器来自动控制。

串电阻启动的控制线路如图 2.6 (a) 所示。电路工作原理为：合上电源开关 QS，按下启动按钮 SB_2，KM_1 得电并自锁，电动机串电阻 R 启动，接触器 KM_1 得电的同时，时

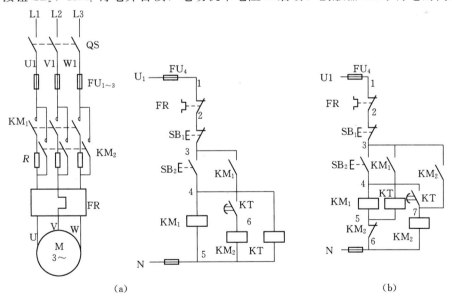

图 2.6 串电阻降压启动控制电路

(a) 启动结束后 KM_1、KT 一直通电；(b) 启动结束后 KM_1、KT 断电

间继电器 KT 线圈得电，经一段时间延时后，KT 常开触点闭合，KM₂ 得电动作，将主电路电阻 R 短接，电动机全压运行。该电路正常工作时 KM₁、KM₂、KT 均工作，若要使启动后只需 KM₂ 工作，即 KM₁ 和 KT 只在启动时短时工作，从而控制回路损耗减小。可采取如图 2.6（b）所示控制电路。串电阻启动的优点是按时间原则切除电阻、动作可靠、提高了功率因数、有利于保证电网质量、电阻价格低廉、结构简单，缺点是电阻上功率损耗大。通常仅在中小容量电动机不经常启动时采用这种方法。

2．Y—△降压启动控制线路

（1）线路构思。Y—△降压启动也称为星形—三角形降压启动，其设计思想仍是按时间原则控制启动过程，启动时将电动机定子绕组接成星形，加在电动机每相绕组上的电压为额定值的 $1/\sqrt{3}$（220V），从而减小了启动电流对电网的影响。待启动后，按预先整定的时间换接成三角形接法，使电动机在额定电压下正常运转。

（2）典型线路分析。Y—△降压启动线路如图 2.7 所示。从主电路图［图 2.7（a）］来看，它由 KM、KMᵧ 和 KM△ 3 个接触器来换接 Y—△接线。电动机定子绕组的连接方式为：当 KMᵧ、KM 主触点顺序闭合，KM△ 主触点断开时，三相定子绕组首端接电源，末端接在一起组成 Y 形；KMᵧ 主触点断开，KM、KM△ 主触点闭合时，三相定子绕组的首末端顺次相连，首端接电源，则组成三角形接法。

下面简述控制电路图［图 2.7（b）］是如何实现上述换接线控制的。

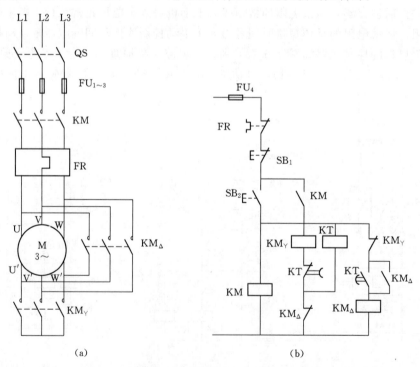

（a）　　　　　　　　　　　　（b）

图 2.7　Y—△降压启动线路

（a）Y—△降压启动主线路；（b）Y—△降压启动控制线路

合上刀闸开关 QK，按下启动按钮 SB₂，接触器 KM、KMᵧ 与时间继电器 KT 的线圈同时得电，接触器 KM$_Y$ 的主触点将电动机接成星形并经 KM 的主触点接至电源，电动机降压启动。到达 KT 的延时值，KT 延时打开的常闭触点断开，KM$_Y$ 线圈断电；KT 延时闭合的常开触点闭合，KM$_\triangle$ 线圈得电，电动机主电路换接成三角形接法，电动机投入正常运转。

Y—△形启动的优点在于星形启动电流只是原来三角形接法的 1/3，启动电流特性好、线路简单、价格最便宜，缺点是启动转矩也相应下降为原来三角形接法的 1/3，转矩特性差，适用于空载或轻载状态下启动，并且要求电动机具有 6 个接线端子，且只能用于正常运转时定子绕组接成三角形的鼠笼式异步电动机，这在很大程度上限制了它的使用范围。

3. 自耦变压器启动

自耦变压器启动的控制线路中，电动机启动电流的限制是靠自耦变压器的降压作用来实现的，电动机启动时，定子绕组得到的电压是自耦变压器的二次电压，一旦启动完毕，自耦变压器便被切除。额定电压或者说是自耦变压器的一次电压直接加于定子绕组，这时电动机进入全压正常运行。通常习惯称这种自耦变压器为启动补偿器。

串自耦变压器的降压启动控制电路如图 2.8 所示。启动时，合上刀开关 Q，按下启动按钮 SB$_2$，接触器 KM$_1$、KM$_2$ 与时间继电器 KT 同时得电，一方面 KM$_1$、KM$_2$ 主触点闭合，电动机定子绕组经自耦变压器接至电源电压降压启动；另一方面，时间继电器开始延时，当达到延时值时，KT 延时闭合的常开触点闭合，KM$_3$ 得电，其常闭辅助触点使 KM$_1$、KM$_2$ 断电，将自耦变压器从电网上解除，电动机进入全压正常运行。图中 KA 的作用是启动结束后，KM$_3$ 与 KM$_1$、KM$_2$ 切换时，避免 KM$_1$ 断开后 KM$_3$ 不能可靠吸合。

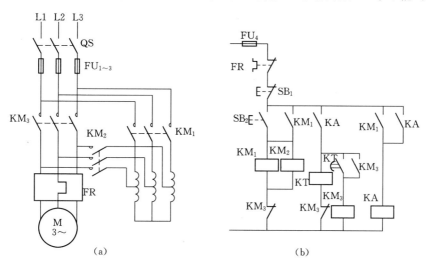

图 2.8 自耦变压器启动

(a) 串自耦变压器启动的主线路；(b) 串自耦变压器启动的控制线路

在获得同样大小启动转矩的情况下，采用自耦变压器降压启动时从电网索取的电流要比采用降压启动时小得多，对电网的冲击小，功率损耗小，这就是这种自耦变压器被称为启动补偿器的原因。反过来说，从电网取得同样大小的启动电流时，采用自耦变压器降压启动会产生较大的启动转矩。这种降压启动方法的缺点是所用的自耦变压器的体积庞大、结构复杂，价格较高。自耦变压器启动线路主要用于启动大容量的电动机，以减小启动电流对电网的影响。

2.2.3　三相鼠笼式异步电动机的制动控制线路

在生产过程中，有些设备要求缩短停车时间或者要求停车位置准确等，这时需要采用停车制动措施。

停车制动可分为电磁机械制动和电气制动两大类。电磁机械制动是用电磁铁操纵机械进行制动的，如电磁抱闸制动器、电磁离合器制动器等；电气制动是用电气的办法，使电动机产生一个与转子原来转动方向相反的力矩来进行制动。此时电动机轴上吸收的机械能转换为电能。转换过来的电能有的送回电网，有的消耗在转子电路中。因此，运行在制动状态下的异步电动机实际上是一台异步发电动机。异步电动机可工作于再生发电（回馈）制动、反接制动及能耗制动三种制动状态。本节主要介绍电气制动的控制线路。

1. 反接制动控制线路

反接制动是通过改变电动机电源相序，使定子绕组产生的旋转磁场与转子惯性旋转方向相反，而产生制动作用的一种制动方法。应注意的是，当电动机转速接近 0（100r/mm）时，必须断开电源，防止电动机反向旋转。

反接制动是按速度原则实现控制的，通常采用速度继电器。为了限制制动电流和减小制动冲击力，一般在 10kW 以上电动机的定子电路中串入对称电阻或不对称电阻，称为制动电阻。串入制动电阻，既限制了制动转矩，又限制了制动电流。

下面介绍几种反接制动控制线路。

（1）单向运行反接制动控制线路。如图 2.9 所示为用速度继电器 KS 进行自动控制的

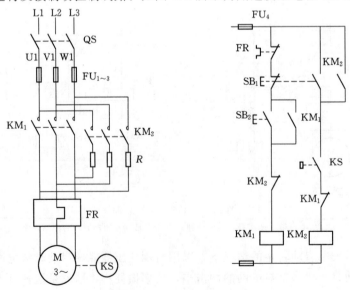

图 2.9　单向反接制动控制线路

单向反接制动控制线路。电动机正常运转时，速度继电器的常开触点 KS 闭合。若停车时按下 SB_1 按钮，则 KM_1 线圈断电，使电动机脱离三相交流电源。此时电动机转子的惯性转速很高，KS 常开触点仍闭合，所以 KM_2 线圈通电并自锁，使定子绕组得到变相序的电源，于是电动机进入串制动电阻 R 的反接制动状态。当电动机转子的惯性转速下降到接近 0（100r/mm）时，KS 的常开触点断开，KM_2 线圈断电，制动结束。

（2）可逆运行的反接制动控制线路。如图 2.10 所示为用速度继电器 KS 进行自动控制的可逆反接制动控制电路。正向启动时，按下 SB_2，则 KA_3、KM_1 通电，串电阻启动。当转速 n 上升到一定值时，KS_1 动作，KA_1、KM_3 通电，电动机全压运行，同时为反接制动做准备。要停车时，按 SB_1，则 KA_3 断电，使得 KM_1、KM_3 断电，同时 KM_2 断电，电动机串电阻反接制动。当转速下降到接近 0（100r/min）时，KA_1 断电，制动结束。

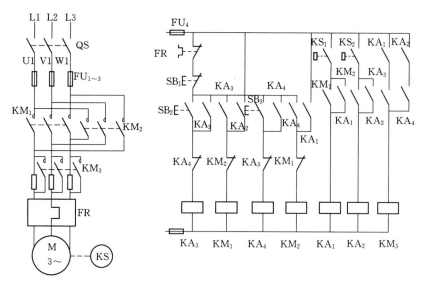

图 2.10　可逆反接制动控制电路

由于反接制动电流较大，若电动机容量较大，则制动时需在定子回路中串入电阻降压以减小制动电流；若电动机容量不大，可以不串制动电阻以简化线路。这时可以考虑选用比正常使用大一号的接触器以适应较大的制动电流。由于反接制动采用了速度继电器，按转速原则进行制动控制，其制动效果较好，使用也较方便，鼠笼式电动机的制动常采用这一方式。

2. 能耗制动控制线路

通常所说的能耗制动是指在电动机脱离三相交流电源之后，给定子绕组加一直流电源，以产生静磁场。利用转子感应电流与静止磁场的作用而达到制动目的。这是一种他激能耗制动，根据能耗制动控制的原则，有时间继电器控制与速度继电器控制两种。

（1）按时间原则自动控制的能耗制动控制线路。如图 2.11 所示为电动机单向运行、能耗制动时间由时间继电器自动控制的线路。在电动机正常运行时，若按下停止按钮

SB_1，电动机由于接触器 KM_1 释放而脱离三相交流电源，而直流电源则由于接触器 KM_2 线圈通电、KM_2 主触点闭合而加入两相定子绕组，时间继电器 KT 线圈与 KM_2 线圈通电，并与 KM_2 常开辅助触点串接并于 SB_1 常开触点两端，构成 KM_2、KT 的自锁，于是电动机进入能耗制动状态。当其转子的惯性速度接近 0 时，时间继电器延时打开的常闭触点断开，接触器 KM_2 线圈短路。由于 KM_2 常开辅助触点的复位，时间继电器 KT 线圈的电源也被断开，电动机能耗制动过程结束。图中 KT 常开触点的作用是当 KT 线圈出现断线或机械卡住故障时，电动机在按下按钮 SB_1 后能迅速制动，两相的定子绕组不致长期接入能耗制动的直流电流。当此类故障发生时，也可用 SB_1 按钮进行手动控制能耗制动。

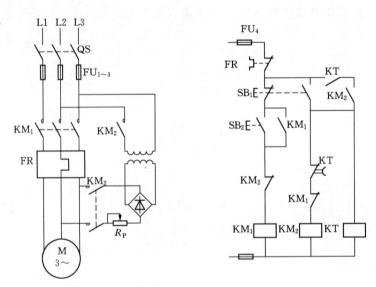

图 2.11　按时间原则自动控制的能耗制动控制线路

（2）按速度原则自动控制的可逆运行能耗制动控制线路。时间控制能耗制动一般适用于负载转矩和负载转速比较稳定的机械设备上。对于通过传动系统来改变负载速度的机械设备来说，则采用负载速度整定控制的能耗制动控制线路较为合适。

如图 2.12 所示为速度控制的能耗制动线路。控制线路中取消了时间继电器 KT 的线圈电路，而在电动机轴的伸出端安装了速度继电器 KS，而且以 KS_R 和 KS_F 常开触点的并联取代了 KT 延时分断的常闭触点，其余部分则与时间控制能耗制动线路基本相同。当图 2.12 所示的控制线路的电动机处于正向能耗制动状态时，接触器 KM_3 线圈电路依靠 KS_R 和 KM_3 常开触点的共同闭合而切断交流电源。当电动机正向惯性速度接近 0 时，KSR 常开触点复位，KM_3 线圈断电而切除直流电源，电动机正向能耗制动结束。电动机反向能耗制动控制过程类似。

能耗制动与反接制动相比，由于制动是利用转子中的储能进行的，所以能量损耗小、制动电流较小、制动准确，而且制动速度也较快，适用于电动机容量较大、要求平稳制动和启动频繁的场合。其缺点是需要一套整流装置，体积、重量大。

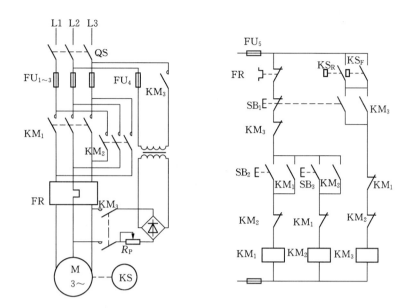

图 2.12　按速度原则自动控制的可逆运行能耗制动控制线路

2.2.4　绕线式异步电动机控制线路

1. 常用的绕线式异步电动机启动控制

绕线式异步电动机控制线路如图 2.13 所示。

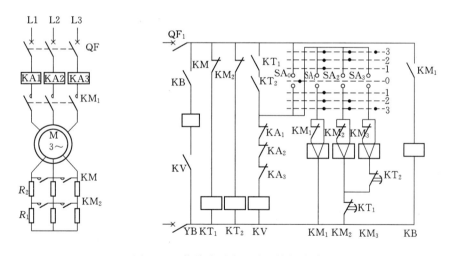

图 2.13　绕线式异步电动机控制线路

（1）启动过程。

1）合上 QF、QF$_1$，KT$_1$、KT$_2$ 通电，其常闭触点瞬时打开，避免 KM$_2$、KM$_3$ 通电。

2）将 SA 扳到 0 位，0 位继电器 KV 通电自锁，实现 0 位保护。

3）手柄转至 3 位时，SA$_1$～SA$_3$ 均闭合，KM$_1$ 通电，使 KB、YB 依次通电；同时，

KT_1 线圈断电，开始定时，时间到后，KM_2 通电，切除电阻 R_1，同时使 KT_2 线圈断电，KM_3 延时通电，切除电阻 R_2，实现降压启动。

（2）停车过程。手柄转至 0 位，则 $KM_1 \sim KM_3$ 断电，使 KB、YB 断电，由机械抱闸实现制动停车。

（3）保护。本线路有 4 种保护功能，即短路保护（QF、QF_1）、过载保护（$KA_1 \sim KA_3$）、失压保护（KV、$KM_1 \sim KM_3$）和零位保护（KV、SA）。

2. 按电流原则实现的绕线电动机启动控制

按电流原则实现的绕线电动机启动控制线路如图 2.14 所示。

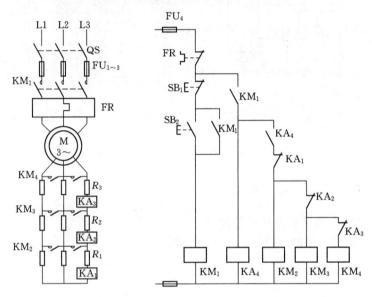

图 2.14 按电流原则实现的绕线电动机启动控制线路

（1）线路组成。

KM_1——线路接触器。

$KM_2 \sim KM_4$——加速接触器。

$KA_1 \sim KA_3$——电流继电器。吸合电流相同，释放电流由 KA_1 到 KA_3 依次减小。

KA_4——中间继电器。

（2）启动过程。

1）按 SB_2，KM_1 线圈通电，KA_4 通电。

2）启动瞬间，由于转子启动电流大，使 $KA_1 \sim KA_3$ 均吸合，转子电阻全部串入。

3）随着转速升高，电流减小，KA_1 首先释放，使 KM_2 通电，短接电阻 R_1，电流增大，电动机加速上升；随着转速继续升高，转子电流减小，减小到一定值时，KA_2 释放，KM_3 闭合，短接电阻 R_2，又使电流增大，电动机加速上升；随着转速的升高，电流减小，KA_3 释放，KM_4 闭合，短接 R_3，进入全压运行。

（3）KA_4 的作用。KM_1 动作后，接通 KA_4，利用其触点动作时间，在其常开触点闭合前，使 $KA_1 \sim KA_3$ 达吸合值，断开 $KM_2 \sim KM_4$，避免直接启动。

3. 绕线机反接制动控制线路

绕线机反接制动线路和制动控制线路如图 2.15 和图 2.16 所示。

（1）线路特点。该线路按时间原则启动，以转速原则制动。

（2）线路组成。

KA_4——零位继电器。

KR——反接继电器。

KT_1、KT_2——正反向联锁时间继电器。

$KM_1 \sim KM_5$——接触器。

作用：

1）启动时使 KM_4 延时接通，获得启动预备级。

2）保证 KR 来得及动作。

KT_3、KT_4——加速时间继电器。

（3）工作过程。

1）零位。SA 置于 0 位，KA_4 通电且自锁；$KT_1 \sim KT_4$ 通电，各常闭触点打开。

2）正向启动。SA_1、SA_2 闭合，KM_1、KM_2

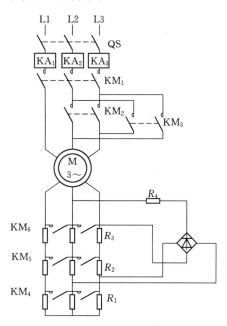

图 2.15 绕线电动机反接制动线路

线圈通电，串入全部电阻启动；同时，KT_1 线圈断电，延时闭合后，KM_4 通电，短接电阻 R_1，同时 KT_3 断电。延时时间到后，KM_5 通电，短接电阻 R_2，同时 KT_4 断电，短接电阻 R_3，电动机正常运转。

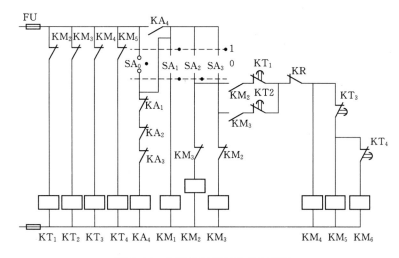

图 2.16 绕线机反接制动控制线路

3）反转时。SA 扳到反转位置，经过 0 位时，所有接触器断电，$KT_1 \sim KT_4$ 恢复通电。KM_1、KM_3 通电，电源相序改变。此时，转子感应电势最大，使 KR 动作，保证在串入全部电阻情况下反接制动。当电动机转速接近 0 时，KR 释放，进入反向启动。

2.3 基本电气控制系统的设计方法

电气控制系统是生产机械不可缺少的重要组成部分，它对生产机械能否正确与可行地工作起着决定性的作用。一般电气控制系统应该满足生产机械加工工艺的要求，线路要安全可靠、操作和维护方便、设备投资要少。为此，必须正确地设计控制线路，合理地选择电气元件。

2.3.1 电力拖动方案的确定和电动机的选择

1．电力拖动方案的确定原则

由于交流电动机特别是笼型异步电动机结构简单、运行可靠、价格低廉、维修方便，所以应用非常广泛。在选择电力拖动方案时，首先应尽量考虑笼型异步电动机，只有那些要求调速范围大和频繁启（制）动的生产机械，才考虑采用直流或交流调速系统。所以，应依据生产机械对调速范围的要求来考虑电力拖动方案。

（1）当不要求电气调速和启（制）动次数不频繁时，应采用笼型异步电动机拖动；在负载静转矩很大或有飞轮的拖动装置中，考虑用绕线式异步电动机拖动；当负载很平稳，容量大且制动次数少时，可采用同步电动机拖动，以提高效率及功率因数。

（2）对于要求调速的生产机械，应根据生产机械提出的一系列调速技术要求（如调速范围、调速平滑性、转速调节级数、机械特性硬度及工作可靠性等）来选择拖动方案，然后综合考虑调速效率、功率因数及维修费用等，最后确定最优拖动方案。

（3）电动机的调速性质应与生产机械的负载特性相适应。调速性质主要是指电动机在整个调速范围内转矩、功率与转矩的关系，判断是容许恒功率输出还是恒转矩输出。选用调速方法时，应尽可能使其与负载性质相同。

2．电动机的选择

电动机的选择可从结构形式、类型及容量等方面入手。

在正常环境条件下，一般采用防护式电动机；在空气中存在较多粉尘的场所，应尽量选用封闭式电动机；在高温车间，应根据周围环境温度，选用相应绝缘等级的电动机；在有爆炸危险及有腐蚀气体的场所，应相应地选用防爆式及防腐式电动机。

电动机的类型是指电动机的电压级别、电流种类、转速和工作原理。确定类型的主要依据是电动机应在经济条件下满足生产机械在工作速度、机械特性硬度、速度调节、启（制）动特性等方面所提出的要求。

电动机的容量说明它的负载能力，主要与电动机的容许温升和过载耐量有关。电动机容量的选择有两种方法：一种是调查统计类比法；另一种是分析计算法。在此不再详述。

2.3.2 电气原理图的绘制、阅读和分析

电气控制线路是由接触器、继电器、按钮、行程开关等电器组成的控制线路，又称继电—接触控制线路。电气控制线路的作用是实现对电力拖动系统的启动、制动及

调速等运行的控制;实现对拖动系统的保护;满足生产工艺要求,实现生产过程自动化。

电气控制线路应该根据简明易懂的原则,用规定的方法和符号进行绘制。电气控制线路的表示方法有两种:一种是安装图,是按照元器件实际位置和实际接线线路,用规定的图形符号绘制出来的,这种电路在元器件安装及接线时非常方便;另一种是电气原理图,是根据工作原理而绘制的,具备层次分明、便于研究和分析电路的工作原理等优点。

1. 绘制原则

在绘制电气原理图时,一般应遵循以下原则:

(1)表示导线、信号通路、连接线等的图线都应是交叉和折弯最少的直线。可以水平布置,也可以采用斜的交叉线。

(2)电路或元件应按功能布置,并尽可能按工作顺序排列,对因果次序清楚的简图,其布局顺序应该是从左到右或从上到下。

(3)为了突出和区分某些电路、功能等,导线、信号通路、连接线等可采用粗细不同的线条来表示。

(4)元器件和设备的可动部分通常应表示在非激励或不工作的状态或位置。

(5)所用图形符号应符合 GB 4728—2008 的规定。如果采用上述标准中未规定的图形符号时,必须加以说明。选择符号应遵循以下原则:

1)应尽可能采用优选形式。

2)在满足需要的前提下,应尽量采用最简单的形式。

3)在同图纸中使用同一种形式。

(6)同一电器元件不同部分的线圈和触点均采用同一文字符号标明。

(7)线路采用字母、数字、符号及其组合标记。

1)三相交流电源引入线用 L1、L2、L3 标记,中性线用 N 标记。

2)电源开关后的三相交流电源主电路分别按 U、V、W 顺序标记;用数字 1、2、3 等表示分级,如 1U、1V、1W、2U、2V、2W 等。

3)各电动机支路用三相文字代号后加数字表示,数字中个位表示电动机代号,十位表示该支路各接点代号,如 U11 表示 M_1 电动机的第一相的第一个接点,U21 表示第一相的第二个接点,依此类推。

4)电动机绕组首端用 U、V、W 表示,尾端用 U′、V′、W′表示。

5)控制电路采用阿拉伯数字编号,一般由三位或三位以下数字组成。凡是线圈、绕组、触点或电阻、电容等元器件所隔离的线段都应标以不同的标记。

2. 制图规范

GB/T 6988.1—1997《电气技术用文件的编制第 1 部分:一般要求》对电气工程制图图纸幅面及格式作了相关规定,绘制电气工程图时必须遵照此标准。

(1)图纸幅面。图幅是指图纸幅面的大小,所有绘制的图形都必须在图纸幅面以内。图幅分为横式幅面和立式幅面,国标规定的机械图纸的幅面有 A0~A4 共 5 种,如图 2.17 所示。

幅面代号	A0	A1	A2	A3	A4
$B \times L$	841×1189	594×841	420×594	297×420	210×297
e	20			10	
c	10			5	
a	25				

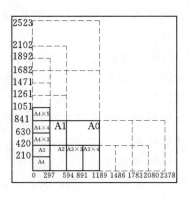

图 2.17　图纸幅面尺寸

（2）图框。根据布图需要，图纸可以横放，也可以竖放。图纸四周要画出画框，以留出周边，如图 2.18 和图 2.19 所示。

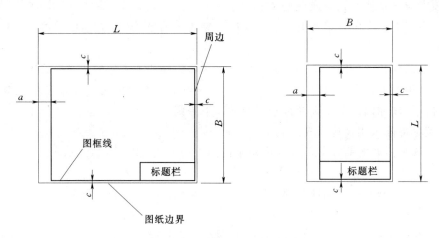

图 2.18　留有装订边图样的图框格式

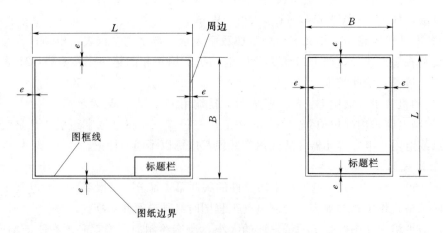

图 2.19　不留装订边图样的图框格式

（3）标题栏。标题栏示例如图 2.20 所示。

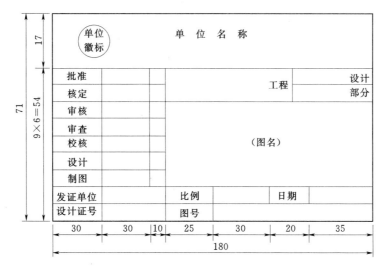

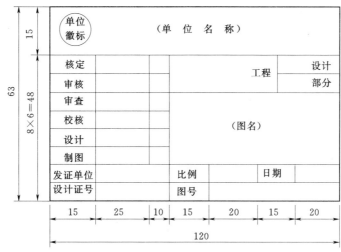

图 2.20 标题栏

（4）图幅分区。为了更容易地读图和检索，需要确定图上位置的方法，因此把幅面做成分区，便于检索，如图 2.21（a）所示。

如果电气图中要表示的控制电路内的支路较多，并且各支路元器件布置与功能又不同，可采用另一种分区方法，如图 2.21（b）所示。

（5）基本图线。根据国标规定，在电气工程制图中常用的线型有实线、虚线、点划线、双点划线、波浪线、双折线等。

（6）图线的宽度。图线的宽度应根据图形的大小和复杂程度，在下列系数中选择：0.18、0.25、0.35、0.50、0.70、1.00、1.40、2.00mm。

（7）箭头。电气图中使用的箭头有两种画法：一种是开口箭头，用来表示能量或信号的传播方向；另一种是实心箭头，用于指向连接线等对象的指引线。

（8）指引线。指引线用于指示电气图中注释对象，指引线末端标记如图 2.22 所示。

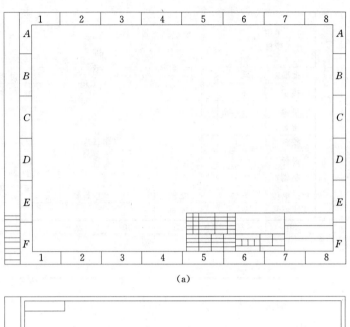

(a)

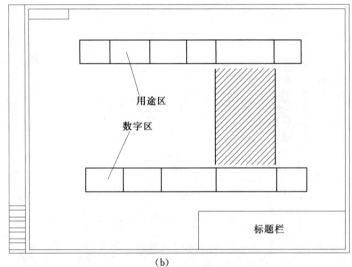

用途区

数字区

标题栏

(b)

图 2.21 图幅分区方法

(a) 方法一；(b) 方法二

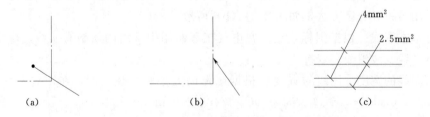

(a) (b) (c)

图 2.22 指引线末端标记

(a) 末端在轮廓线内；(b) 末端在轮廓线上；(c) 末端在连接线上

（9）国标中对电气工程图中字体的规定。详见 GB/T 14691—1993。

（10）比例规定。电气工程图中图形与其实物相应要素的线性尺寸之比称为比例。需要按比例绘制图样时，应按规定选取适当的比例。

3. 电气原理图的阅读和分析

在阅读和分析电气原理图之前，首先要了解被控对象对电力拖动系统的要求、了解被控对象有哪些运动部件以及这些部件是怎样动作的、各种运动或动作之间是否有相互的制约关系。另外，还要熟悉电路图的制图规则及各电气元件的图形符号。

（1）对主电路的阅读和分析。电气原理图的阅读可从主电路入手，掌握其中各电器的动作特点和主电路的动作要求（主电路应具备的功能）后，再结合控制电路进行分析。对主电路进行分析的一般步骤如下：

1）弄清设备使用的电源。一般的设备多采用三相电源（380V，50Hz），也有采用直流电源的设备。

2）分析主电路电动机的数目，各自的用途和类别（鼠笼式异步电动机、绕线式异步电动机、直流电动机或是同步电动机）。

3）分清各电动机的动作要求，如启动、调速和制动方式，各电动机之间相互的制约关系等。

4）了解主电路中所用的控制电器及保护电器。前者是指除常规接触器之外的控制元件，如电源开关（转换开关及断路器）、万能转换开关；后者是指短路保护器件及过载保护器件，熔断器、热继电器及过电流继电器等器件的用途及规格等。

（2）对控制电路的阅读和分析。在了解了主电路的上述功能之后就可进行控制电路的阅读和分析了。由于各种生产机械的类型不同，它们对电力拖动系统的要求也不同，表现在电路图上也有各种不同的控制电路。对控制电路进行分析的一般步骤如下。

1）先分析控制电路的电源电压。一般的生产工艺，如仅有一台或较少电动机的控制系统，选用的控制电器（如中间继电器、接触器、时间继电器）的类型比较单一，控制电路也比较简单。为了减少电源种类，控制电路的电压常采用交流380V，可直接由主电路引入。对于采用多台电动机且控制要求比较复杂的控制系统，选用的各控制电器类别可能不同，其控制电压的类型和等级也可能不同，如 110V AC，220V AC，220V DC 等，造成多种电压等级共存的情形（注意：不同等级的交流电压应由隔离变压器供给）。所以，在绘制控制电路时应根据控制电压的不同类型和等级分别绘制。本书给出的电气控制线路图中均将控制电路单独画出，并假设所有的控制电器为同一电压等级，读者在进行实际的应用系统设计时要特别注意。

2）要充分了解控制电路中所采用的各种控制电器的用途，如果采用了一些特殊结构的继电器，则还应了解它们的动作原理，以便更好地理解它们在电路中所具有的功能。

3）按照从上向下、从左到右的顺序分析控制电路。对于较为复杂的控制电路，可按功能将其划分为若干个部分来分析，如启动部分、制动部分、主体循环部分等。对于控制电路的分析，必须随时结合主电路的动作要求来进行；只有全面了解主电路对控制电路的要求，才能真正地掌握控制电路的工作原理。

任何生产过程的控制原理都是由控制电路实现的。可以将控制电路简单地划分为输入电路、输出电路和保护电路（也可将保护电路并入输入电路）。其中输入电路也称为检测电路，它由各控制电器和现场检测元件（如按钮、行程开关等）的触点（常开或常闭）组成，用以实现生产工艺所要求的控制逻辑；输出电路是指各控制电器的线圈部分；保护电路用以实现控制电路所具有的保护功能，如过载保护、过流保护等。

电气控制线路的工作过程体现了主电路和控制电路的相互结合、相互作用。如在图2.2 中，合上刀开关 QS，当控制电路中接触器 KM 线圈通电吸合时，主电路中 KM 的主触点闭合，电动机启动；当 KM 线圈断电释放时，主电路中 KM 的主触点断开，电动机停止运行。

在控制电路中，由各触点组成的控制逻辑会影响各控制电器线圈的状态；线圈的通电与否又将引起相应触点状态的变化，使由触点组成的控制逻辑发生改变，从而又作用于各控制电器的线圈状态。因此可以这样认为：电气控制线路的工作过程，实际上是控制电路中输入电路各元件（触点）状态和输出电路各元件（线圈）状态之间相互转换的过程。本书列举的大量控制线路，其中大多详细给出了电路的工作过程，读者可仔细阅读并细心体会。

2.3.3　设计电气控制线路的一般原则

设计电气控制线路的一般原则如下。

（1）应最大限度地实现生产机械和工艺对电器控制线路的要求。设计之前，首先要调查清楚生产要求。一般控制线路只要求满足启动、反向和制动即可，有些则要求在一定范围内平滑调速和按规定的规律改变转速，出现事故时需要有必要的保护、信号预报以及各部分运动要求有一定的配合和联锁关系等。

（2）在满足生产要求的前提下，控制线路应力求简单、经济。

1）尽量选用标准的、常用的或经过实际检验的线路和环节。

2）尽量减少连接导线的数量，缩短连接导线的长度。

设计控制线路时，应考虑各个元件之间的实际接线。特别要注意电气柜、操作台和行程开关（限位开关）之间的连接线。如图 2.23（a）所示的连线是不合理的，因为按钮在操作台上，而接触器在电气柜内，这样就需要由电气柜二次引出连接线到操作台的按钮上，所以一般都将启动按钮和停止按钮直接连接，这样就可以减少一次引出线，如图2.23（b）所示。

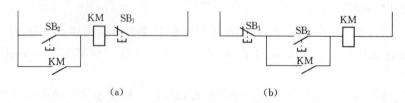

图 2.23　控制线路连接线
（a）不合理；（b）合理

3）尽量缩减电器的数量，采用标准件，并尽可能选用相同型号。

4）应减少不必要的触点以简化线路。在控制线路图设计完成后进行代数式验算，以便得到最简的线路。

5）控制线路在工作时，除必要的电器必须通电外，其余的尽量不通电以节约电能。

以异步电动机降压启动的控制线路为例，如图 2.24（a）所示，在电动机启动后接触器 KM$_1$ 和时间继电器 KT 就失去了作用，接成图 2.24（b）所示线路时可以在启动后切除 KM$_1$ 和 KT 的电源。

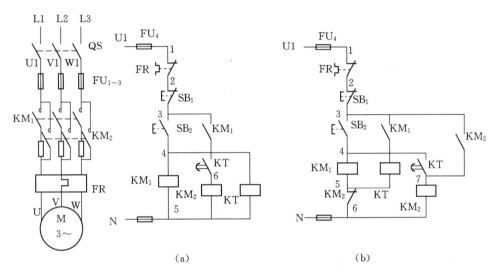

图 2.24 异步电动机降压启动的控制线路
（a）不合理；（b）合理

（3）保证控制线路工作的可靠和安全。为了保证控制线路工作可靠，最主要的是选用可靠的元件。如尽量选用机械和电气寿命长、结构坚实、动作可靠、抗干扰性能好的元件。同时在具体线路设计中注意以下几点：

1）正确连接电器的触点。同一电器的常开和常闭辅助触点通常靠得很近，如果分别接在电源的不同相上，如图 2.25（a）所示，行程开关 SQ 的常开触点和常闭触点由于不是等电位，当触点断开产生电弧时，很可能在两触点间形成飞弧造成电源短路。此外，绝缘不好也会引起电源短路。如果按图 2.25（b）接线，由于两触点电位相同，就不会造成

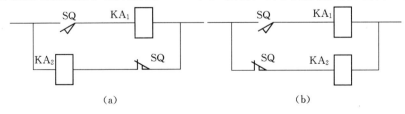

图 2.25 连接电器的触点
（a）不合理；（b）合理

飞弧，即使引入线绝缘损坏也不会引起电源短路。设计中应予注意。

2）正确连接电器的线圈。在交流控制电路中，不能串联接入两个电器的线圈，如图 2.26 所示。即使外加电压是两个线圈额定电压之和，也是不允许的。因为每个线圈上所分配到的电压与线圈阻抗成正比，两个电器动作总是有先有后，不可能同时吸合。假如交流接触器 KM_2 先吸合，由于 KM_2 的磁路闭合，线圈的电感显著增加，因而在该线圈上的电压降也相应增大，从而使另一个接触器 KM_1 的线圈电压达不到动作电压。因此两个电器需要同时动作时其线圈应该并联连接。

3）避免在控制线路中出现寄生电路。在控制线路的动作过程中，那种意外接通的电路称为寄生电路（或叫假电路）。如图 2.27 所示为一个具有指示灯和热保护的正反向电路。在正常工作时，能完成正反向启动、停止和信号指示。但当电动机过载热继电器 FR 动作时，线路就出现了寄生电路，如图 2.27 中虚线所示，使正向接触器 KM_1 不能释放，起不了保护作用。

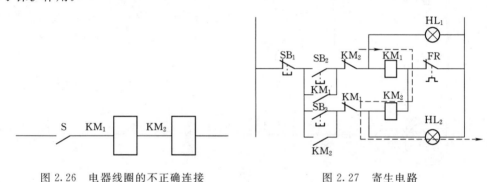

图 2.26　电器线圈的不正确连接　　　　图 2.27　寄生电路

4）尽量避免出现许多电器依次动作才能接通另一个电器的控制线路。如图 2.28（a）所示，线圈 KA_3 的接通要经过 KA、KA_1、KA_2 这 3 对常开触点。若按图 2.28（b）连接，则每线圈的通电只需经过 1 对触点，工作比较可靠。

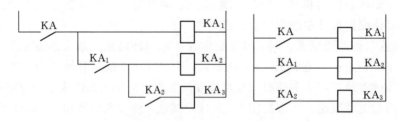

图 2.28　避免依次动作接通控制线路

(a) 不合理；(b) 合理

5）在频繁操作的可逆线路中，正、反向接触器之间不仅要有电气联锁，而且要有机械联锁。

6）设计的线路应能适应所在电网的情况。根据电网容量的大小、电压和频率的波动范围以及允许的冲击电流数值等决定电动机的启动方式是直接启动还是间接启动。

7）在线路中采用小容量继电器的触点来控制大容量接触器的线圈时，要计算继电器触点断开和接通容量是否足够。如果不够，必须减小容量接触器或中间接触器，否则工作不可靠。

（4）必须设有完善的保护环节，以避免因误操作而引起事故。如设置过载、短路、过流、过压、失压等保护环节，有时还应设有合闸、必需的指示信号。

1）短路保护。短路保护常由熔断器或自动开关来实现。如图 2.29（a）所示为采用熔断器作短路保护的电路，在对主电路采用三相四线制或对变压器采用中点连接的三相二线制的供电电路中，必须采用三相短路保护。当主电动机容量较小，其控制电路不需要另外设置熔断器 FU_4 时，主电路中的熔断器也可作为控制电路的短路保护；若主电动机容量较大，则控制电路一定要单独设置短路保护熔断器（如 FU_4）。

如图 2.29（b）所示为采用了自动开关的电路。它既可作短路保护，但由于其值不能整定，因此仍然需要加装热继电器用作过载保护。线路出现故障时自动开关动

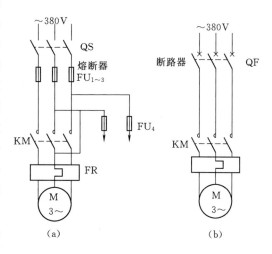

图 2.29　短路保护电路
（a）熔断器作短路保护；（b）自动开关作短路保护

作，事故处理完毕，只要重新合上开关，线路就能重新运行。而图 2.29（a）所示电路则需要更换熔断器才能重新工作。

2）过载保护。如图 2.30（a）所示电路用于无中线的三相异步电动机的过载保护，图 2.30（b）所示电路用于带中点的三相异步电动机的过载保护。

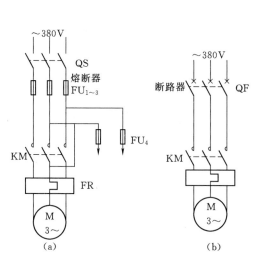

图 2.30　三相异步电动机的过载保护电路
（a）无中线；（b）带中点

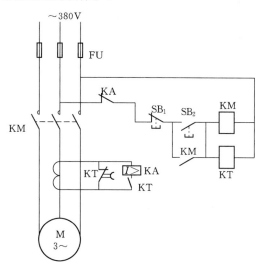

图 2.31　过电流保护电路

3）过电流保护。过电流保护电路如图 2.31 所示。当电动机启动时，延时继电器 KT 的常闭触点闭合，过电流继电器的过电流线圈不接入电路，这时虽然启动电流很大，但过电流保护不动作。启动结束后，KT 的常闭触点经过延时已断开，过电流继电器开始起保护作用。

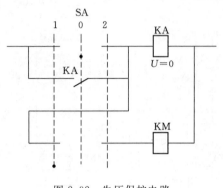

图 2.32　失压保护电路

4）失压保护。失压保护电路如图 2.32 所示。它是通过并联在启动按钮上的接触器的常开触点来起失压保护作用的。当采用主令控制器控制电动机频繁启、制动时，连接成图 2.32 所示的电路。主令控制器 SA 置于"零位"时，零压继电器 KA 吸合并自锁；当 SA 置于"工作位置"时，保证了对接触器 KM 的供电。当断电时，KA 释放，电源再接通时，必须先将 SA 置"零位"，使 KA 吸合，才能重新启动电动机，这样就起到失压保护作用了。

（5）应尽量使操作和维修方便。控制机构应操作简单、便利，能迅速和方便地由一种控制形式转换到另一种控制形式，如由自动控制转换到手动控制。同时，希望能实现多点控制和自动转换程序，减少人工操作。电控设备应力求维修方便，使用安全，并应有隔离电器，以免带电检修。

2.3.4　电气控制线路设计方法

电气控制线路的设计方法通常有两种，即经验设计法和逻辑设计法。

（1）经验设计法是根据生产工艺要求，利用各种典型的线路环节，直接设计控制线路。这种设计方法比较简单，但要求设计人员必须熟悉大量的控制线路，掌握多种典型线路的设计资料，同时有丰富的设计经验，在设计过程中往往还要经过多次反复修改、实验，才能使线路符合设计要求。即使这样，设计出来的线路也可能不是最简形式，所用的电器和触点也不一定最少，即不一定是最佳方案。

（2）逻辑设计法是根据生产工艺的要求，利用逻辑代数来分析、设计线路的方法。使用逻辑代数法来设计控制线路，此法根据生产工艺的要求，将控制线路中的接触器、继电器线圈的通电和断电、触点的接通和断开、主令元件的接通和断开等量看成逻辑变量，并将这些逻辑变量关系表示为逻辑代数表达式，再利用逻辑代数运算规律对逻辑表达式进行化简，然后按照化简后的逻辑代数式画出相应的电路结构图，以期获得最佳设计方案。用该方法设计的线路比较合理，特别适合完成较复杂的生产工艺所要求的控制线路。相对而言，逻辑设计法难度较大，不易掌握，且该法目前已被 PLC 程序设计法所取代，此处不再作详细介绍。

1. 电气控制线路经验设计法

利用经验设计法设计电路，一般包括以下步骤：

（1）了解系统工艺要求。通常需要知道主电路的组成情况及其动作要求，以及联锁、保护等要求。

（2）设计主电路。根据工艺要求，选择适当的电器组成主电路，并以此确定控制电路中所需的基本电器，为控制电路的设计提出具体的要求。

（3）设计控制电路。根据主电路对电器的要求选择适当的控制策略，设计出逻辑上能满足要求的控制电路。同时要考虑必要的联锁和保护。

（4）完善和校核。控制电路设计完毕后，往往还有不合理之处，或有可以进一步简化之处，必须认真仔细地校核。特别应反复校核控制线路是否满足生产机械的工艺要求，分析线路是否会出现误动作，是否会产生设备事故和危及人身安全，要保证电路安全可靠地工作。

2. 电气控制线路经验设计法

下面以设计龙门刨床横梁升降控制线路为例进行说明。

（1）工艺要求。

1）保证横梁能上下移动，夹紧机构能实现横梁夹紧或放松。

2）逻辑关系：当横梁上下移动时，应能自动按照放松横梁→横梁上下移动→夹紧横梁→夹紧电动机自动停止运动的顺序动作。

3）横梁在上升与下降时应有限位保护。

4）横梁夹紧与横梁移动之间及正反向之间应有必要的联锁。

（2）设计主电路。主电路由一个横梁移动电动机和一个横梁夹紧电动机组成，每个电动机均需正反转，如图 2.33 所示。

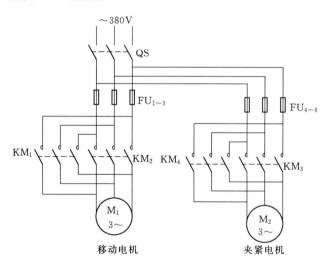

图 2.33　主电路

（3）设计控制电路。4 个接触器有 4 个控制线圈，由于只能用两个点动按钮去控制移动和夹紧的两个运动，所以需要通过两个中间继电器 KA_1 和 KA_2 进行控制。根据上述操作工艺要求，设计出控制草图如图 2.34 所示，但它还不能实现在横梁放松后自动向上或向下移动，也不能在横梁夹紧后使夹紧电动机自动停止。为实现这两个自动控制要求，还需要进行相应的改进。

（4）完善和校核。横梁放松由行程开关 SQ_1 控制，横梁夹紧由电流继电器控制，当

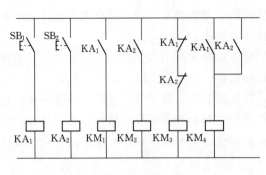

图 2.34 控制电路草图

按下向上移动按钮 SB_1 时，中间继电器 KA_1 通电，其常开触点闭合，KM_4 通电，则夹紧电动机作放松运动，同时，其常闭触点断开，实现夹紧和下移的联锁。当放松完毕，压块就会压合 SQ_1，其常闭触点断开，接触器圈 KM_4 失电，同时 SQ_1 的常开触点闭合，接通向上移动接触器 KM_2，这样，横梁放松以后，就会自动向上移动。向下过程类似。

在夹紧电动机夹紧方向的主电路中串联接入一个继电器 KA，将其动作电流整定在额定电流的 2 倍左右。当横梁移动停止后，如上升停止，行程开关 SQ_2 的压块会压合，其常闭触点打开，KM_3 瞬间通电，因此夹紧电动机立即自动启动。当较大的堵转电流达到 KA 的整定值时，KA 将动作，其常闭触点一旦打开，KM_3 又失电，自动停止夹紧电动机的工作。

除此之外，线路还应有必要的联锁保护环节。这里采用 KA_1 和 KA_2 的常闭触点实现横梁移动电动机和夹紧电动机正反向工作的联锁保护；横梁上下需要有限位保护，采用行程开关 SQ_2 和 SQ_3 分别实现向上或向下限位保护。SQ_1 除了反映放松信号外，还起到了横梁移动和横梁夹紧间的联锁控制。

一般不太复杂的继电接触式控制线路都按照此法进行设计，掌握较多的典型环节和较丰富的设计经验对设计工作大有益处。

完整的主电路如图 2.35 所示。

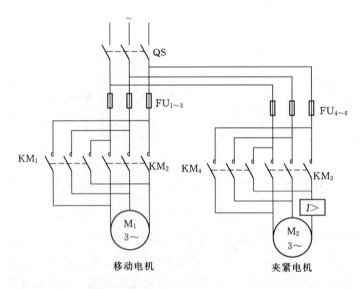

图 2.35 完整的主电路

完整的控制电路如图 1.36 所示。

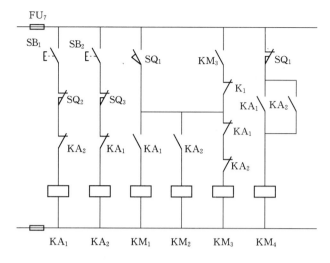

图 2.36　完整的控制电路

习 题 与 思 考 题

2.1　简述电气控制原理图的绘制原则。

2.2　绘制电动机基本启、保、停电路，说明电路中具备的保护功能。

2.3　什么是失压保护？如何判断控制电路是否具有失压保护功能？

2.4　设计能实现电动机正反向运行的主电路和控制电路，要求有短路、过载及失压护功能。

2.5　设计三台电动机顺序启动、逆序停止的控制电路，并讲述电路的工作过程。

2.6　如何实现一台电动机的多地控制？多地控制的设计原则是什么？

2.7　鼠笼式异步电动机在什么条件下需要降压启动？常用的降压启动方法有哪些？

2.8　有两台电动机 M_1、M_2，控制要求如下：

（1）M_1 启动 5s 后，M_2 才允许启动。

（2）M_1 采用定子串电阻降压启动方式，M_2 可直接启动。

（3）按下停止按钮，两台电动机同时停止运行。

试设计主电路和控制电路，要求有必要的联锁和保护措施。

2.9　有三台电动机 M_1、M_2 和 M_3，控制要求如下：

（1）M_1 启动 5s 后 M_2 自行启动。

（2）M_2 启动 10s 后 M_1 停止，同时 M_3 自行启动。

（3）M_3 停止 5s 后 M_2 自动停止。

试设计主电路和控制电路，要求有必要的联锁和保护措施。

2.10　试设计两台鼠笼式电动机 M_1、M_2 的顺序启、停的控制线路，控制要求如下：

（1）M_1 和 M_2 能实现顺序启动，并能同时或者分别停止。

（2）M_1 和 M_2 均能实现点动运行。

2.11　试设计能实现电动机两地点动与连续运转的控制电路。

2.12　某机床主轴由一台三相鼠笼式异步电动机拖动，润滑油泵由另一台三相鼠笼式异步电动机拖动。均采用直接启动，控制要求如下：

（1）主轴电动机必须在润滑油泵启动后才允许启动。

（2）主轴电动机可以正反向运行，为调试的方便，要求能实现正反向的点动控制。

（3）主轴电动机停止后，才允许润滑油泵停止。

（4）要有必要的电气保护措施。

试设计主电路和控制电路。

2.13　电动机星形—三角形降压启动有什么特点？试设计控制电路。

2.14　电气控制中常用的制动方法有哪些？它们各自有哪些特点？分别适应于哪些场合？

2.15　某单向运转的三相鼠笼式异步电动机，要求启动电流不能过大，制动时需要快速停车。试设计主电路和控制电路，并要求有必要的保护措施。

2.16　某正反向运行的三相鼠笼式异步电动机，要求正反向启动时采用定子串电阻降压启动，制动时采用反接制动。试设计主电路和控制电路。

2.17　简述电气控制设计的基本原则。

2.18　电气控制系统设计的基本步骤是什么？

2.19　什么是经验设计法？经验设计法应遵循的基本原则有哪些？

2.20　两个交流接触器的线圈能否串接？为什么？

2.21　两个或两个以上线圈并联时应注意哪些问题？

2.22　什么是寄生电路？对寄生电路应如何处理？

2.23　设某单位电动门由一台电动机拖动，控制要求如下：

（1）电动机能正反向运行。

（2）门完全打开和完全关闭应有限位控制。

（3）电动门的开关可以点动控制，也可连续控制。

试设计控制电路。

2.24　设某电动机由 4 个继电器控制，只有奇数个继电器动作时电动机才能运行，试应用逻辑规律设计电路。

2.25　什么是继电器开关函数？开启优先型和关断优先型有什么不同？

2.26　现有两台电动机 M_1、M_2，控制要求如下：

（1）M_1 启动 5s 后 M_2 自行启动。

（2）M_2 停止后，M_1 才允许停止。

试用逻辑设计方法设计控制电路。

2.27　有三台电动机 M_1、M_2、M_3，要求如下：

（1）M_1 启动 5s 后 M_2 启动。

（2）M_2 启动 5s 后 M_3 启动。

（3）M_3 停止 10s 后 M_2 停止。

（4）M_2 停止 10s 后 M_1 停止。

（5）如果运行中 M_3 由于过载而停止，则 M_1，M_2 必须立即停止。

（6）如果运行中 M_2 由于过载而停止，则 M_1 必须立即停止。

试用经验法设计控制电路。

第 3 章　PLC 基础

3.1　概　述

可编程控制器（Programmable Logic Controller，PLC）广泛应用于目前的工业控制领域。在可编程控制器出现之前，一般要使用成百上千的继电器以及计数器才能组成具有相同功能的自动化系统，而现在，经过编程的简单的可编程控制器模块基本上已经代替了这些大型装置。可编程控制器的系统程序一般在出厂前已经初始化完毕，用户可以根据自己的需要自行编辑相应的用户程序来满足不同的自动化生产要求。

最初的可编程控制器只有电路逻辑控制的功能，所以被命名为可编程逻辑控制器，后来随着不断的发展，这些当初功能简单的计算机模块已经有了包括逻辑控制、时序控制、模拟控制、多机通信等许多的功能，名称也改为可编程控制器（Programmable Controller），但是由于它的简写也是 PC，与个人电脑（Personal Computer）的简写相冲突，也由于多年来的使用习惯，人们还是经常使用可编程控制器这一称呼，并在术语中仍沿用 PLC 这一缩写。

现在工业上使用可编程控制器已经相当接近于一台轻巧型的电脑，甚至已经出现整合个人电脑（采用嵌入式操作系统）与 PLC 架构的 PC—BASE 控制器，能通过数字或模拟输入/输出模块控制机器设备、制造处理流程、及其他控制模块的电子系统。PLC 可接收（输入）及发送（输出）多种类型的电气或电子信号，并使用他们来控制或监督几乎所有种类的机械与电气系统。

3.1.1　PLC 的定义

国际电工委员会（IEC）曾于 1982 年 11 月颁发了可编程控制器标准草案第一稿，1985 年 1 月又发表了第二稿，1987 年 2 月颁发了第三稿。该草案中对可编程控制器的定义是："可编程控制器是一种数字运算操作的电子系统，专为在工业环境下应用而设计。它采用了可编程序的存储器，用来在其内部存储和执行逻辑运算、顺序控制、定时、计数和算术运算等操作命令，并通过数字式和模拟式的输入和输出，控制各种类型的机械或生产过程。可编程控制器及其有关外围设备，都按易于与工业系统联成一个整体、易于扩充其功能的原则设计。"

定义强调了可编程控制器是"数字运算操作的电子系统"，是一种计算机。它是"专为在工业环境下应用而设计"的工业计算机，是一种用程序来改变控制功能的工业控制计算机，除了能完成各种各样的控制功能外，还有与其他计算机通信联网的功能。

这种工业计算机采用"面向用户的指令"，因此编程方便。它能完成逻辑运算、顺序控制、定时计数和算术操作，它还具有"数字量和模拟量输入输出控制"的能力，并且非常容易与"工业控制系统联成一体"，易于"扩充"。

定义还强调了可编程控制器应直接应用于工业环境，它须具有很强的抗干扰能力、广泛的适应能力和应用范围。这也是区别于一般微机控制系统的一个重要特征。应该强调的是，可编程控制器与以往所讲的顺序控制器在"可编程"方面有质的区别。PLC 引入了微处理机及半导体存储器等新一代电子器件，并用规定的指令进行编程，能灵活地修改，即用软件方式来实现"可编程"的目的。

可编程控制器是应用面最广、功能强大、使用方便的通用工业控制装置，自研制成功开始使用以来，它已成为当代工业自动化的主要支柱之一。

3.1.2　PLC 的产生

可编程控制器的兴起与美国现代工业自动化生产发展的要求密不可分。PLC 源起于 20 世纪 60 年代，当时美国通用汽车公司在解决了工厂生产线调整时，继电器—接触器控制系统电路修改耗时、平时检修与维护不易等问题。在可编程控制器出现之前，汽车制造业中的一般控制、顺序控制以及安全互锁逻辑控制必须完全依靠众多的继电器、定时器以及专门的回路控制器来实现。它们体积庞大、有着严重的噪音，不但每年的维护工作要耗费大量的人力物力，而且继电器—接触器系统的排线检修等工作对维护人员的熟练度也有着很高的要求。

针对这些问题，美国通用汽车公司在 1968 年向社会公开招标，要求设计一种新的系统来替换继电器系统，并提出了如下 10 条招标指标：

（1）编程简单，可在现场修改和调试程序。

（2）维护方便，采用插入式模块结构。

（3）可靠性高于继电器控制系统。

（4）体积小于继电器控制装置。

（5）数据可直接送入管理计算机。

（6）成本可与继电器控制系统竞争。

（7）可直接用 115V 交流电压输入。

（8）输出量为 115V、2A 以上，能直接驱动电磁阀、接触器等。

（9）通用性强，易于扩展。

（10）用户程序存储器容量至少 4KB。

上述 10 条招标指标就是著名的"通用十条"。

随后，美国数字设备公司（DEC）根据这一设想，于 1969 年研制成功了第一台 PDP—14 控制器，并在汽车自动装配线上使用并获得成功。由于当时系统主要用于顺序控制、只能进行逻辑运算、计时、计数等较少的功能，所以被命名为可编程逻辑控制器（PLC）。最早期的 PLC 只具有简单的逻辑开/关（on/off）功能，但比起传统继电器的控制方式，已具有容易修改、安装、诊断与不占空间等优点。

自从美国研制出第一台 PLC 以后，日本、德国、法国等工业发达国家相继研制出各自的 PLC。

20 世纪 70 年代初期，PLC 引进微处理机技术，使得 PLC 具有算术运算功能与多位数字信号输出/输入功能，并且能直接以梯形图（阶梯图）进行程序编写，这使得 PLC 的功能不断增强，质量不断提高，应用日益广泛。这项新技术的使用，在工业界产生了巨大的反响。日本在 1971 年从美国引进了这项技术，并很快研制成功了自己的 DCS—8 可编程逻辑控制器，德、法在 1973~1974 年间也相继有了自己的该项技术。20 世纪 70 年代中期，PLC 功能加入数据运算、数据传送与处理、远距离通信、模拟输入/输出、NC 伺服控制等技术。20 世纪 80 年代以后更引进 PLC 高速通信网络功能，同时加入一些特殊输入/输出界面、人机界面、高功能函数指令、数据采集与分析能力等功能，使之真正成为一种电子计算机工业控制设备。图 3.1 为西门子 S7—200 系列可编程控制器外形图。

1984 年，日本就有 30 多个 PLC 生产厂家，产品 60 种以上。西欧在 1973 年研制出它们的第一台 PLC，并且发展很快，年销售增长 20% 以上，目前，世界上众多 PLC 制造厂家中，比较著名的几个大公司有美国 AB 公司、歌德公司、得州仪器公司、通用电气公司，德国的西门子公司，日本的三菱、东芝、富士和立石公司等，它们的产品控制着世界上大部分的 PLC 市场。

我国研制与应用 PLC 起步较晚，1973 年开始研制，1977 年研制成功的第一台可编程逻辑控制器，但是使用的微处理器核心为 MC14500。20 世纪 80 年代初期以前发展较慢，在 80 年代，随着成套设备或专用设备引进了不少 PLC，例如，宝钢一期工程整个生产线上就使用了数百台 PLC，二期工程使用更多。近几年来，国外 PLC 产品大量进入我国市场，我国已有许多单位在消化吸收引进 PLC 技术的基础上，仿制和研制了 PLC 产品。例如，北京机械自动化研究所、上海起重电器厂、上海电力电子设备厂、无锡电器厂等。

PLC 技术已成为工业自动化三大技术（PLC 技术、机器人、计算机辅助设计与分析）支柱之一。目前 PLC 的功能早已不止具有当初数字逻辑运算功能，PLC 发展方向主要是朝着小型化、廉价化、系列化、标准化、智能化、高速化和网络化方向发展，这将使 PLC 功能更强，可靠性更高，使用更方便，适应面更广。因此近年来 PLC 常以可编程控制器（Programmable Controller）简

图 3.1　西门子 S7—200 系列可编程控制器

称之。

3.1.3　PLC 的分类

（1）按结构分类，PLC 可分为整体式和机架模块式两种。

1）整体式。整体式结构的 PLC 是将中央处理器、存储器、电源部件、输入和输出部件集中配置在一起，结构紧凑、体积小、重量轻、价格低，小型 PLC 常采用这种结构，适用于工业生产中的单机控制，如 FX2—32MR、S7—200 等。

2）机架模块式。机架模块式 PLC 是将各部分单独的模块分开，如 CPU 模块、电源

模块、输入模块、输出模块等。使用时可将这些模块分别插入机架底板的插座上，配置灵
活、方便，便于扩展。可根据生产实际的控
制要求配置各种不同的模块，构成不同的控
制系统，一般大、中型 PLC 西门子 S7—
300、S7—400 采用这种结构。如图 3.2 所示
为 S7—300 系列 PLC 外形图。

（2）按 PLC 的 I/O 点数、存储容量和功
能来分，大体可以分为大、中、小三个
等级。

图 3.2　西门子 S7—300 系列可编程控制器

1）小型 PLC 的 I/O 点数在 120 点以下，
用户程序存储器容量为 2K 字［1K＝1024，存储一个"0"或"1"的二进制码称为一
"位"（一个字为 16 位）］以下，具有逻辑运算、定时、计数等功能，也有些小型 PLC 增
加了模拟量处理、算术运算功能，其应用面更广，主要适用于对开关量的控制，可以实现
条件控制，定时、计数控制，顺序控制等。

2）中型 PLC 的 I/O 点数的在 120～512 点之间，用户程序存储器容量达 2～8K 字，
具有逻辑运算、算术运算、数据传送、数据通信、模拟量输入输出等功能，可完成既有开
关量又有模拟量等较为复杂的控制。

3）大型 PLC 的 I/O 点数在 512 点以上，用户程序存储器容量达到 8K 字以上，具有
数据运算、模拟调节、联网通信、监视、记录、打印等功能。能进行中断控制、智能控
制、远程控制。在用于大规模的过程控制中，可构成分布式控制系统，或整个工厂的自动
化网络。

PLC 还可根据功能分为低档机、中档机和高档机。

3.1.4　PLC 的特点

PLC 是微机技术与传统的继电器—接触器控制技术相结合的产物，其基本设计思想
是把计算机功能完善、灵活、通用等优点和继电器控制系统的简单易懂、操作方便、价格
便宜等优点结合起来，控制器的硬件是标准的、通用的。根据实际应用对象，将控制内容
编成软件写入控制器的用户程序存储器内。继电器控制系统已有上百年历史，它是用弱电
信号控制强电系统的控制方法，在复杂的继电器控制系统中，故障的查找和排除困难，花
费时间长，严重地影响工业生产。在工艺要求发生变化的情况下，控制柜内的元件和接线
需要作相应的变动，改造工期长、费用高，以至于用户宁愿另外制作一台新的控制柜。而
PLC 克服了继电器—接触器控制系统中机械触点的接线复杂、可靠性低、功耗高、通用
性和灵活性差的缺点，充分利用微处理器的优点，并将控制器和被控对象方便的连接起
来。由于 PLC 是由微处理器、存储器和外围器件组成，所以应属于工业控制计算机中的
一类。

对用户来说，可编程控制器是一种无触点设备，改变程序即可改变生产工艺，因此如
果在初步设计阶段就选用可编程控制器，可以使得设计和调试变得简单容易。从制造生产
可编程控制器的厂商角度看，在制造阶段不需要根据用户的订货要求专门设计控制器，适

合批量生产。由于这些特点，可编程控制器问世以后很快受到工业控制界的欢迎，并得到迅速的发展。目前，可编程控制器已成为工厂自动化的强有力工具，得到了广泛的应用。

具体来说，PLC 具有通用性强、使用方便、适应面广、可靠性高、抗干扰能力强、编程简单等特点。在工业控制领域中，PLC 控制技术的应用已成为工业界不可或缺的一员。可以说目前所有的 PLC 均具有"通用十条"中所蕴含的特点。

PLC 的具体特点可归纳如下。

（1）可靠性高，抗干扰能力强。PLC 是专为工业控制而设计的，采取了一系列硬件和软件抗干扰措施，在设计与制造过程中均采用了屏蔽、滤波、光电隔离等有效措施，并且采用模块式结构，有故障迅速更换，平均无故障数万小时以上，可以直接用于有强烈干扰的工业生产现场，可编程控制器已被广大用户公认为最可靠的工业控制设备之一。此外，PLC 还具有很强的自诊断功能，可以迅速方便地检查判断出故障，缩短检修时间。

（2）编程简单，使用方便。编程简单是 PLC 优于微机的一大特点。目前大多数 PLC 都采用与实际电路接线图非常相近的梯形图编程，这种编程语言形象直观，其符号与继电器电路原理图相似，有继电器电路基础的电气技术人员只要很短的时间就可以熟悉梯形图语言，并用来编制用户程序，梯形图语言形象直观，易学易懂。

（3）功能强，扩充方便，性价比高。可编程控制器内有成百上千个可供用户使用的编程元件，有很强的逻辑判断、数据处理、PID 调节和数据通信功能，可以实现非常复杂的控制功能。如果元件不够，只要加上需要的扩展单元即可，扩充非常方便。与相同功能的继电器系统相比，具有很高的性能价格比。

（4）通用性好。PLC 品种多，档次也多，许多 PLC 制成模块式，可灵活组合。

（5）控制灵活，程序可变，具有很好的柔性。可编程控制器产品采用模块化形式，配备有品种齐全的各种硬件装置供用户选用，用户能灵活方便地进行系统配置，组成不同功能、不同规模的系统。可编程控制器用软件功能取代了继电器控制系统中大量的中间继电器、时间继电器、计数器等器件，硬件配置确定后，可以通过修改用户程序，不用改变硬件，方便快速地适应工艺条件的变化，具有很好的柔性。

（6）控制系统设计及施工的工作量少，维修方便。可编程控制器的配线与其他控制系统的配线比较少得多，故可以省下大量的配线，减少大量的安装接线时间，开关柜体积缩小，节省大量的费用。可编程控制器有较强的带负载能力、可以直接驱动一般的电磁阀和交流接触器。一般可用接线端子连接外部接线。可编程控制器的故障率很低，且有完善的自诊断和显示功能，便于迅速地排除故障。

（7）体积小、重量轻、功能强、耗能低。这是"机电一体化"特有的产品，环境适应性强，不需专门的机房和空调。

从上述 PLC 的功能特点可见，PLC 控制系统比传统的继电接触控制系统具有许多优点，在许多方面可以取代继电接触控制。PLC 与继电器控制的区别主要体现在：组成器件不同，PLC 中是软继电器；触点数量不同，PLC 编程中无触点数的限制；实施控制的方法不同，PLC 是主要软件编程控制，而继电器控制依靠硬件连线完成。

但是，目前高、中档 PLC 使用需具有相当的计算机知识，且 PLC 制造厂家和 PLC 品种类型很多，而指令系统尤其是通信指令和使用方法不尽相同，这给用户带来不便。

3.1.5　PLC 的应用领域

可编程控制器在国内外已广泛应用于钢铁、石化、机械制造、汽车装配、电力、轻纺等各行各业，目前 PLC 主要有以下几方面应用。

1. 开关逻辑控制

开关逻辑控制是 PLC 最基本的应用。可用 PLC 取代传统继电接触器控制，如普通机床、数控机床电气 PLC 控制，也可取代顺序控制，如高炉上料、电梯控制、货物存取、运输、检测等。总之，PLC 可用于单机、多机群控以及生产线的自动化控制。

2. 闭环过程控制

过程控制是指对温度、压力、流量等连续变化的模拟量的闭环控制。PLC 通过模拟量 I/O 模块，实现模拟（Analog）量和数字（Digital）量之间的转换，一般称为 A/D 转换和 D/A 转换，这一闭环控制功能可以用 PID 子程序或专用的 PID 模块来实现。其 PID 闭环控制功能已经广泛地应用于塑料挤压成形机、加热炉、热处理炉和锅炉等设备，以及轻工、化工、机械、冶金、电力及建材等行业。

3. 运动控制

PLC 使用专用的运动控制模块，可灵活运用指令，使运动控制与顺序控制功能有机地结合在一起。随着变频器、电动机启动器的普遍使用，可编程控制器可以与变频器结合，运动控制功能更为强大，并广泛地用于各种机械，如金属切削机床、装配机械、机器人、电梯等场合。

4. 数据处理

现代的 PLC 具有数学运算、数据传送、转换、排序和查表以及位操作等功能，可以完成数据的采集、分析和处理。这些数据可以与储存在存储器中的参考值进行比较，也可以用通信功能传送到别的智能装置，或者将它们打印制表。

5. 构建网络控制

PLC 的通信包括主机与远程 I/O 之间的通信、多台 PLC 之间的通信、PLC 与其他智能设备（如计算机、变频器、数控装置）之间的通信。PLC 与其他智能控制设备一起，可以组成"集中管理、分散控制"的分布式控制系统。

诚然，并非所有的可编程控制器都具有上述功能，用户应根据系统的需要选择可编程控制器，这样既能完成控制任务，又可节省资金。

3.1.6　PLC 的发展趋势

（1）向高集成、高性能、高速度、大容量发展。微处理器技术、存储技术的发展十分迅猛，功能更强大，价格更便宜，研发的微处理器针对性更强。这为可编程控制器的发展提供了良好的环境。大型可编程控制器大都采用多 CPU 结构，不断地向高性能、高速度和大容量方向发展。

在模拟量控制方面，除了专门用于模拟量闭环控制的 PID 指令和智能 PID 模块，某些可编程控制器还具有模糊控制、自适应、参数自整定功能，使调试时间减少，控制精度提高。

（2）向普及化方向发展。由于微型可编程控制器的价格便宜，体积小、重量轻、能耗低，很适合于单机自动化，它的外部接线简单，容易实现或组成控制系统等优点，在很多控制领域中得到广泛应用。

（3）向模块化、智能化发展。可编程控制器采用模块化的结构，方便使用和维护。智能 I/O 模块主要有模拟量 I/O、高速计数输入、中断输入、机械运动控制、热电偶输入、热电阻输入、条形码阅读器、多路 BCD 码输入/输出、模糊控制器、PID 回路控制、通信等模块。智能 I/O 模块本身就是一个小的微型计算机系统，有很强的信息处理能力和控制功能，有的模块甚至可以自成系统，单独工作。它们可以完成可编程控制器的主 CPU 难以兼顾的功能，简化了某些控制领域的系统设计和编程，提高了可编程控制器的适应性和可靠性。

（4）向软件化发展。编程软件可以对可编程控制器控制系统的硬件组态，即设置硬件的结构和参数，如设置各框架各个插槽上模块的型号、模块的参数、各串行通信接口的参数等。在屏幕上可以直接生成和编辑梯形图、指令表、功能块图和顺序功能图程序，并可以实现不同编程语言的相互转换。可编程控制器编程软件有调试和监控功能，可以在梯形图中显示触点的通断和线圈的通电情况，查找复杂电路的故障非常方便。历史数据可以存盘或打印，通过网络或 Modem 卡，还可以实现远程编程和传送。

个人计算机（PC）的价格便宜，有很强的数学运算、数据处理、通信和人机交互的功能。目前已有多家厂商推出了在 PC 上运行的可实现可编程控制器功能的软件包，如亚控公司的 KingPLC。"软 PLC"在很多方面比传统的"硬 PLC"有优势，有的场合"软 PLC"可能是理想的选择。但需要注意的是，PLC 与 PC 相比而言，工作环境要求低、抗干扰能力强、编程简单易学、设计调试周期短、维护容易。

（5）向通信网络化发展。伴随科技发展，很多工业控制产品都加设了智能控制和通信功能，如变频器、软启动器等。可以和现代的可编程控制器通信联网，实现更强大的控制功能。通过双绞线（twisted pair）、同轴电缆或光纤联网，信息可以传送到几十公里远的地方，通过 Modem 和互联网可以与世界上其他地方的计算机装置通信。

相当多的大中型控制系统都采用上位计算机加可编程控制器的方案，通过串行通信接口或网络通信模块，实现上位计算机与可编程控制器交换数据信息。组态软件引发的上位计算机编程革命，很容易实现两者的通信，降低了系统集成的难度，节约了大量的设计时间，提高了系统的可靠性。国际上比较著名的组态软件有 Intouch、Fix 等，国内也涌现出了组态王、力控等一批组态软件。有的可编程控制器厂商也推出了自己的组态软件，如西门子公司的 WINCC。

3.2　PLC 的基本结构、编程语言及工作原理

PLC 是微型计算机技术与机电控制技术相结合的产物，尽管可编程控制器的型号多种多样，但其结构组成基本相同，都是一种以微处理器为核心的结构，其功能的实现不仅基于硬件的作用，更要靠软件的支持，实际上可编程控制器就是一种新型的专门用于工业控制的计算机。

3.2.1 PLC 的硬件组成

硬件系统就如人的躯体。PLC 的硬件系统主要由中央处理器（CPU）、存储器（RAM、ROM）、输入输出单元（I/O）、电源、通信接口、扩展接口和编程设备等几部分组成，这些单元都是通过内部的总线进行连接的，PLC 的硬件结构如图 3.3 所示。

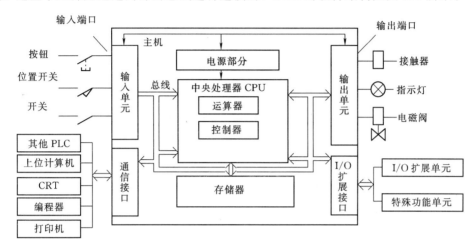

图 3.3 可编程控制器硬件构成

1. 控制单元

可编程控制器的结构多种多样，但其组成的一般原理基本相同，都是以微处理器为核心的结构，如图 3.4 所示。编程装置将用户程序送入可编程控制器，在可编程控制器运行状态下，输入单元接收到外部元件发出的输入信号，可编程控制器执行程序，并根据程序运行后的结果，由输出单元驱动外部设备。

（1）CPU 单元。CPU 是可编程控制器的控制中枢，相当于人的大脑。CPU 一般由控制电路、运算器和寄存器组成。这些电路通常都被封装在一

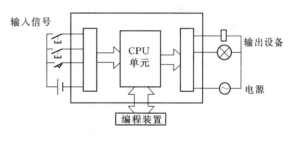

图 3.4 可编程控制器系统结构

个集成的芯片上。CPU 通过地址总线、数据总线、控制总线与存储单元、输入输出接口电路连接。CPU 的功能有：它在系统监控程序的控制下工作，通过扫描方式，将外部输入信号的状态写入输入映像寄存区域，PLC 进入运行状态后，从存储器逐条读取用户指令，按指令规定的任务进行数据的传送、逻辑运算、算术运算等，然后将结果送到输出映像寄存区域。

CPU 常用的微处理器有通用型微处理器、单片机和位片式计算机等。通用型微处理器常见的如 Intel 公司的 8086、80186、到 Pentium 系列芯片，单片机型的微处理器如 Intel 公司的 MCS—96 系列单片机，位片式微处理器如 AMD 2900 系列的微处理器。小型 PLC 的 CPU 多采用单片机或专用 CPU，中型 PLC 的 CPU 大多采用 16 位微处理器或单

片机，大型 PLC 的 CPU 多用高速位片式处理器，具有高速处理能力。

（2）存储器。可编程控制器的存储器由只读存储器 ROM、随机存储器 RAM 和电可擦除存储器 EEPROM 三大部分构成，主要用于存放系统程序、用户程序及工作数据。

只读存储器 ROM 用以存放系统程序，可编程控制器在生产过程中将系统程序固化在 ROM 中，用户是不可改变的。用户程序和中间运算数据存放的随机存储器 RAM 中，RAM 存储器是一种高密度、低功耗、价格便宜的半导体存储器，可用锂电池做备用电源。它存储的内容是易失的，掉电后内容丢失；当系统掉电时，用户程序可以保存在只读存储器 EEPROM 或由高能电池支持的 RAM 中。EEPROM 兼有 ROM 的非易失性和 RAM 的随机存取优点，用来存放需要长期保存的重要数据。

（3）I/O 单元及 I/O 扩展接口。

1）I/O 单元。PLC 内部输入电路作用是将 PLC 外部电路（如行程开关、按钮、传感器等）提供的符合 PLC 输入电路要求的电压信号通过光电耦合电路送至 PLC 内部电路。输入电路通常以光电隔离和阻容滤波的方式提高抗干扰能力，输入响应时间一般在 0.1～15ms 之间。根据输入信号形式的不同，可分为模拟量 I/O 单元、数字量 I/O 单元两大类。根据输入单元形式的不同，可分为基本 I/O 单元、扩展 I/O 单元两大类。

2）I/O 扩展接口。可编程控制器利用 I/O 扩展接口使 I/O 扩展单元与 PLC 的基本单元实现连接，当基本 I/O 单元的输入或输出点数不够使用时，可以用 I/O 扩展单元来扩充开关量 I/O 点数和增加模拟量的 I/O 端子。

（4）外设接口。外设接口电路用于连接手持编程器或其他图形编程器、文本显示器，并能通过外设接口组成 PLC 的控制网络。PLC 通过 RS—232/PPI 电缆或使用 MPI 卡通过 RS—485 接口与计算机连接，可以实现编程、监控、联网等功能。

（5）电源。电源单元的作用是把外部电源（220V 的交流电源）转换成内部工作电压。外部连接的电源通过 PLC 内部配有的一个专用开关式稳压电源，将交流或直流供电电源转化为 PLC 内部电路需要的工作电源（直流 5V、±12V、24V），并为外部输入元件（如接近开关）提供 24V 直流电源（仅供输入端点使用），而驱动 PLC 负载的电源由用户提供。

2. 输入输出接口电路

输入输出接口电路实际上是 PLC 与被控对象间传递输入输出信号的接口部件。输入输出接口电路要有良好的电隔离和滤波作用。

（1）输入接口电路。由于生产过程中使用的各种开关、按钮、传感器等输入器件直接接到 PLC 输入接口电路上，为防止由于触点抖动或干扰脉冲引起错误的输入信号，输入接口电路必须有很强的抗干扰能力。

如图 3.5 所示，输入接口电路提高抗干扰能力的方法主要有以下两种。

1）利用光电耦合器提高抗干扰能力。光电耦合器工作原理是：发光二极管有驱动电流流过时，导通发光，光敏三极管接收到光线，由截止变为导通，将输入信号送入 PLC 内部。光电耦合器中的发光二极管是电流驱动元件，要有足够的能量才能驱动。而干扰信号虽然有的电压值很高，但能量较小，不能使发光二极管导通发光，所以不能进入 PLC 内，实现了电隔离。

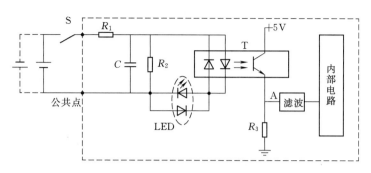

图 3.5 可编程控制器输入接口电路

2）利用滤波电路提高抗干扰能力。最常用的滤波电路是电阻电容滤波，如图 3.5 中的 R_1、C。

图 3.5 中，S 为输入开关，当 S 闭合时，LED 点亮，显示输入开关 S 处于接通状态。光电耦合器导通，将高电平经滤波器送到 PLC 内部电路中。当 CPU 在循环的输入阶段锁入该信号时，将该输入点对应的映像寄存器状态置 1；当 S 断开时，则对应的映像寄存器状态置 0。

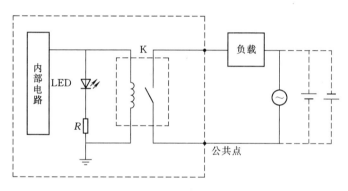

图 3.6 小型继电器输出形式电路

根据常用输入电路电压类型及电路形式不同，可以分为干触点式、直流输入式和交流输入式。输入电路的电源可由外部提供，有的也可由 PLC 内部提供。

（2）输出接口电路。根据驱动负载元件不同可将输出接口电路分为以下三种。

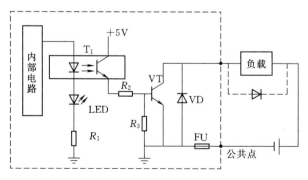

图 3.7 大功率晶体管输出形式电路

1）小型继电器输出形式，如图 3.6 所示。这种输出形式既可驱动交流负载，又可驱动直流负载。它的优点是适用电压范围比较宽，导通压降小，承受瞬时过电压和过电流的能力强。缺点是动作速度较慢，动作次数（寿命）有一定的限制。建议在输出量变化不频繁时优先选用。

图 3.6 所示电路工作原理是：

当内部电路的状态为 1 时，使继电器 K 的线圈通电，产生电磁吸力，触点闭合，则负载得电，同时点亮 LED，表示该路输出点有输出。当内部电路的状态为 0 时，使继电器 K 的线圈无电流，触点断开，则负载断电，同时 LED 熄灭，表示该路输出点无输出。

2）大功率晶体管或场效应管输出形式，如图 3.7 所示。这种输出形式只可驱动直流负载。它的优点是可靠性强、执行速度快、寿命长。缺点是过载能力差。适合在直流供电、输出量变化快的场合选用。

图 3.7 所示电路工作原理是：当内部电路的状态为 1 时，光电耦合器 T_1 导通，使大功率晶体管 VT 饱和导通，则负载得电，同时点亮 LED，表示该路输出点有输出。当内部电路的状态为 0 时，光电耦合器 T_1 断开，大功率晶体管 VT 截止，则负载失电，LED 熄灭，表示该路输出点无输出。当负载为电感性负载，VT 关断时会产生较高的反电势，VD 的作用是为其提供放电回路，避免 VT 承受过电压。

3）双向晶闸管输出形式，如图 3.8 所示。这种输出形式适合驱动交流负载。由于双向晶闸管和大功率晶体管同属于半导体材料元件，所以优缺点与大功率晶体管或场效应管输出形式的相似，适合在交流供电、输出量变化快的场合选用。

图 3.8 所示电路工作原理是：当内部电路的状态为 1 时，发光二极管导通发光，相当于双向晶闸管施加了触发信号，无论外接电源极性如何，双向晶闸管 T 均导通，负载得电，同时输出指示灯 LED 点亮，表示该输出点接通；当对应 T 的内部继电器的状态为 0 时，双向晶闸管施加了触发信号，双向晶闸管关断，此时 LED 不亮，负载失电。

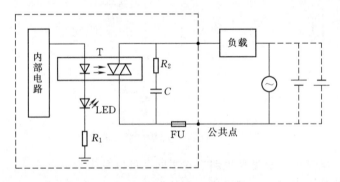

图 3.8　双向晶闸管输出形式电路

（3）I/O 电路的常见问题。

1）用三极管等有源元件作为无触点开关的输出设备，与 PLC 输入单元的连接时，由于三极管自身有漏电流存在，或者电路不能保证三极管可靠截止而处于放大状态，使得即使在截止时，仍会有一个小的漏电流流过，当该电流值大于 1.3mA 时，就可能引起 PLC 输入电路发生误动作。可在 PLC 输入端并联一个旁路电阻来分流，使流入 PLC 的电流小于 1.3mA。

2）应在输出回路串联保险丝，避免负载电流过大，会损坏输出元件或电路板。

3）由于晶体管、双向晶闸管型输出端子漏电流和残余电压的存在，当驱动不同类型的负载时，需要考虑电平匹配和误动等问题。

4）感性负载断电时产生很高的反电势，对输出单元电路产生冲击，对于大电感或频繁关断的感性负载应使用外部抑制电路，一般采用阻容吸收电路或二极管吸收电路。

3. 编程设备

编程设备是 PLC 的重要外围设备。利用编程器将用户程序送入 PLC 的存储器，还可以用编程器检查程序、修改程序、监视 PLC 的工作状态。

常见的给 PLC 编程的装置有手持式编程器和计算机编程方式。在可编程控制器发展的初期，使用专用编程器来编程。小型可编程控制器使用价格较便宜、携带方便的手持式编程器，大中型可编程控制器则使用以小 CRT 作为显示器的便携式编程器。专用编程器只能对某一厂家的某些产品编程，使用范围有限。手持式编程器不能直接输入和编辑梯形图，只能输入和编辑指令，但它有体积小、便于携带、可用于现场调试、价格便宜的优点。

计算机的普及，使得越来越多的用户使用基于个人计算机的编程软件。目前，有的可编程控制器厂商或经销商向用户提供编程软件，在个人计算机上添加适当的硬件接口和软件包，即可用个人计算机对 PLC 编程。利用微机作为编程器，可以直接编制并显示梯形图，程序可以存盘、打印、调试，对于查找故障非常有利。

4. 其他外部设备

根据实际需要，PLC 还可以配设其他一些外部设备，如扩展模块、打印机、读卡器、扫描仪、HMI 设备等。

3.2.2 PLC 的软件系统

软件系统就如人的灵魂。可编程控制器的软件系统是 PLC 所使用的各种程序集合，它由系统程序（即系统软件）和用户程序（即应用程序或应用软件）组成。

系统程序由 PLC 制造商设计编写并存入 PLC 的系统程序存储器中，用户不能直接读写与更改，它包括监控程序、编译程序及系统诊断程序。监控程序又称管理程序，用于管理全机；编译程序用于将程序语言翻译成机器语言；诊断程序用于诊断机器故障。

用户程序是用户根据现场控制要求，使用 PLC 编程语言编制的应用程序。PLC 是专为工业自动控制而开发的装置，使用对象主要是广大电气技术人员及操作维护人员。为符合他们的传统习惯和掌握能力，常采用面向控制过程、面向问题的"自然语言"编程。对于不同的 PLC 厂家，其"自然语言"略有不同，但基本上可分为两种：①采用图形符号表达方式的编程语言，如梯形图；②采用字符表达方式的编程语言，如语句表等。

PLC 的编程语言与一般电脑编程语言相比，具有明显的特点，它既不同于高级语言，也不同于一般的组合语言，它既要满足易于编写，又要满足易于调试的要求。目前，还没有一种对各厂家产品都能相容的编程语言。IEC 61131—3 是一个国际标准，它规范了 PLC 相关之软件硬件的标准，其最终的目的是可以让 PLC 的使用者在不更改软件设计的状况下可以轻易更换 PLC 硬件。

IEC 61131—3 主要是提供了以下 5 种编程语言。

（1）指令表（Instruction List，IL 或 Statement List，SL）。这类似组合语言的描述文字。由指令语句系列构成，如 Mitsubishi FX2 的控制指令 LD、LDI、AND、ANI、OR、ORI、ANB、ORB、MMP、MMS 与 OUT 等，一般配合书写器写入程序，而书写

器只能输入简单的指令，与电脑程序中的梯形图比较起来复杂许多。书写器不太直观，可读性差，特别是遇到较复杂的程序，更难读；但其优点就是不需要电脑就可以更改或察看PLC内部程序。使用书写器时，必须注意的是PLC指令中输出有优先次序，其中若有输出至相同的单元时（如Y000），输出的优先级以位址越大优先级越高，一般不容易从书写器中察觉所输入的单元。

（2）结构式文件编程语言（Structured Text，ST）。这类似PASCAL与C语言的语法，适合撰写较复杂的算法，除错上也比梯形图要容易得多。ST语言类似于编程语言的特性，因此可利用与微电脑及个人电脑相同的程序设计技术进行阶梯式语言所难以执行的复杂计算，完成程序的建立。

（3）梯形图（Ladder Programming，LAD）。这类似于传统的继电器—接触器控制电路图，梯形图是通过连线把PLC指令的梯形图符号连接在一起的连通图，用以表达所使用的PLC指令及其前后顺序，它与电气原理图很相似。

它的连线有两种：一种为母线；另一种为内部横竖线。内部横竖线把一个个梯形图符号指令连成一个指令组，这个指令组一般总是从装载（LD）指令开始，必要时再继以若干个输入指令（含LD指令），以建立逻辑条件。最后为输出类指令，实现输出控制，或为数据处理、流程控制、通信处理、监控工作等指令，以进行相应的工作。

在PLC的梯形图中，能流的概念显得很重要，这一概念来源于电气控制线路。假设两个触点接通时，有一个假想的"概念电流"或"能流"（Power Flow）从左向右流动，这一方向与执行用户程序时的逻辑运算的顺序是一致的。能流只能从左向右流动。利用能流这一概念，可以帮助我们更好地理解和分析梯形图。

（4）顺序功能流程图（Sequential Function Chart，SFC）。这类似于流程设计（Flow Design），流程图中的步骤组合而完成，主要是规划动作顺序的流程图，故谓之顺序功能流程图。所谓步进（步序）式控制，即是一步一步控制，而这一步与上一步是有关联性的，有顺序性的。必须有上一个动作（STL），才会启动（SET）下一个动作（STL）。

（5）功能图（Function Chart Programming，FBD）。这是以画电路图的方式来写PLC程序。常用的程序及回路可透过FB（功能区块）的建立轻易地重复利用。

另外，为了增强PLC的运算、数据处理及通信等功能，其他一些高档的PLC也可采用高级语言编写程序，还具有与电脑相容的C语言、BASIC语言、专用的高阶语言（如西门子公司的GRAPH5、三菱公司的MELSAP、富士电机的Micrex—SX系列），还有用布尔逻辑语言、通用电脑相容的组合语言等。

3.2.3　PLC 的工作原理

可编程控制器的工作原理与计算机的工作原理基本上是一致的，可以简单地表述为在系统程序的管理下，通过运行应用程序完成用户任务。但个人计算机与PLC的工作方式有所不同，计算机一般采用等待命令的工作方式。如常见的键盘扫描方式或I/O扫描方式。当键盘有键按下或I/O口有信号输入时则中断转入相应的子程序。而PLC在确定了工作任务，装入了专用程序后成为一种专用机，它采用循环扫描工作方式，系统工作任务管理及应用程序执行都是循环扫描方式完成的。

结合 PLC 的组成和结构分析 PLC 的工作原理更容易理解。PLC 是采用周期循环扫描的工作方式，CPU 连续执行用户程序和任务的循环序列称为扫描。CPU 对用户程序的执行过程是 CPU 的循环扫描，并用周期性地集中采样、集中输出的方式来完成的。一个扫描周期主要可分为以下 5 个阶段。

（1）读输入阶段。每次扫描周期的开始，先读取输入点的当前值，然后写到输入映像寄存器区域。在之后的用户程序执行的过程中，CPU 访问输入映像寄存器区域，而并非读取输入端口的状态，输入信号的变化并不会影响到输入映像寄存器的状态，通常要求输入信号有足够的脉冲宽度，才能被响应。

（2）执行程序阶段。在用户程序执行阶段，PLC 按照梯形图的顺序，自左而右，自上而下的逐行扫描，在这一阶段 CPU 从用户程序的第一条指令开始执行直到最后一条指令结束，程序运行结果放入输出映像寄存器区域。在此阶段，允许对数字量 I/O 指令和不设置数字滤波的模拟量 I/O 指令进行处理，在扫描周期的各个部分，均可对中断事件进行响应。

（3）处理通信请求阶段。这是扫描周期的信息处理阶段，CPU 处理从通信端口接收到的信息。

（4）执行 CPU 自诊断测试阶段。在此阶段 CPU 检查其硬件，用户程序存储器和所有 I/O 模块的状态。

（5）写输出阶段。每个扫描周期的结尾，CPU 把存在输出映像寄存器中的数据输出到数字量输出端点（写入输出锁存器中），更新输出状态。然后 PLC 进入下一个循环周期，重新执行输入采样阶段，周而复始。

如果程序中使用了中断，中断事件出现，立即执行中断程序，中断程序可以在扫描周期的任意点被执行。

如果程序中使用了立即 I/O 指令，可以直接存取 I/O 点。用立即 I/O 指令读输入点值时，相应的输入映像寄存器的值未被修改，用立即 I/O 指令写输出点值时，相应的输出映像寄存器的值被修改。

PLC 的扫描工作过程如图 3.9 所示，PLC 周期性的重复执行输入扫描、程序执行和输出刷新 3 个阶段，每重复一次的时间称为一个扫描周期。PLC 在一个周期中，输入扫描和输出刷新的时间一般为 4ms 左右，而程序执行时间可因程序的长度不同而不同。PLC 一个扫描周期一般为 40～100ms 之间。

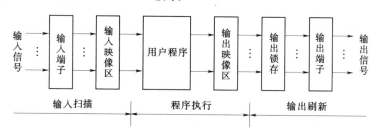

图 3.9 PLC 的扫描工作过程

PLC 对用户程序的执行过程是通过 CPU 周期性的循环扫描工作方式来实现的。PLC 工作的主要特点是输入信号集中采样，执行过程集中批处理和输出控制集中批处理。PLC 的这种"串行"工作方式，可以避免继电接触控制中触点竞争和时序失配的问题。这是 PLC 可靠性高的原因之一，但是又导致输出对输入在时间上的滞后，降低了系统的响应速度。

3.2.4　PLC 的主要技术指标

可编程控制器的种类很多，用户可以根据控制系统的具体要求选择不同技术性能指标的 PLC。可编程控制器的技术性能指标主要有以下几个方面。

1. 输入/输出点数

可编程控制器的输入/输出（I/O）点数指外部输入、输出端子数量的总和。它是描述的 PLC 大小的一个重要的参数。

2. 存储容量

PLC 的存储器由系统程序存储器，用户程序存储器和数据存储器三部分组成。PLC 存储容量通常指用户程序存储器和数据存储器容量之和，表征系统提供给用户的可用资源，是系统性能的一项重要技术指标。

3. 扫描速度

可编程控制器采用循环扫描方式工作，完成 1 次扫描所需的时间叫做扫描周期。影响扫描速度的主要因素有用户程序的长度和 PLC 产品的类型。PLC 中 CPU 的类型、机器字长等直接影响 PLC 运算精度和运行速度。

4. 指令系统

指令系统是指 PLC 所有指令的总和。可编程控制器的编程指令越多，软件功能就越强，但掌握应用也相对较复杂。用户应根据实际控制要求选择合适指令功能的可编程控制器。

5. 通信功能

通信有 PLC 之间的通信和 PLC 与其他设备之间的通信。通信主要涉及通信模块、通信接口、通信协议和通信指令等内容。PLC 的组网和通信能力也已成为 PLC 产品水平的重要衡量指标之一。

厂家的产品手册上还提供 PLC 的负载能力、外形尺寸、重量、保护等级、适用的安装和使用环境如温度、湿度等性能指标参数，供用户参考。

习 题 与 思 考 题

3.1　简述可编程控制器的定义及主要特点。

3.2　可编程控制器的基本组成有哪些？

3.3　PLC 输入、输出接口电路有哪几种形式？各有何特点？

3.4　PLC 的工作原理是什么？工作过程分哪几个阶段？

3.5　与一般的计算机控制系统及与继电器控制系统相比可编程控制器有哪些优点？

3.6　可编程控制器可以用在哪些领域？

3.7　如何正确理解"能流"这一概念？

第 4 章　S7—200 系列 PLC 的硬件及其编程软件

4.1　S7—200 系列 PLC 概述

西门子 S7 系列可编程控制器分为 S7—400、S7—300、S7—1200、S7—200 SMART、S7—200 等 5 个系列，分别为 S7 系列的大、中、小型可编程控制器系统。S7—200 系列可编程控制器有 CPU21X 系列，CPU22X 系列，其中 CPU22X 型可编程控制器提供了 4 个不同的基本型号，常见的有 CPU221（目前已经停产）、CPU222、CPU224 和 CPU226 等 4 种基本型号。

小型 PLC 中，CPU221 价格低廉，能满足多种集成功能的需要。CPU222 是 S7—200 家族中低成本的单元，通过可连接的扩展模块即可处理模拟量。CPU224 具有更多的输入输出点及更大的存储器，CPU224 XP 额外具有 2 输入/1 输出共 3 个模拟量 I/O 点。CPU226 和 226XM 是功能最强的单元，可完全满足一些中小型复杂控制系统的要求。4 种型号的 PLC 具有下列特点。

（1）集成的 24V 电源。可直接连接到传感器和变送器执行器，CPU221 和 CPU222 具有 180mA 输出。CPU224 输出 280mA，CPU226、CPU226XM 输出 400mA 可用作负载电源。

（2）高速脉冲输出。具有 2 路高速脉冲输出端，输出脉冲频率可达 20kHz，用于控制步进电动机或伺服电动机，实现定位任务。

（3）通信口。CPU221、CPU222 和 CPU224 具有 1 个 RS—485 通信口。CPU226、CPU226XM 具有 2 个 RS—485 通信口。支持 PPI、MPI 通信协议，有自由口通信能力。

（4）模拟电位器。CPU221/222 有 1 个模拟电位器，CPU224/226/226XM 有 2 个模拟电位器。模拟电位器用来改变特殊寄存器（SMB28，SMB29）中的数值，以改变程序运行时的参数。如定时器、计数器的预置值，过程量的控制参数。

（5）中断输入允许以极快的速度对过程信号的上升沿作出响应。

（6）EEPROM 存储器模块（选件）。可作为修改与拷贝程序的快速工具，无需编程器并可进行辅助软件归档工作。

（7）电池模块。用户数据（如标志位状态、数据块、定时器、计数器）可通过内部的超级电容存储大约 5 天。选用电池模块能延长存储时间到 200 天（10 年寿命）。电池模块插在存储器模块的卡槽中。

（8）不同的设备类型。CPU221～CPU226 各有 2 种类型 CPU，具有不同的电源电压和控制电压。

（9）数字量输入/输出点。CPU221 具有 6 个输入点和 4 个输出点；CPU222 具有 8 个输入点和 6 个输出点；CPU224 具有 14 个输入点和 10 个输出点；CPU226/226XM 具有 24 个输入点和 16 个输出点。CPU22X 主机的输入点为 24V 直流双向光电耦合输入电路，输出有继电器和直流（MOS 型）两种类型。

（10）高速计数器。CPU221/222 有 4 个 30kHz 高速计数器，CPU224/226/226XM 有 6 个 30kHz 的高速计数器，用于捕捉比 CPU 扫描频率更快的脉冲信号。

各型号 PLC 功能见表 4.1。

表 4.1　　　　　　　　　　　　CPU22X 模块主要技术指标

型号	CPU221	CPU222	CPU224	CPU226	CPU226XM
外形尺寸（mm×mm×mm）	90×80×62	90×80×62	120.5×80×62	190×80×62	190×80×62
程序存储区（永久保存）（Byte）	4096		8192		16384
数据存储区（Byte）	2048		5120		10240
用户存储类型	EEPROM				
掉电保护时间（h）	50		190		
本机 I/O 点数	6 入/4 出	8 入/6 出	14 入/10 出	24 入/16 出	
扩展模块数量	无	2	7		
24V 传感器电源最大电流/电流限制（mA）	180/600	180/600	280/600	400/约 1500	
240V AC 电源 CPU 输入电流/最大负载电流（mA）	25/180	25/180	35/220	40/160	
24V DC 电源 CPU 输入电流/最大负载（mA）	70/600	70/600	120/900	150/1050	
为扩展模块提供的 5V DC 电源的输出电流	—	最大 340mA	最大 660mA	最大 1000mA	
各组输入点数	4，2	4，4	8，6	13，11	
各组输出点数	4(DC 电源) 1,3(AC 电源)	6(DC 电源) 3,3(AC 电源)	5,5(DC 电源) 4,3,3(AC 电源)	8,8(DC 电源) 4,5,7(AC 电源)	
数字量 I/O 映像（bit）	256（128 入/128 出）				
模拟量 I/O 映像（bit）	无	32(16 入/16 出)	64(32 入/32 出)		
内部通用继电器（bit）	256				
内部定时器/计数器	256/256				
顺序控制继电器（bit）	256				
累加寄存器	AC0～AC3				
高速计数器 单相（kHz）	30（4 路）		30（6 路）		
高速计数器 双相（kHz）	20（2 路）		20（4 路）		
脉冲输出（DC）（kHz）	20（2 路）				
模拟量调节电位器	1		2		
通信口	1RS—485		2RS—485		

型号	CPU221	CPU222	CPU224	CPU226	CPU226XM
通信中断发送/接收	1/2				
定时器中断	2（1～255ms）				
硬件输入中断	4				
实时时钟	需配时钟卡		内置		
口令保护	有				
布尔指令执行速度	0.37μs/指令				

4.2　CPU224 型 PLC 的结构

4.2.1　CPU224 型 PLC 外型及端子介绍

1. CPU224 型 PLC 外型

CPU224 型 PLC 外型如图 4.1（a）所示，其输入、输出、CPU、电源模块均装设在一个基本单元的机壳内，是典型的整体式结构。当系统需要扩展时，选用需要的扩展模块与基本单元连接。CPU224 XP 型 PLC 外型与 CPU224 型 PLC 有所区别，如图 4.1（b）所示。

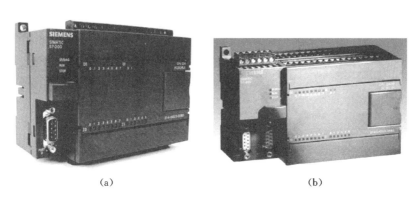

（a）　　　　　　　　　　　　　　　（b）

图 4.1　S7—200 CPU224/XP PLC 外型
（a）CPU224 PLC 外型；（b）CPU224 XP PLC 外型

底部端子盖下是输入量的接线端子和为传感器提供的 24V 直流电源端子。

基本单元前盖下有工作模式选择开关、电位器和扩展 I/O 连接器，通过扁平电缆可以连接扩展 I/O 模块。西门子整体式 PLC 配有许多扩展模块，如数字量的 I/O 扩展模块、模拟量的 I/O 扩展模块、热电偶模块、通信模块等，用户可以根据需要选用，让 PLC 的功能更强大。

2. CPU224 型 PLC 端子介绍

（1）基本输入端子。CPU224 的主机共有 14 个输入点（I0.0～I0.7、I1.0～I1.5）和 10 个输出点（Q0.0～Q0.7，Q1.0～Q1.1），在编写端子代码时采用八进制，没有 0.8 和 0.9。CPU224 输入电路如图 4.2 所示，它采用了双向光电耦合器，24V 直流极性可任意选择，系统设置 1M 为输入端子（I0.0～I0.7）的公共端，2M 为（I1.0～I1.5）输入端子的公共端。

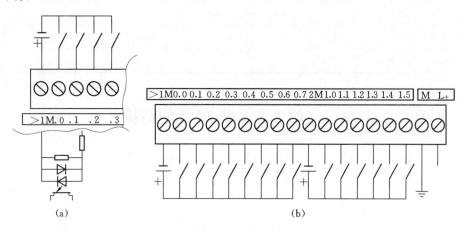

图 4.2　PLC 输入端子

（2）基本输出端子。CPU224 的 10 个输出端如图 4.3 所示，Q0.0～Q0.4 共用 1M 和 1L 公共端，Q0.5～Q1.1 共用 2M 和 2L 公共端，在公共端上需要用户连接适当的电源，为 PLC 的负载服务。

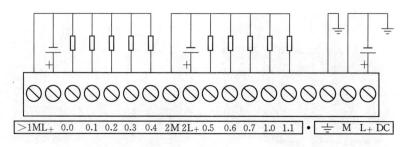

图 4.3　晶体管输出形式 PLC 输出端子

CPU224 的输出电路有晶体管输出电路和继电器输出两种供用户选用。在晶体管输出电路中（型号为 6ES7 214—1AD21—0XB0），PLC 由 24V 直流供电，负载采用了 MOS-FET 功率驱动器件，所以只能用直流为负载供电。输出端将数字量输出分为两组，每组有一个公共端，共有 1L、2L 两个公共端，可接入不同电压等级的负载电源。在继电器输出电路中（型号为 6ES7 212—1BB21—0XB0），PLC 由 220V 交流电源供电，负载采用了继电器驱动，所以既可以选用直流为负载供电，也可以采用交流为负载供电。在继电器输出电路中，数字量输出分为 3 组，每组的公共端为本组的电源供给端，Q0.0～Q0.3 共用 1L，Q0.4～Q0.6 共用 2L，Q0.7～Q1.1 共用 3L，各组之间可接入不同电压等级、不同电压性质的负载电源，如图 4.4 所示。

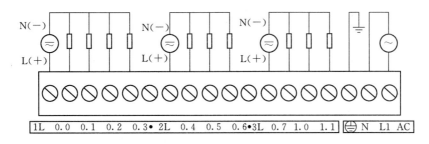

图 4.4 继电器输出形式 PLC 输出端子

（3）CPU224 XP 的模拟量输入、输出端子。CPU224 XP 本机的 2 输入/1 输出共 3 个模拟量 I/O 端子如图 4.5 所示。

（4）高速反应性。CPU224 PLC 有 6 个高速计数脉冲输入端（I0.0～I0.5），最快的响应速度为 30kHz 用于捕捉比 CPU 扫描周期更快的脉冲信号。

CPU224 PLC 有 2 个高速脉冲输出端（Q0.0，Q0.1），输出频率可达 20kHz，用于 PTO（高速脉冲束）和 PWM（宽度可变脉冲输出）高速脉冲输出。

（5）模拟电位器。模拟电位器用来改变特殊寄存器（SM28，SM29）中的数值，以改变程序运行时的参数。如定时器、计数器的预置值，过程量的控制参数。

（6）存储卡。该卡位可以选择安装扩展卡。扩展卡有 EE-PROM 存储卡、电池和时钟卡等模块。存储卡用于用户程序的拷贝复制。在 PLC 通电后插此卡，通过操作可将 PLC 中的程序装载到存储卡。当卡已经插在基本单元上，PLC 通电后不需任何操作，卡上的用户程序数据会自动拷贝在 PLC 中。利用这一功能，可对无数台实现同样控制功能的 CPU22X 系列进行程序写入。

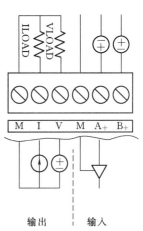

图 4.5 CPU224 XP 的
模拟量输入、输出端子

注意：每次通电就写入一次，所以在 PLC 运行时，不要插入此卡。

电池模块用于长时间保存数据，使用 CPU224 内部存储电容数据存储时间达 190h，而使用电池模块数据存储时间可达 200 天。

4.2.2 CPU224 型 PLC 的结构及性能指标

CPU224 型可编程控制器主要由 CPU、存储器、基本 I/O 接口电路、外设接口、编程装置、电源等组成。

CPU224 型可编程控制器有两种：一种是 CPU224 AC/DC/继电器，交流输入电源，提供 24V 直流给外部元件（如传感器等），继电器方式输出，14 点输入，10 点输出；另一种是 CPU224 DC/DC/DC，直流 24V 输入电源，提供 24V 直流给外部元件（如传感器等），半导体元件直流方式输出，14 点输入，10 点输出。用户可根据需要选用。它们的主要技术参数见表 4.1～表 4.4。

表 4.2   电 源 的 技 术 指 标

特性	24V 电源	AC 电源
电压允许范围	20.4～28.8V	85～264V，47～63Hz
冲击电流	10A，28.8V	20A，254V
内部熔断器（用户不能更换）	3A，250V 慢速熔断	2A，250V 慢速熔断

表 4.3   数字量输入技术指标

项目	指标	项目	指标
输入类型	漏型/源型	光电隔离	500V AC，1min
输入电压额定值	24V DC	非屏蔽电缆长度	300m
"1" 信号	15～35V，最大 4mA	屏蔽电缆长度	500m
"0" 信号	0～5V		

表 4.4   数字量输出技术指标

特性	24V DC 输出	继电器型输出
电压允许范围	5～28.8V	5～30V DC 或 5～250V AC
逻辑 1 信号最大电流	0.75A（电阻负载）	2A（电阻负载）
逻辑 0 信号最大电流	10μA	—
灯负载	5W	30W DC/200W AC
非屏蔽电缆长度	150m	150m
屏蔽电缆长度	500m	500m
触点机械寿命	—	1×10^{7} 次（无负载）
额定负载时触点寿命	—	1×10^{5} 次（额定负载）

4.2.3　PLC 的 CPU 的工作方式

1. CPU 的工作方式

CPU 前面板上用三个发光二极管显示当前工作方式，绿色指示灯亮，表示为运行状态，黄色指示灯亮，表示为停止状态，在标有 SF 指示灯（红色）亮时表示系统故障，PLC 停止工作。

（1）STOP（停止）。CPU 在停止工作方式时，不执行程序，此时可以通过编程装置向 PLC 装载程序或进行系统设置，在程序编辑、上下载等处理过程中，必须把 CPU 置于 STOP 方式。

（2）RUN（运行）。CPU 在 RUN 工作方式下，PLC 按照自己的工作方式运行用户程序。

2. 改变工作方式的方法

（1）用模式选择开关改变工作方式。

模式选择开关有 3 个档位：STOP、TERM（Terminal）、RUN。

将模式选择开关切换到 STOP 位，可以停止程序的执行。

将模式选择开关切换到 RUN 位，可以启动程序的执行。

将模式选择开关切换到 TERM（暂态）或 RUN 位，允许 STEP7—Micro/WIN32 软件设置 CPU 工作状态。

如果模式选择开关设为 STOP 或 TERM，电源上电时，CPU 自动进入 STOP 工作状态。

设置为 RUN 时，电源上电时，CPU 自动进入 RUN 工作状态。

（2）用编程软件改变工作方式。把模式选择开关切换到 TERM（暂态），可以使用 STEP 7—Micro/WIN 编程软件设置工作方式。

（3）在程序中用指令改变工作方式。在程序中插入一个 STOP 指令，CPU 可由 RUN 方式进入 STOP 工作方式。

4.3 S7—200 系列 PLC 的扩展模块

4.3.1 扩展单元及电源模块

1. 扩展单元

扩展单元没有 CPU，作为基本单元输入/输出点数的扩充，只能与基本单元连接使用。不能单独使用。S7—200 的扩展单元包括数字量扩展单元，模拟量扩展单元，热电偶、热电阻扩展模块，PROFIBUS—DP 通信模块。

用户选用具有不同功能的扩展模块，可以满足不同的控制需要，节约投资费用。连接时 CPU 模块放在最左侧，扩展模块用扁平电缆与左侧的模块相连。

2. 电源模块

外部提供给 PLC 的电源有 24V DC、220V AC 两种，根据型号不同有所变化。S7—200 的 CPU 单元有一个内部电源模块，S7—200 小型 PLC 的电源模块与 CPU 封装在一起，通过连接总线为 CPU 模块、扩展模块提供 5V 的直流电源，如果容量许可，还可提供给外部 24V 直流的电源，供本机输入点和扩展模块继电器线圈使用。应根据下面的原则来确定 I/O 电源的配置。

（1）有扩展模块连接时，如果扩展模块对 5V DC 电源的需求超过 CPU 的 5V 电源模块的容量，则必须减少扩展模块的数量。

（2）当＋24V 直流电源的容量不满足要求时，可以增加一个外部 24V 直流电源给扩展模块供电。此时外部电源不能与 S7—200 的传感器电源并联使用，但两个电源的公共端（M）应连接在一起。

I/O 电源的具体参数可以参看表 4.1～表 4.4。

4.3.2 常用扩展模块介绍

1. 数字量扩展模块

当需要本机集成的数字量 I/O 点外更多的数字量的 I/O 时，可选用数字量扩展模块。用户选择具有不同 I/O 点数的数字量扩展模块，可以满足应用的实际要求，同时节约不必要的投资费用，可选择 8、16 和 32 点 I/O 模块。

S7—200 PLC 系列目前总共可以提供 3 大类共 9 种数字量输入输出扩展模块，见表 4.5。

表 4.5　数字量扩展模块

类型	型号	各组输入点数	各组输出点数
输入扩展模块 EM221	EM221 24V DC 输入	4，4	—
	EM221 230V AC 输入	8 点相互独立	—
输出扩展模块 EM222	EM222 24V DC 输出	—	4，4
	EM222 继电器输出	—	4，4
	EM222 230V AC 双向晶闸管输出		8 点相互独立
输入/输出扩展模块 EM223	EM223 24V DC 输入/继电器输出	4	4
	EM223 24V DC 输入/24V DC 输出	4，4	4，4
	EM223 24V DC 输入/24V DC 输出	8，8	4，4，8
	EM223 24V DC 输入/继电器输出	8，8	4，4，4，4

2. 模拟量扩展模块

模拟量扩展模块提供了模拟量 I/O 的功能。在工业控制中，被控对象常常是模拟量，如温度、压力、流量等。PLC 内部执行的是数字量，模拟量扩展模块可以将 PLC 外部的模拟量转换为数字量送入 PLC 内，经 PLC 处理后，再由模拟量扩展模块将 PLC 输出的数字量转换为模拟量送给控制对象。模拟量扩展模块优点如下：

(1) 最佳适应性。可适用于复杂的控制场合，直接与传感器和执行器相连，例如 EM235 模块可直接与 PT100 热电阻相连。

(2) 灵活性。当实际应用变化时，PLC 可以相应地进行扩展，并可非常容易的调整用户程序。

模拟量扩展模块的数据见表 4.6。

表 4.6　模拟量扩展模块

模块	EM231	EM232	EM235
点数	4 路模拟量输入	2 路模拟量输出	4 路输入，1 路输出

3. 热电偶、热电阻扩展模块

EM231 热电偶、热电阻扩展模块是为 S7—200 CPU222、S7—200 CPU224 和、S7—200 CPU226/226XM 设计的模拟量扩展模块，EM231 热电偶模块具有特殊的冷端补偿电路，该电路测量模块连接器上的温度，并适当改变测量值，以补偿参考温度与模块温度之间的温度差，如果在 EM231 热电偶模块安装区域的环境温度迅速地变化，则会产生额外的误差，要想达到最大的精度和重复性，热电阻和热电偶模块应安装在稳定的环境温度中。

EM231 热电偶模块用于 7 种热电偶类型，即 J 型、K 型、E 型、N 型、S 型、T 型和 R 型。用户必须用 DIP 开关来选择热电偶的类型，连到同模块上的热电偶必须是相同类型。结构如图 4.6 所示。

4. PROFIBUS—DP 通信模块

通过 EM 277 PROFIBUS—DP 扩展从站模块，可将 S7—200 CPU 连接到 PROFIBUS—DP 网络。EM 277 经过串行 I/O 总线连接到 S7—200 CPU，PROFIBUS 网络经过其 DP 通信端口，连接到 EM 277 PROFIBUS—DP 模块。EM 277 PROFIBUS—DP 模块的 DP 端口可连接到网络上的一个 DP 主站上，但仍能作为一个 MPI 从站，与同一网络

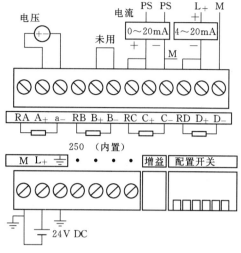

图 4.6　热电偶、热电阻扩展模块

上如 SIMATIC 编程器或 S7—300/S7—400 CPU 等其他主站进行通信。

4.4　S7—200 系列 PLC 内部元器件

PLC 在程序设计过程中，常会使用到的元件包括输入继电器、输出继电器、辅助继电器、计数器、计时器、存储器等主要元件。这些元件主要有用于 PLC 与外部元件之间的状态传送、可连接外部器件，及按钮开关、选择开关、光电开关、数字开关等，使用过大电流将会造成内部触点元件损坏的输入触点与输出触点；用来取代传统顺序控制中的继电器。传统继电器包括触点与线圈两部分，但实际上 PLC 是以内部内存来记忆辅助继电器的状态，若线圈被驱动则将 1 写入，否则将 0 写入的辅助继电器；在程序中被用来计算重复动作的次数的计数器；用来计算动作的时间长短的计时器；用来储存字符组的数值或数据（Data）的数据存储器等。

PLC 的内部元件又称为软元件，实际上是 PLC 内部的编程时用一段特殊的程序代码，占用相应的存储空间，这一存储空间与用户程序存储器有所区别。用户程序存储器是用来存放用户的应用程序和数据，它包括用户程序存储器（程序区）和用户数据存储器（数据区）。数据空间是用户程序执行过程中的 PLC 内部工作区域，该区域主要存放输入信号、运算输出结果、计时值、计数值和模拟量数等。它包括输入映像寄存器 I、输出映像寄存器 Q、变量存储器 V、内部标志位寄存器 M、顺序控制继电器 S、特殊标志位寄存器 SM、局部存储器 L、定时器存储器 T、计数器存储器 C、模拟量输入映像寄存器 AI、模拟量输出映像寄存器 AQ、累加器 AC 和高速计数器 HC。

4.4.1　数据存储类型

1. 数据的长度

在计算机中使用的都是二进制数，其最基本的存储单位是位（bit），8 位二进制数组

成 1 个字节（Byte），两个字节（16 位）组成 1 个字（Word），两个字（32 位）组成 1 个双字（Double Word）。把位、字节、字和双字占用的连续位数称为长度。在 S7—200 系列的 PLC 中，对任何一个数据均有最低有效位（Least Significant Bit，LSB）及最高有效位（Most Significant Bit，MSB），LSB 是位于数据最右边的一位，MSB 是位于数据最右边的一位，如图 4.7 所示。

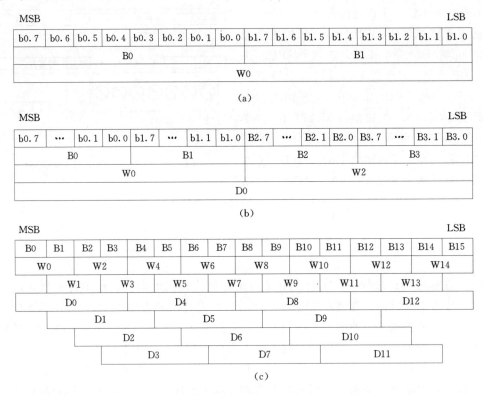

图 4.7　数据的存储方式

(a) 位、字节和字；(b) 位、字节、字和双字；(c) 字和双字

(注：b0.0 表示第 0 个字节的第 0 位，b1.2 表示第 1 个字节的第 2 位；

B0 表示第 0 个字节；W0 表示第 0 个字；依次类推。)

需要注意的是，S7—200 系列 PLC 的系统中采用了高字节、低地址（高地址、低字节）的方式来进行数据存储。此外，对于 W1 等奇数的字；以及 D1、D2、D3 等非 4 的整数倍的双字，使用时要尤为注意，以免出错。

二进制数的"位"只有 0 和 1 两种的取值，开关量（或数字量）也只有两种不同的状态，如触点的断开和接通，线圈的失电和得电等。在 S7—200 梯形图中，可用"位"描述它们，如果该位为 1 则表示对应的线圈为得电状态，触点为转换状态（常开触点闭合、常闭触点断开）；如果该位为 0，则表示对应线圈，触点的状态与前者相反。

2. 数据类型及数据范围

S7—200 系列 PLC 的数据类型可以是字符串、布尔型（0 或 1）、整数型和实数型（浮点数）。布尔型数据指字节型无符号整数；整数型数包括 16 位符号整数（INT）和 32

位符号整数（DINT）。实数型数据采用 32 位单精度数来表示。数据类型、长度及数据范围见表 4.7。

表 4.7 数据类型、长度及数据范围

数据的长度、类型	无符号整数范围		符号整数范围	
	十进制	十六进制	十进制	十六进制
字节 B（8 位）	0～255	0～FF	−128～127	80～7F
字 W（16 位）	0～65535	0～FFFF	−32768～32767	8000～7FFF
双字 D（32 位）	0～4294967295	0～FFFFFFFF	−2147483648～2147483647	80000000～7FFFFFFF
位（BOOL）	0、1			
实数	$-10^{38} \sim 10^{38}$			
字符串	每个字符串以字节形式存储，最大长度为 255 个字节，第一个字节中定义该字符串的长度			

3. 常数

S7—200 的许多指令中常会使用常数。常数的数据长度可以是字节、字和双字。CPU 以二进制的形式存储常数，书写常数可以用二进制、十进制、十六进制、ASCII 码或实数等多种形式。书写格式为：十进制常数，1234；十六进制常数，16♯3AC6；二进制常数，2♯1010 0001 1110 0000；ASCII 码，"Hello"；实数（浮点数），＋1.175495E−38（正数），−1.175495E−38（负数）。

4.4.2 编址方式

可编程控制器的编址就是对 PLC 内部的元件进行编码，以便程序执行时可以唯一地识别每个元件。PLC 内部在数据存储区为每一种元件分配一个存储区域，并用字母作为区域标志符，同时表示元件的类型。例如，数字量输入写入输入映像寄存器（区标志符为 I），数字量输出写入输出映像寄存器（区标志符为 Q），模拟量输入写入模拟量输入映像寄存器（区标志符为 AI），模拟量输出写入模拟量输出映像寄存器（区标志符为 AQ）。除了输入输出外，PLC 还有其他元件，V 表示变量存储器；M 表示内部标志位存储器；SM 表示特殊标志位存储器；L 表示局部存储器；T 表示定时器；C 表示计数器；HC 表示高速计数器；S 表示顺序控制存储器；AC 表示累加器。掌握各元件的功能和使用方法是编程的基础。下面将介绍元件的编址方式。

存储器的单位可以是位（bit）、字节（Byte）、字（Word）、双字（Double Word），那么编址方式也可以分为位、字节、字、双字编址。

1. 位编址

位编址的指定方式为：（区域标志符）字节号.位号，如 I0.0，Q0.0，I1.2。

2. 字节编址

字节编址的指定方式为：（区域标志符）B（字节号），如 IB0 表示由 I0.0～I0.7 这 8 位组成的字节。

3. 字编址

字编址的指定方式为：（区域标志符）W（起始字节号），且最高有效字节为起始字

节。如 VW0 表示由 VB0 和 VB1 这两个字节组成的字。

4. 双字编址

双字编址的指定方式为：（区域标志符）D（起始字节号），且最高有效字节为起始字节。如 VD0 表示由 VB0 到 VB3 这 4 字节组成的双字。

4.4.3　寻址方式

1. 直接寻址

直接寻址是在指令中直接使用存储器或寄存器的元件名称（区域标志）和地址编号，直接到指定的区域读取或写入数据，有按位、字节、字、双字的寻址方式，如图 4.8 所示。S7—200 系列 PLC 可直接寻址的内部元器件见表 4.8。

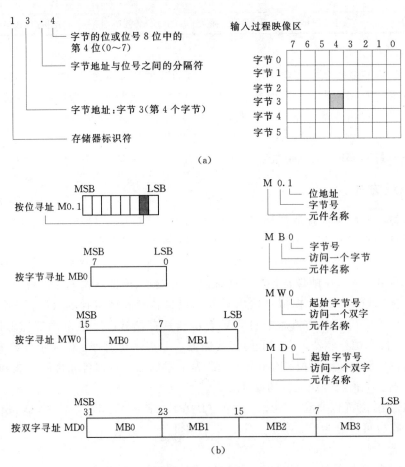

图 4.8　直接寻址

（a）位直接寻址；（b）位、字节、字、双字直接寻址

2. 间接寻址

间接寻址时操作数并不提供直接数据位置，而是通过使用地址指针来存取存储器中的数据。在 S7—200 中允许使用指针对 I、Q、M、V、S、T、C（仅当前值）存储区进行间

接寻址。

表 4.8 S7—200 系列 PLC 可直接寻址的内部元器件

元件符号	所在数据区域	位寻址	字节寻址	字寻址	双字寻址
I	数字量输入映像区	I$x.y$	IBx	IWx	IDx
Q	数字量输出映像区	Q$x.y$	QBx	QWx	QDx
V	变量存储器区	V$x.y$	VBx	VWx	VDx
M	内部标志位寄存器区	M$x.y$	MBx	MWx	MDx
S	顺序控制继电器区	S$x.y$	SBx	SWx	SDx
SM	特殊标志寄存器区	SM$x.y$	SMBx	SMWx	SMDx
L	局部寄存器区	L$x.y$	LBx	LWx	LDx
T	定时器寄存器区	无	无	Tx	无
C	计数器寄存器区	无	无	Cx	无
AI	模拟量输入映像区	无	无	AIx	无
AQ	模拟量输出映像区	无	无	AQx	无
AC	累加器区	无	任意		
HC	高速计数器区	无	无	无	HCx

注 表中 x 表示字节号，y 表示字节内的位地址。

（1）使用间接寻址前，要先创建一个指向该位置的指针。指针为双字（32 位），存放的是另一存储器的地址，只能用 V、L 或累加器 AC 作指针。生成指针时，要使用双字传送指令（MOVD），将数据所在单元的内存地址送入指针，双字传送指令的输入操作数开始处加 & 符号，表示某存储器的地址，而不是存储器内部的值。指令输出操作数是指针地址。例如，MOVD &VB200，AC1 指令就是将 VB200 的地址送入累加器 AC1 中。

（2）指针建立好后，利用指针存取数据。在使用地址指针存取数据的指令中，操作数前加 * 号表示该操作数为地址指针。例如，MOVW *AC1，AC0 //MOVW 表示字传送指令，指令将 AC1 中的内容为起始地址的一个字长的数据（即 VB200、VB201 内部数据）送入 AC0 内。如图 4.9 所示。

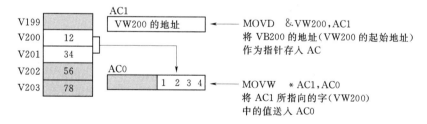

图 4.9 间接寻址

4.4.4 元件功能及地址分配

1. 输入映像寄存器（输入继电器）I

（1）输入映像寄存器的工作原理。输入继电器是 PLC 用来接收用户设备输入信号的接口。PLC 中的"继电器"与继电器控制系统中的继电器有本质性的差别，是"软继电器"，它实质是存储单元。每一个输入继电器线圈都与相应的 PLC 输入端相连（如输入继电器 I0.0 的线圈与 PLC 的输入端子 0.0 相连），当外部开关信号闭合，则输入继电器的线圈得电，在程序中其常开触点闭合，常闭触点断开。由于存储单元可以无限次的读取，所以有无数对常开、常闭触点供编程时使用。编程时应注意，输入继电器的线圈只能有外部信号来驱动，不能在程序内部用指令来驱动，因此，在用户编制的梯形图中只应出现输入继电器的触点，而不应出现输入继电器的线圈。

（2）输入映像寄存器的地址分配。S7—200 输入映像寄存器区域有 IB0～IB15 共 16 个字节的存储单元。系统对输入映像寄存器是以字节（8 位）为单位进行地址分配的。输入映像寄存器可以按位进行操作，每一位对应一个数字量的输入点。如 CPU224 的基本单元输入为 14 点，需占用 2×8＝16 位，即占用 IB0 和 IB1 两个字节。而 I1.6、I1.7 因没有实际输入而未使用，用户程序中不可使用。但如果整个字节未使用如 IB3～IB15，则可作为内部标志位（M）使用。

输入继电器可采用位、字节、字或双字来存取。输入继电器位存取的地址编号范围为 I0.0～I15.7。

2. 输出映像寄存器（输出继电器）

（1）输出映像寄存器的工作原理。输出继电器是用来将输出信号传送到负载的接口，每一个输出继电器线圈都与相应的 PLC 输出相连，并有无数对常开和常闭触点供编程时使用。除此之外，还有一对常开触点与相应 PLC 输出端相连（如输出继电器 Q0.0 有一对常开触点与 PLC 输出端子 0.0 相连）用于驱动负载。输出继电器线圈的通断状态只能在程序内部用指令驱动。

（2）输出映像寄存器的地址分配。S7—200 输出映像寄存器区域有 QB0～QB15 共 16 个字节的存储单元。系统对输出映像寄存器也是以字节（8 位）为单位进行地址分配的。输出映像寄存器可以按位进行操作，每一位对应一个数字量的输出点。如 CPU224 的基本单元输出为 10 点，需占用 2×8＝16 位，即占用 QB0 和 QB1 两个字节。但未使用的位和字节均可在用户程序中作为内部标志位使用。

输出继电器可采用位、字节、字或双字来存取。输出继电器位存取的地址编号范围为 Q0.0～Q15.7。

以上介绍的两种软继电器都是和用户有联系的，因而是 PLC 与外部联系的窗口。下面所介绍的则是与外部设备没有联系的内部软继电器。它们既不能用来接收用户信号，也不能用来驱动外部负载，只能用于编制程序，即线圈和触点都只能出现在梯形图中。

3. 变量存储器 V

变量存储器主要用于存储变量。可以存放数据运算的中间运算结果或设置参数，在进行数据处理时，变量存储器会被经常使用。变量存储器可以是位寻址，也可按字节、字、双字为单位寻址，其位存取的编号范围根据 CPU 的型号有所不同，CPU221/222 为 V0.0～V2047.7 共 2KB 存储容量，CPU224/226 为 V0.0～V5119.7 共 5KB 存储容量。

4. 内部标志位存储器（中间继电器）M

内部标志位存储器，用来保存控制继电器的中间操作状态，其作用相当于继电器控制中的中间继电器，内部标志位存储器在 PLC 中没有 I/O 端与之对应，其线圈的通断状态只能在程序内部用指令驱动，其触点不能直接驱动外部负载，只能在程序内部驱动输出继电器的线圈，再用输出继电器的触点去驱动外部负载。

内部标志位存储器可采用位、字节、字或双字来存取。内部标志位存储器位存取的地址编号范围为 M0.0～M31.7 共 32 个字节。

5. 特殊标志位存储器 SM

PLC 中还有若干特殊标志位存储器，特殊标志位存储器位提供大量的状态和控制功能，用来在 CPU 和用户程序之间交换信息，特殊标志位存储器能以位、字节、字或双字来存取，CPU224 的 SM 的位地址编号范围为 SM0.0～SM179.7 共 180 个字节。其中 SM0.0～SM29.7 的 30 个字节为只读型区域。

常用的特殊存储器的用途如下：

SM 0.0：运行监视。SM 0.0 始终为"1"状态。当 PLC 运行时可以利用其触点驱动输出继电器，在外部显示程序是否处于运行状态。

SM 0.1：初始化脉冲。每当 PLC 的程序开始运行时，SM 0.1 线圈接通一个扫描周期，因此 SM 0.1 的触点常用于调用初始化程序等。

SM 0.2：当 RAM 中保存的数据丢失时，SM 0.2 ON 一个扫描周期。

SM 0.3：开机进入 RUN 时，接通一个扫描周期，可用在启动操作之前，给设备提前预热。

SM 0.4 分脉冲：占空比为 50%，周期 1min 的脉冲。

SM 0.5 秒脉冲：占空比为 50%，周期 1s 的脉冲。

SM 0.6：扫描时钟，1 个扫描周期闭合，另一个为 OFF，循环交替。

SM 0.7：模式选择开关位置指示，开关放置在 RUN 位置时为 1。

SM 1.0：零标志位，运算结果为 0 时，该位置 1。

SM 1.1：溢出标志位，结果溢出或非法值时，该位置 1。

SM 1.2：负数标志位，运算结果为负数时，该位置 1。

SM 1.3：被 0 除标志位。

其他特殊存储器的用途可查阅相关手册。

6. 局部变量存储器 L

局部变量存储器 L 用来存放局部变量，局部变量存储器 L 和变量存储器 V 十分相似，主要区别在于全局变量是全局有效，即同一个变量可以被任何程序（主程序、子程序和中断程序）访问。而局部变量只是局部有效，即变量只和特定的程序相关联。

S7—200 有 64 个字节的局部变量存储器，其中 60 个字节可以作为暂时存储器，或给子程序传递参数。后 4 个字节作为系统的保留字节。PLC 在运行时，根据需要动态地分配局部变量存储器，在执行主程序时，64 个字节的局部变量存储器分配给主程序，当调用子程序或出现中断时，局部变量存储器分配给子程序或中断程序。

局部存储器可以按位、字节、字、双字直接寻址，其位存取的地址编号范围为 L0.0～L63.7。

L 也可以作为地址指针使用。

7. 定时器 T（Timer）

PLC 所提供的定时器作用相当于继电器控制系统中的时间继电器。每个定时器可提供无数对常开和常闭触点供编程使用。其设定时间由程序设置。

每个定时器有一个 16 位的当前值寄存器，用于存储定时器累计的时基增量值（1～32767），另有一个状态位表示定时器的状态。若当前值寄存器累计的时基增量值大于等于设定值时，定时器的状态位被置 1，该定时器的常开触点闭合。

定时器的定时精度分别为 1ms、10ms 和 100ms 三种，CPU222、CPU224 及 CPU226 的定时器地址编号范围为 T0～T255，它们分辨率、定时范围并不相同，用户应根据所用 CPU 型号及时基，正确选用定时器的编号。

8. 计数器 C（Counter）

计数器用于累计计数输入端接收到的由断开到接通的脉冲个数。计数器可提供无数对常开和常闭触点供编程使用，其设定值由程序赋予。

计数器的结构与定时器基本相同，每个计数器有一个 16 位的当前值寄存器用于存储计数器累计的脉冲数，另有一个状态位表示计数器的状态，若当前值寄存器累计的脉冲数大于等于设定值时，计数器的状态位被置 1，该计数器的常开触点闭合。计数器的地址编号范围为 C0～C255。

9. 高速计数器 HC（High Speed Counter）

一般计数器的计数频率受扫描周期的影响，不能太高。而高速计数器可用来累计比 CPU 的扫描速度更快的事件。高速计数器的当前值是一个双字长（32 位）的整数，且为只读值。

高速计数器的地址编号范围根据 CPU 的型号有所不同，CPU221/222 各有 4 个高速计数器，CPU224/226 各有 6 个高速计数器，编号为 HC0～HC5。

10. 累加器 AC

累加器是用来暂存数据的寄存器，它可以用来存放运算数据、中间数据和结果。CPU 提供了 4 个 32 位的累加器，其地址编号为 AC0～AC3。累加器的可用长度为 32 位，可采用字节、字、双字的存取方式，按字节、字只能存取累加器的低 8 位或低 16 位，双字可以存取累加器全部的 32 位。

11. 顺序控制继电器 S（状态元件）

顺序控制继电器是使用步进顺序控制指令编程时的重要状态元件，通常与步进指令一起使用以实现顺序功能流程图的编程。

顺序控制继电器的地址编号范围为 S0.0～S31.7。

12. 模拟量 I/O 映像寄存器（AI/AQ）

S7—200 的模拟量输入电路是将外部输入的模拟量信号转换成 1 个字长的数字量存入模拟量输入映像寄存器区域，区域标志符为 AI。

模拟量输出电路是将模拟量输出映像寄存器区域的 1 个字长（16 位）数值转换为模拟电流或电压输出，区域标志符为 AQ。

在 PLC 内的数字量字长为 16 位，即两个字节，故其地址均以偶数表示，如 AIW0、AIW2…；AQW0、AQW2…。

对模拟量 I/O 是以 2 个字（W）为单位分配地址，每路模拟量 I/O 占用 1 个字（2 个字节）。如有 3 路模拟量输入，需分配 4 个字（AIW0、AIW2、AIW4、AIW6），其中没有被使用的字 AIW6，不可被占用或分配给后续模块。如果有 1 路模拟量输出，需分配 2 个字（AQW0、AQW2），其中没有被使用的字 AQW2，不可被占用或分配给后续模块。

模拟量 I/O 的地址编号范围根据 CPU 的型号的不同有所不同，CPU222 为 AIW0～AIW30/AQW0～AQW30；CPU224/226 为 AIW0～AIW62/AQW0～AQW62。

4.5 STEP 7—Micro/WIN 编程软件简介

S7—200 PLC 使用 STEP 7—Micro/WIN 编程软件进行编程，目前最新的软件版本为STEP 7—Micro/WIN V4.0 SP9，兼容 Windows 7（32bit/64bit）。STEP7—Micro/WIN 编程软件是基于 Windows 的应用软件，功能强大，主要用于开发程序，也可用于适时监控用户程序的执行状态，随着 PLC 应用技术的不断进步，西门子 S7—200 PLC 编程软件的功能也在不断完善，尤其是汉字化工具的使用，使 PLC 的编程软件更具有可读性，目前编程软件可在全汉化的界面下进行操作。

4.5.1 编程软件 STEP 7—Micro/WIN 的安装

编程软件 STEP 7—Micro/WIN 可以安装在 IPC 及 SIMATIC 编程设备 PG70 上，在个人电脑上也能安装。

STEP 7—Micro/WIN 的安装非常简单，插入安装光盘让安装向导自动启动或双击安装软件包中的安装程序 Setup.exe，在弹出的安装对话框中选择安装过程中使用的语言，然后根据安装向导中的提示完成安装。首次运行 STEP 7—Micro/WIN 软件时系统默认语言为英语，可根据需要修改编程语言。如将英语改为中文，其具体操作顺序为：运行STEP 7—Micro/WIN，选择此窗口下的菜单命令 Tools→Options→General，然后在右边对话框中将 English 改选为 Chinese 即可。

4.5.2 STEP 7—Micro/WIN 编程软件的主要功能

STEP 7—Micro/WIN 编程软件的基本功能是协助用户完成应用软件的开发，其主要功能如下：

（1）在脱机（离线）方式下创建用户程序，修改和编辑原有的用户程序。在脱机方式时，计算机与 PLC 断开连接，此时编程软件能完成大部分的基本功能，如编程、编译和系统组态等，但所有的程序和参数都只能存放在计算机上。

（2）在联机（在线）方式下可以对与计算机建立通信关系的 PLC 直接进行各种操作，如调试、上载、下载用户程序和组态数据等。

（3）在编辑程序的过程中进行语法检查，可以避免一些语法错误和数据类型方面的错误。

经语法检查后，梯形图中错误处的下方自动加上红色波浪线，语句表的错误行前自动画上红色叉，且在错误处加上红色波浪线。

（4）对用户程序进行文档管理，加密处理等。

（5）设置 PLC 的工作方式、参数和运行监控等。

4.5.3　建立 S7—200 CPU 的通信

S7—200CPU 与 PC 之间有两种通信连接方式：一种是采用专用的 RS—232/PPI 电缆（以前称为 PC/PPI 电缆）电缆；另一种采用 MPI 卡和普通电缆，可以使用 PC 作为主设备，通过 RS—232/PPI 电缆或 MPI 卡与一台或多台 PLC 相连，实现主、从设备之间的通信。

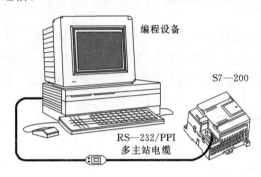

图 4.10　PLC 与计算机的连接

典型的单主机连接如图 4.10 所示，一台 PLC 用 RS—232/PPI 电缆与 PC 连接，不需要外加其他硬件设备。RS—232/PPI 电缆是一条支持 PC、按照 PPI 通信协议设置的专用电缆线。电缆线中间有通信模块，模块外部设有波特率设置开关，两端分别为 RS—232 和 RS—485 接口。RS—232/PPI 电缆的 RS—232 端连接到个人计算机的 RS—232 通信口 COM1 或 COM2 接口上，RS—232/PPI 的另一端（RS—485 端）接到 S7—200CPU 通信口上。

有 5 种支持 PPI 协议的波特率可以选择，系统默认值为 9600bit/s。RS—232/PPI 电缆波特率选择 PPI 开关的位置应与软件系统设置的通信波特率一致。

通信参数设置的内容有 S7—200 CPU 地址、PC 软件地址和接口（PORT）等设置。图 4.11 所示为设置通信参数的对话框。拉开"查看"—"组件"—"通信（M）"，出现

图 4.11　通信参数设置对话框

通信参数。系统编程器的本地地址默认值为 0。远程地址的选择项按实际 RS—232/PPI 电缆所带 PLC 的地址设定。

需要修改其他通信参数时，双击 PC/PPI Cable（电缆）图标，可以重新设置通信参数。远程通信地址可以采用自动搜索的方式获得。

4.5.4 STEP 7—Micro/WIN 窗口组件

STEP 7—Micro/WIN 窗口的首行主菜单包括有文件、编辑、查看、PLC、调试、工具、窗口、帮助等，主菜单下方两行为工具条快捷按钮，其他为窗口信息显示区，如图 4.12 所示。

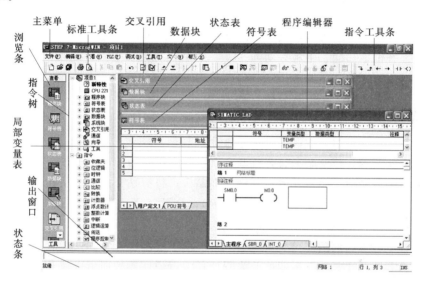

图 4.12 STEP 7—Micro/WIN 窗口组件

窗口信息显示区分别为程序数据显示区、浏览条、指令树和输出视窗显示区。当在查看菜单子目录项的工具栏中选中浏览栏和指令树时，可在窗口左侧垂直地依次显示出浏览条和指令树窗口，选中工具栏的输出视窗时，可在窗口的下方横向显示输出视窗框。非选中时为隐藏方式。输出视窗下方为状态条，提示 STEP 7—Micro/WIN 的状态信息。

1. 主菜单及子目录的状态信息

（1）文件。文件的操作有新建、打开、关闭，保存、另存，导入、导出、上、下载，页面设置，打印及预览等功能。

（2）编辑。编辑菜单提供程序的撤销、剪切、复制、粘贴、全选、插入、删除、查找、替换等子目录用于程序的修改操作。

（3）查看。查看菜单的功能有 6 项：①可以用来选择在程序数据显示窗口区显示不同的程序编辑器，如语句表（STL）、梯形图（LAD）、功能图（FBD）；②可以进行数据块、符号表的设定；③对系统块配置、交叉引用、通信参数进行设置；④工具栏区可以选择浏览栏、指令树及输出视窗的显示与否；⑤缩放图像项可对程序区显示的百分比等内容进行设定；⑥对程序块的属性进行设定。

（4）PLC。PLC 菜单用以建立与 PLC 联机时的相关操作，如用软件改变 PLC 的工作模式，对用户程序进行编辑，清除 PLC 程序及电源启动重置，显示 PLC 信息及 PLC 类型设置等。

（5）调试。调试菜单用于联机形式的动态调试，有单次扫描、多次扫描，程序状态等选项。

（6）工具。工具菜单提供复杂指令向导（PID、NETR/NETW、HSC 指令）和 TD200 设置向导，以及 TP070（触摸屏）的设置。在客户自定义项（子菜单）可添加工具。

（7）窗口。窗口菜单可以选择窗口区的显示内容及显示形式（符号表、状态表、数据块、交叉引用）。

（8）帮助。帮助菜单可以提供 S7—200 的指令系统及编程软件的所有信息，并提供在线帮助和网上查询、访问、下载等功能。

2. 工具条、浏览条和指令树

STEP 7—Micro/WIN 提供了两行快捷按钮工具条，用户也可以通过工具菜单自定义。

（1）工具条快捷按钮。标准工具条和指令工具条如图 4.13 所示，标准工具条快捷按钮的功能自左而右为：打开新项目；打开现有项目；保存当前项目；打印；打印预览；剪切选择并复制到剪贴板；将选择内容复制到剪贴板；将剪贴板内容粘贴到当前位置；撤销最近输入；编译程序块或数据块（激活窗口内）；全部编译（程序块、数据块及系统块）；从 PLC 向 STEP 7—Micro/WIN 上装项目；从 STEP 7—Micro/WIN 向 PLC 下载项目；顺序排序是符号表名称列按照 A~Z 排序；逆序排序是符号表名称列按照 Z~A 排序；缩放是指设定梯形图及功能块图视图的放大程度；常量说明器按钮可以使常量说明器可见或隐藏（打开/关闭切换），需要知道常量的准确内存尺寸时，显示常量说明器。

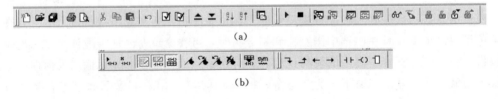

(a)

(b)

图 4.13　工具条

(a) 标准工具条；(b) 指令工具条

指令工具条提供与编程相关的按钮。主要有编程元件类快捷按钮和网络的插入、删除、切换 POU 注释、切换网络注释、切换符号信息表等。不同的程序编辑器，指令工具条的内容不同。

（2）浏览条。浏览条中设置了控制程序特性的按钮，包括程序块显示、符号表、状态图表、数据块、系统块、交叉参考及通信等控制按钮。

（3）指令树。以树形结构提供所有项目对象和当前编程器的所有指令。双击指令树中的指令符，能自动在梯形图显示区光标位置插入所选的梯形图指令（语句表程序中，指令树只作参考）。

3. 程序编辑器窗口

程序编辑器窗口包含项目所用编辑器的局部变量表、符号表、状态图表、数据块、交叉引用程序视图（梯形图、功能块图或语句表）和制表符。制表符在窗口的最下方，可在制表符上单击，使编程器显示区的程序在于程序、中断及主程序之间移动。

（1）交叉引用。交叉引用窗口用以提供用户程序所用的 PLC 资源信息。在进行程序编译后，浏览条中的交叉参考按钮可以查看程序的交叉参考窗口或拉开查看菜单，单击交叉引用按钮，进入交叉参考窗口，以了解程序在何处使用了何符号及内存赋值。

（2）数据块。数据块允许对 V（变量存储器）进行初始数据赋值。操作形式分为字节、字或双字。

（3）状态图。在向 PLC 下载程序后，可以建立一个或多个状态图表，用于联机调试时监视各变量的值和状态。在 PLC 运行方式，可以打开状态图窗口，在程序扫描执行时，连续、自动地更新状态图表的数值。打开状态图是为了程序检查，但不能对程序进行编辑，程序的编辑须在关闭状态图的情况下进行。

（4）符号表/全局变量表。在编程时，为增加程序的可读性，可以不采用元件的直接地址作为操作数，而用带有实际含义的自定义符号名作为编程元件的操作数。这时需要用符号表建立自定义符号名与直接地址编号之间的对应关系。

符号表与全局变量表的区别是数据类型列。符号表是 SIMATIC 编程模式，无数据类型全局变量表是 IEC 编程模式，有数据类型列利用符号表或全局变量表可以对三种程序组织单位（POU）中的全局符号进行赋值，该符号值能在任何 POU（S7—200 三种程序组织单位指主程序、子程序和中断程序）中使用。

（5）局部变量表。局部变量包括 POU 中局部变量的所有赋值，变量在表内的地址（暂时存储区）由系统处理。

4.5.5 程序编制及运行

1. 建立项目（用户程序）

（1）打开已有的项目文件。打开已有项目常用的方法有以下两种：

1）由文件菜单打开，引导到现存项目，并打开文件。

2）由文件名打开，最近工作项目的文件名在文件菜单下列出，可直接选择而不必打开对话框。

另外也可以用 Windows 资源管理器寻找到适当的目录，项目文件在使用 .mwp 扩展名的文件中。

（2）创建新项目（文件）。创建新项目的方法有以下 3 种：

1）单击"新建"快捷按钮。

2）拉开文件菜单，单击"新建"按钮，建立一个新文件。

3）点击浏览条中程序块图标，新建一个 STEP 7—Micro/WIN 项目。

（3）确定 CPU 类型。一旦打开一个项目，开始写程序之前可以选择 PLC 的类型。确定 CPU 类型有以下两种方法：

1）在指令树中右击项目 1（CPU），在弹出的对话框中左击类型，即弹出 PLC 类型对话框，选择所用 PLC 型号后，确认。

2）用 PLC 菜单选择类型项，弹出"PLC 类型"对话框，然后选择正确的 CPU 类型，如图 4.14 所示。

2. 梯形图编辑器

（1）梯形图元素的工作原理。触点代表能流可以通过的开关，线圈代表由能流充电的中继或输出；指令盒代表能流到达此框时执行指令盒的功能。如计数、定时或数学操作。

（2）梯形图排布规则。网络必须从触点开始，以线圈或没有 ENO 端的指令盒结束。指令盒有 ENO 端时，能流扩展到指令盒以外，能在指令盒后放置指令。

注意：每个用户程序，一个线圈或指令盒只能使用一次，并且不允许多个线圈串联使用。

（3）在梯形图中输入指令（编程元件）。

1）进入梯形图（LAD）编辑器。拉开检查看菜单，单击梯形图选项，可以进入梯形图编辑状态，程序编辑窗口显示梯形图编辑图标。

2）编程元件的输入方法。编程元件包括线圈、触点、指令盒及导线等。程序一般是顺序输入，即自上而下，自左而右地在光标所在处放置编程元件（输入指令），也可以移动光标在任意位置输入编程元件。每输入一个编程元件光标自动向前移到下一列。换行时点击下一行位置移动光标。如图 4.15 所示。图中方框即为光标。图中 ├─━▶ 是一个梯形图的开始；━━▶ 表示可以继续输入编程元件。

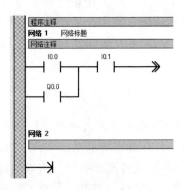

图 4.14　选择 PLC 类型　　　　　图 4.15　梯形图指令编程器

编程元件的输入有指令树双击、拖放和单击工具条快捷按钮或快捷键操作等若干方法。在梯形图编辑器中，单击工具条快捷按钮或用快捷键 F4（触点）、F6（线圈）、F9（指令盒）及指令树双击均可以选择输入编程元件。

工具条有 7 个编程按键，前 4 个为连接导线，后 3 个为触点、线圈、指令盒。

编程元件的输入首先是在程序编辑窗口中将光标移到需要放置元件的位置，然后输入编程元件。编程元件的输入有两种方法：①用鼠标左键输入编程元件，例如输入触点元件，将光标移到编程区域，单击工具条的触点按钮，出现下拉菜单如图 4.16（a）所示，用鼠标单击选中编程元件，按回车键，输入编程元件图形，再点击编程元件符号上方的???，输入操作数；②采用功能键（F4、F6、F9 等）、移位键和回车键配合使用安放编程元件。例如安放输出触点，按 F6 键，弹出 4.16（b）所示下拉菜单，在下拉菜单中选择编程元件（可使用移位键寻找需要的编程元件）后，按回车按键，编程元件出现在光标处，再次按回车键，光标选中元件符号上方的???，输入操作数后按回车键确认，然后用移位键光标将光标移到下一行，输入新的程序。当输入地址、符号超出范围或与指令类型不匹配时，在该值下面出现红色波浪线。一行程序输入结束后，单击图中该行下方的编程区域，输入触点生成新的一行。上、下行线的操作：将光标移到要合并的触点处，单击上行或下行线按钮。

（4）程序的编辑及参数设定。程序的编辑包括程序的剪切、拷贝、粘贴、插入和删除、字符串替换、查找等。

1）插入和删除。程序删除和插入的选项有行、列、阶梯、向下分支的竖直垂线、中断或子程序等。插入和删除的方法有两种：①在程序编辑区右击，弹出如图 4.17 所示的下拉菜单，单击插入或删除项，在弹出的子菜单中单击插入或删除的选项进行程序编辑；②用编辑菜单选择插入或删除项，弹出子菜单后，单击插入或删除的选项进行程序编辑。

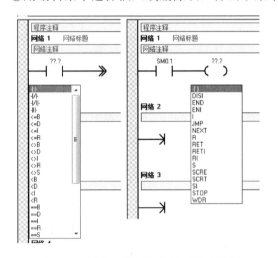

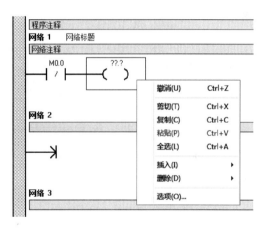

图 4.16　触点、线圈指令的下拉对话框　　　　图 4.17　程序编辑对话框

2）程序的复制、粘贴。程序的复制、粘贴可以由编辑菜单选择复制和粘贴项进行复制和粘贴，也可以由工具条中复制和粘贴的快捷按钮进行复制和粘贴，还可以用光标选中复制内容后，右击，在弹出的菜单选项中选择复制，然后粘贴。程序复制分为单个元件复制和网络复制两种。

单个元件复制是在光标含有编程元件时单击复制项。网络复制可通过在复制区拖动光标或使用 Shift 及上下移位键，选择单个或多个相邻网络，网络变黑选中后单击复制。光标移到粘贴处后，可以用已有效的粘贴按钮进行粘贴。

3）符号表。利用符号对 POU 中符号赋值的方法：单击浏览条中符号表按钮，在程序显示窗口的符号表内输入参数，建立符号表。符号表见图 4.18。符号表的使用方法有两种：①编程时使用符号名称，在符号表中填写符号名和对应的直接地址；②编程时使用直接地址，符号表中填写符号名和对应的直接地址，编译后，软件直接赋值。使用上述两种方法经编译后，由查看菜单选中符号寻址项后，直接地址将转换成符号表中对应的符号名，格式如图 4.19 所示。

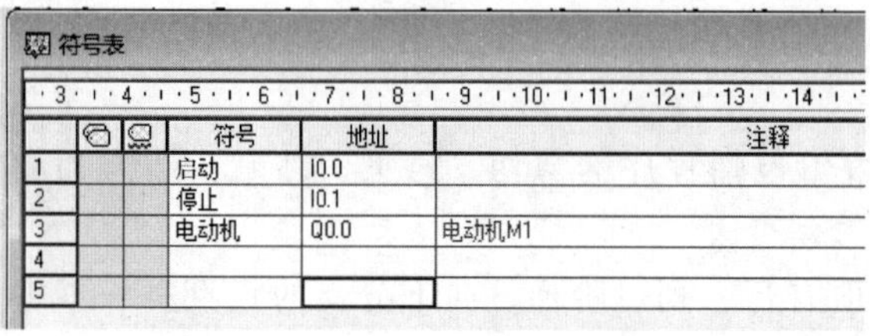

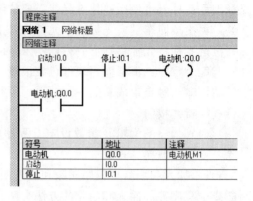

图 4.18　符号表　　　　　　　　　　　图 4.19　带符号表的梯形图

4）局部变量表。可以拖动分割条，展开局部变量表并覆盖程序视图。此时可设置局部变量表，图 4.20 所示为局部变量表的格式。

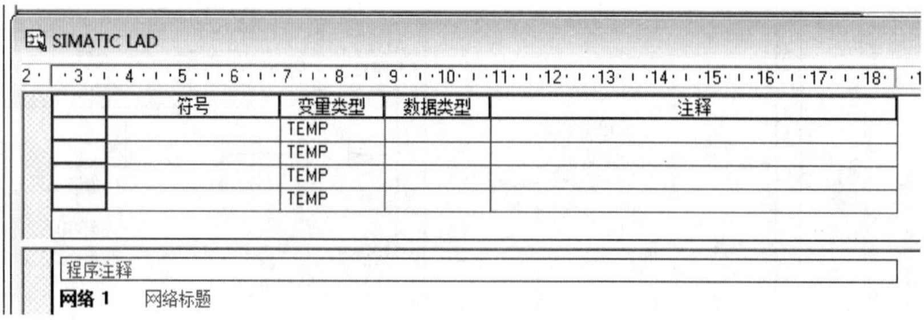

图 4.20　局部变量表

局部变量有 4 种定义类型，即 IN（输入），OUT（输出），IN_OUT（输入—输出），TEMP（临时）。

IN、OUT 类型的局部变量，由调用 POU（3 种程序）提供输入参数或调用 POU 返回的输出参数。

IN_OUT 类型，数值由调用 POU 提供参数，经子程序的修改，然后返回 POU。

TEMP 类型，临时保存在局部数据堆栈区内的变量，一旦 POU 执行完成，临时变量的数据不再有效。

（5）程序注释。网络题目区又称为网络名区，可以双击，在弹出的对话框中写入网络题目区的中、英文注释，可在程序段中的网络名区域显示或隐藏。

（6）程序的编译及上、下载。

1）编译。用户程序编辑完成后，用 PLC 的下拉菜单或工具条中编译快捷按钮对程序进行编译，经编译后在显示器下方的输出窗口显示编译结果，并能明确指出错误的网络段，可以根据错误提示对程序进行修改，然后再次编译，直至编译无误。

2）下载。用户程序编译成功后，单击标准工具条中下载快捷按钮或拉开文件菜单，选择下载项，弹出图 4.21 所示"下载"对话框，经选定程序块、数据块、系统块等下载内容后，按"确认"按钮，将选中内容下载到 PLC 的存储器中。

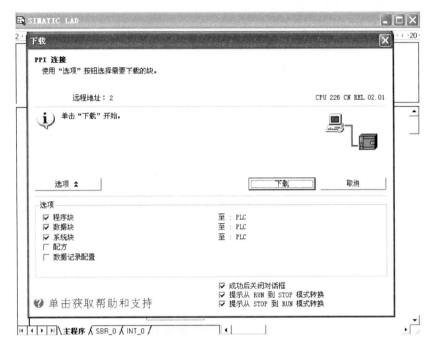

图 4.21   程序下载对话框

3）载入（上载）。上载指令的功能是将 PLC 中未加密的程序或数据向上送入编程器（PC）。上载方法是单击标准工具条中上载快捷键或者拉开文件菜单选择上载项，弹出"上载"对话框。选择程序块、数据块、系统块等上载内容后，可在程序显示窗口上载 PLC 内部程序和数据。

3. 程序的监视、运行、调试及其他

（1）程序的运行。当 PLC 模式选择开关在 TERM 或 RUN 位置时，操作 STEP 7—Micro/WIN 的菜单命令或快捷按钮都可以对 CPU 工作方式进行软件设置，工作方式快捷按钮参见工具栏。

（2）程序监视。3 种程序编辑器都可以在 PLC 运行时监视程序执行的过程和各元件的状态及数据，这里重点介绍梯形图监视功能：拉开调试菜单，选中程序监视状态，这时闭合触点和通电线圈内部颜色变蓝（呈阴影状态）。在 PLC 的运行（RUN）工作状态，随输入条件的改变、定时及计数过程的进行，每个扫描周期的输出处理阶段将各个器件的状态刷新，可以动态显示各个定时、计数器的当前值，并用阴影表示触点和线圈通电状态，以便在线动态观察程序的运行，如图 4.22 所示。

（3）动态调试。结合程序监视运行的动态显示，分析程序运行的结果，以及影响程序运行的因素，然后，退出程序运行和监视状态，在 STOP 状态下对程序进行修改编辑，重新编译、下载、监视运行，如此反复修改调试，直至得出正确运行结果。

（4）其他功能。STEP 7—Micro/WIN 编程软件提供有 PID（闭环控制）、HSC（高速计数）、NETR/NETW（网络通信）和人机界面 TD200 的使用向导功能。

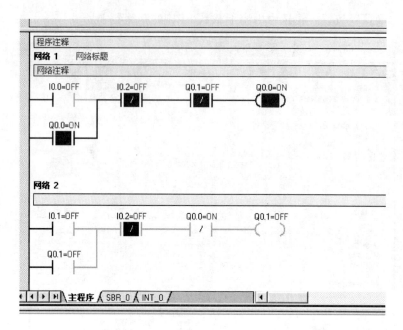

图 4.22　梯形图运行状态的监视

工具菜单下指令向导选项，可以为 PID、NETR/NETW 和 HSC 指令快捷简单地设置复杂的选项，选项完成后，指令向导将为所选设置生成程序代码。

工具菜单的 TD200D 精灵选项是 TD200 的设置向导，用来帮助设置 TD200 的信息。设置完成后，向导将生成支持 TD200 的数据块代码。

习 题 与 思 考 题

4.1　S7—200 系列 PLC 有哪些编址方式与寻址方式？应如何理解？

4.2　S7—200 系列 PLC 的结构是什么？

4.3　CPU224 PLC 有哪几种工作方式？

4.4　CPU224 PLC 有哪些元件？它们的作用分别是什么？

第5章　S7—200系列PLC的基本指令及其应用

5.1　PLC程序设计语言

在可编程控制器中有多种程序设计语言，它们是梯形图、语句表、顺序功能流程图、功能块图等。

梯形图（LAD）和指令表（STL）是可编程控制器最基本的编程语言。梯形图直接脱胎于传统的继电器控制系统，其符号及规则充分体现了电气技术人员的读图及思维习惯，简洁直观。即便是没学习过计算机技术的人也极易接受。指令表则是可编程控制器最基础的编程语言之一。本部分以S7—200系列PLC的指令系统为例，说明指令的含义、梯形图的编制方法及对应的指令表形式。和绝大部分PLC一样，S7—200系列的PLC的指令系统也分为基本逻辑指令、顺序控制指令和功能指令三部分。

梯形图和语句表是基本程序设计语言，它通常由一系列指令组成，用这些指令可以完成大多数简单的控制功能，例如代替继电器、计数器、计时器完成顺序控制和逻辑控制等，通过扩展或增强指令集，它们也能执行其他的基本操作。

供S7—200系列PLC使用的STEP 7－Micro/Win编程软件支持SIMATIC和IEC1131—3两种基本类型的指令集，SIMATIC是PLC专用的指令集，执行速度快，可使用梯形图、语句表、功能块图编程语言。IEC1131—3是可编程控制器编程语言标准，IEC1131—3指令集中指令较少，只能使用梯形图和功能块图两种编程语言。SIMATIC指令集的某些指令不是IEC1131—3中的标准指令。SIMATIC指令和IEC1131—3中的标准指令系统并不兼容。本书将重点介绍SIMATIC指令。

5.1.1　梯形图（Ladder Diagram）程序设计语言

梯形图程序设计语言是最常用的一种程序设计语言。它来源于继电器逻辑控制系统的描述。在工业过程控制领域，电气技术人员对继电器逻辑控制技术较为熟悉，因此，由这种逻辑控制技术发展而来的梯形图受到了欢迎，并得到了广泛的应用。梯形图与操作原理图相对应，具有直观性和对应性；与原有的继电器逻辑控制技术的不同点是，梯形图中的能流不是实际意义的电流，内部的继电器也不是实际存在的继电器。因此，应用时，需与原有继电器逻辑控制技术的有关概念区别对待。LAD图形指令有3个基本形式。

1. 触点

触点分为常开触点 ┤ bit ├ 和常闭触点 ┤/├ 。

触点符号代表输入条件如外部开关、按钮及内部条件等。CPU运行扫描到触点符号时，到触点位指定的存储器位访问（即 CPU 对存储器的读操作）。该位数据（状态）为 1 时，表示"能流"能通过。计算机读操作的次数不受限制，用户程序中，常开触点、常闭触点可以使用无数次。

2. 线圈

线圈——(bit)表示输出结果，通过输出接口电路来控制外部的指示灯、接触器等及内部的输出条件等。线圈左侧触点组成的逻辑运算结果为 1 时，"能流"可以达到线圈，使线圈得电动作，CPU 将线圈的位地址指定的存储器的位置位为 1，逻辑运算结果为 0，线圈不通电，存储器的位置 0。即线圈代表 CPU 对存储器的写操作。PLC 采用循环扫描的工作方式，所以在用户程序中，每个线圈只能使用一次。

3. 指令盒

指令盒代表一些较复杂的功能。如定时器、计数器或数学运算指令等。当"能流"通过指令盒时，执行指令盒所代表的功能。

梯形图按照逻辑关系可分成网络段，分段只是为了阅读和调试方便。在本书部分举例中将网络段省去。图 5.1 所示为梯形图示例。

5.1.2　语句表（Statement List）程序设计语言

语句表程序设计语言是用布尔助记符来描述程序的一种程序设计语言。语句表程序设计语言与计算机中的汇编语言非常相似，采用布尔助记符来表示操作功能。

语句表程序设计语言具有下列特点。

（1）采用助记符来表示操作功能，具有容易记忆、便于掌握的特点。

（2）在编程器的键盘上采用助记符表示，具有便于操作的特点，可在无计算机的场合进行编程设计。

（3）用编程软件可以将语句表与梯形图相互转换。

例如，图 5.1（a）中的梯形图转换为语句表程序如图 5.1（b）所示。

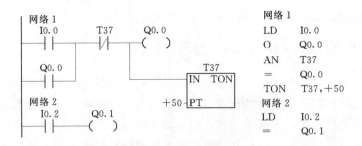

图 5.1　LAD 程序及语句表程序

(a) 梯形图程序；(b) 语句表程序

5.1.3　顺序功能流程图（Sequence Function Chart）程序设计

顺序功能流程图程序设计是近年来发展起来的一种程序设计。采用顺序功能流程图的描述，控制系统被分为若干个子系统，从功能入手，使系统的操作具有明确的含义，便于设计人员和操作人员设计思想的沟通，便于程序的分工设计和检查调试。顺序功能流程图的主要元素是步、转移、转移条件和动作。如图 5.2 所示。

顺序功能流程图程序设计的特点是：

（1）以功能为主线，条理清楚，便于对程序操作的理解和沟通。

（2）对大型的程序，可分工设计，采用较为灵活的程序结构，可节省程序设计时间和调试时间。

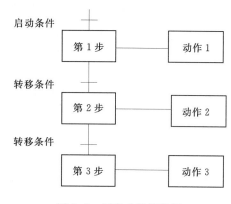

图 5.2　顺序功能流程图

（3）常用于系统的规模较大、程序关系较复杂的场合。

（4）只有在活动步的命令和操作被执行后，才对活动步后的转换进行扫描，因此，整个程序的扫描时间要大大缩短。

5.1.4　功能块图（Function Block Diagram）程序设计语言

功能块图程序设计语言是采用逻辑门电路的编程语言，有数字电路基础的人很容易掌握。功能块图指令由输入、输出段及逻辑关系函数组成。用 STEP 7—Micro/Win 编程软件将图 5.1 所示的梯形图转换为 FBD 程序，如图 5.3 所示。方框的左侧为逻辑运算的输入变量，右侧为输出变量，输入输出端的小圆圈表示"非"运算，信号自左向右流动。

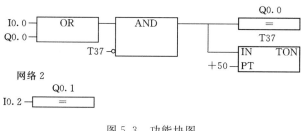

图 5.3　功能块图

5.2　基本位逻辑指令及应用

5.2.1　基本位操作指令介绍

位操作指令是 PLC 常用的基本指令，梯形图指令有触点和线圈两大类，触点又分常开触点和常闭触点两种形式；语句表指令有与、或以及输出等逻辑关系，位操作指令能够实现基本的位逻辑运算和控制。

1. 逻辑取（装载）及线圈驱动指令 LD/LDN

（1）指令功能。

LD（load）：常开触点逻辑运算的开始。对应梯形图则为在左侧母线或线路分支点处初始装载一个常开触点。

LDN（load not）：常闭触点逻辑运算的开始（即对操作数的状态取反），对应梯形图则为在左侧母线或线路分支点处初始装载一个常闭触点。

= （OUT）：输出指令，对应梯形图则为线圈驱动。对同一元件只能使用一次。

（2）指令格式如图 5.4 所示。

说明：

1）触点代表 CPU 对存储器的读操作，常开触点和存储器的位状态一致，常闭触点和存储器的位状态相反。用户程序中同一触点可使用无数次。

如：存储器 I0.0 的状态为 1，则对应的常开触点 I0.0 接通，表示能流可以通过；而对应的常闭触点 I0.0 断开，表示能流不能通过。存储器 I0.0 的状态为 0，则对应的常开触点 I0.0 断开，表示能流不能通过；而对应的常闭触点 I0.0 接通，表示能流可以通过。

2）线圈代表 CPU 对存储器的写操作，若线圈左侧的逻辑运算结果为"1"，表示能流能够达到线圈，CPU 将该线圈所对应的存储器的位置位为"1"，若线圈左侧的逻辑运算结果为"0"，表示能流不能够达到线圈，CPU 将该线圈所对应的存储器的位写入"0"。用户程序中，同一线圈只能使用一次。

（3）LD/LDN、=指令使用说明。LD、LDN 指令用于与输入公共母线（输入母线）相连的触点，也可与 OLD、ALD 指令配合使用于分支回路的开头。

"="指令用于 Q、M、SM、T、C、V、S。但不能用于输入映像寄存器 I。输出端不带负载时，控制线圈应尽量使用 M 或其他，而不用 Q。

"="可以并联使用任意次，但不能串联。如图 5.5 所示。

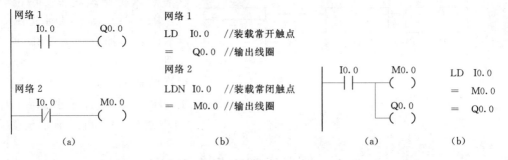

图 5.4　LD/LDN、OUT 指令的使用　　　　图 5.5　输出指令可以并联使用
（a）梯形图程序；（b）语句表程序　　　　（a）梯形图程序；（b）语句表程序

LD/LDN 的操作数：I、Q、M、SM、T、C、V、S。

OUT 的操作数：Q、M、SM、T、C、V、S。

2. 触点串联指令 A（And）、AN（And not）

（1）指令功能。

A（And）：与操作，在梯形图中表示串联连接单个常开触点。

AN（And not）：与非操作，在梯形图中表示串联连接单个常闭触点。

（2）指令格式如图 5.6 所示。

（3）A/AN 指令使用说明。

A、AN 是单个触点串联连接指令，可连续使用。如图 5.7 所示。

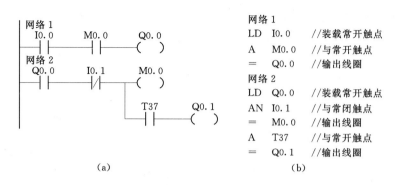

图 5.6 A/AN 指令的使用

(a) 梯形图程序；(b) 语句表程序

网络 1

M0.0 T37 T38 Q0.0

图 5.7 单个触点串联连接指令

ALD

I0.0 I0.1 Q0.0

M0.0

图 5.8 ALD 指令

若要串联多个触点组合回路时，必须使用 ALD 指令。如图 5.8 所示。

若按正确次序编程（即输入："左重右轻、上重下轻"；输出：上轻下重），可以反复使用"＝"指令。如图 5.9 所示。但若按图 5.10 所示的编程次序，就不能连续使用"＝"指令。

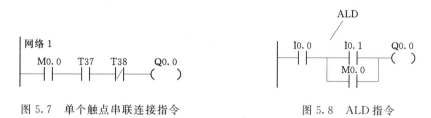

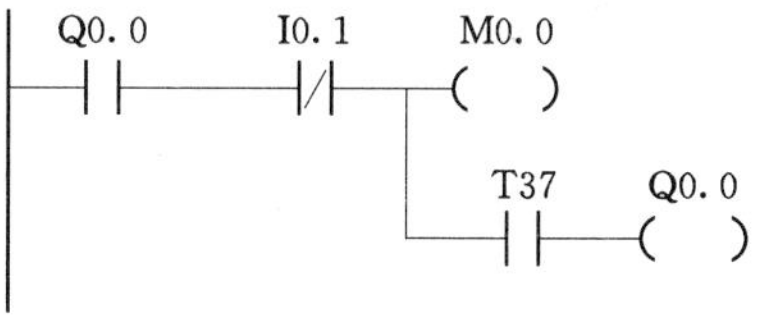

图 5.9 梯形图及语句表程序

(a) 梯形图程序；(b) 语句表程序

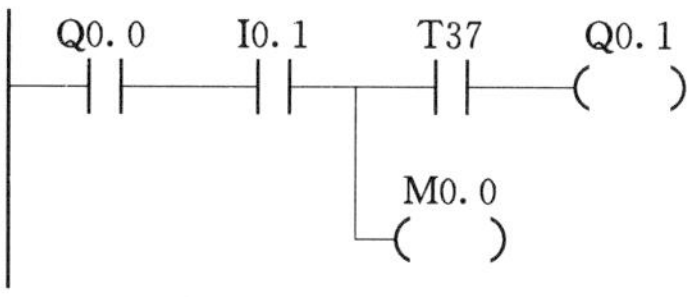

图 5.10 梯形图及语句表程序

(a) 梯形图程序；(b) 语句表程序

A、AN 的操作数：I、Q、M、SM、T、C、V、S。

3. 触点并联指令：O（Or）/ON（Or not）

(1) 指令功能。

O：或操作，在梯形图中表示并联连接一个常开触点。

ON：或非操作，在梯形图中表示并联连接一个常闭触点。

(2) 指令格式如图 5.11 所示。

(3) O/ON 指令使用说明。O/ON 指令可作为并联一个触点指令，紧接在 LD/LDN 指令之后用，即对其前面的 LD/LDN 指令所规定的触点并联一个触点，可以连续使用。

若要并联连接两个以上触点的串联回路时，须采用 OLD 指令。

ON 操作数：I、Q、M、SM、V、S、T、C。

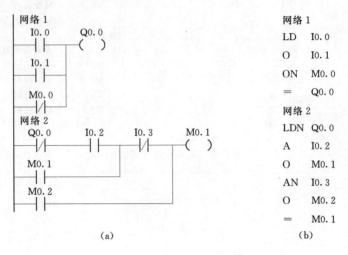

(a)　　　　　　　　　　　(b)

图 5.11　O/ON 指令的使用

(a) 梯形图程序；(b) 语句表程序

4．电路块的串联指令 ALD

(1) 指令功能。

ALD：块"与"操作，用于串联连接多个并联电路组成的电路块。

(2) 指令格式如图 5.12 所示。

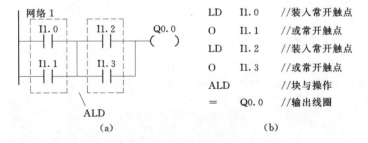

(a)　　　　　　　　　　　　(b)

图 5.12　ALD 指令的使用

(a) 梯形图程序；(b) 语句表程序

(3) ALD 指令使用说明。并联电路块与前面电路串联连接时，使用 ALD 指令。分支的起点用 LD/LDN 指令，并联电路结束后使用 ALD 指令与前面电路串联。

可以顺次使用 ALD 指令串联多个并联电路块，支路数量没有限制，如图 5.13 所示。

ALD 指令无操作数。

5．电路块的并联指令 OLD

(1) 指令功能。

OLD：块"或"操作，用于并联连接多个串联电路组成的电路块。

(2) 指令格式如图 5.14 所示。

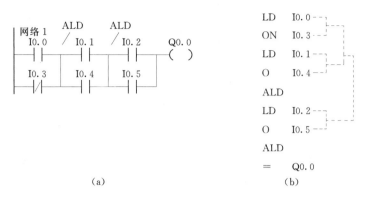

图 5.13 ALD 指令的使用

(a) 梯形图程序；(b) 语句表程序

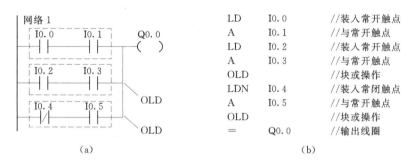

图 5.14 OLD 指令的使用

(a) 梯形图程序；(b) 语句表程序

（3）OLD 指令使用说明。并联连接几个串联支路时，其支路的起点以 LD 、LDN 开始，并联结束后用 OLD。

可以顺次使用 OLD 指令并联多个串联电路块，支路数量没有限制。

OLD 指令无操作数。

【例 5.1】 根据图 5.15 所示梯形图，写出对应的语句表。

6. 逻辑堆栈的操作

S7—200 系列采用模拟堆栈的结构，用于保存逻辑运算结果及断点的地址，称为逻辑堆栈。S7—200 系列 PLC 中有一个 9 层的堆栈。在此讨论断点保护功能的堆栈操作。

（1）指令的功能。堆栈操作指令用于处理线路的分支点。在编制控制程序时，经常遇到多个分支电路同时受一个或一组触点控制的情况如图 5.17 所示，若采用前述指令不容易编写程序，用堆栈操作指令则可方便地将图 5.17 所示梯形图转换为语

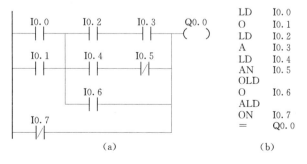

图 5.15 【例 5.1】图

(a) 梯形图程序；(b) 语句表程序

句表。

LPS（入栈）指令：LPS 指令把栈顶值复制后压入堆栈，栈中原来数据依次下移一层，栈底值压出丢失。

LRD（读栈）指令：LRD 指令把逻辑堆栈第二层的值复制到栈顶，2～9 层数据不变，堆栈没有压入和弹出。但原栈顶的值丢失。

LPP（出栈）指令：LPP 指令把堆栈弹出一级，原第二级的值变为新的栈顶值，原栈顶数据从栈内丢失。

LPS、LRD、LPP 指令的操作过程如图 5.16 所示。图中 Iv. x 为存储在栈区的断点的地址。

LD，LDI，LDN，LDNI　　A，AI，AN，ANI　　O，OI，ON，ONI

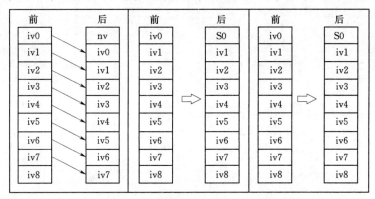

图 5.16　堆栈操作过程示意图

（注："iv0" 到 "iv7" 表示逻辑堆栈的初始值，"nv" 表示指令提供的
一个新值，S0 表示逻辑堆栈中存储的计算值。）

（2）指令格式如图 5.17 所示。

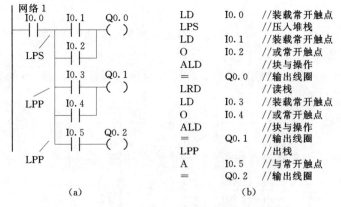

图 5.17　堆栈指令的使用

（a）梯形图程序；（b）语句表程序

（3）指令使用说明。逻辑堆栈指令可以嵌套使用，最多为 9 层。

为保证程序地址指针不发生错误，入栈指令 LPS 和出栈指令 LPP 必须成对使用，最后一次读栈操作应使用出栈指令 LPP。

堆栈指令没有操作数。

7. 置位/复位指令 S/R

（1）指令功能。

置位指令 S：使能输入有效后从起始位 S－bit 开始的 N 个位置"1"并保持。

复位指令 R：使能输入有效后从起始位 S－bit 开始的 N 个位清"0"并保持。

（2）指令格式见表 5.1，用法如图 5.18 所示。

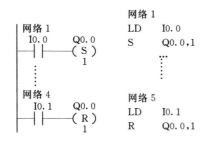

表 5.1　S/R 指令格式

STL	LAD
S S-bit，N	S-bit —（ ） N
R S-bit，N	R-bit —（ ） N

图 5.18　S/R 指令的使用

（3）指令使用说明。对同一元件（同一寄存器的位）可以多次使用 S/R 指令（与"＝"指令不同）。

由于是扫描工作方式，当置位、复位指令同时有效时，写在后面的指令具有优先权。

操作数 N 为：VB，IB，QB，MB，SMB，SB，LB，AC，常量，＊VD，＊AC，＊LD。取值范围为：0～255。数据类型为：字节。

操作数 S-bit 为：I，Q，M，SM，T，C，V，S，L。

数据类型为：布尔。

置位复位指令通常成对使用，也可以单独使用或与指令盒配合使用。

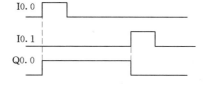

图 5.19　S/R 指令的时序图

【例 5.2】　图 5.18 所示的置位、复位指令应用举例及时序分析，如图 5.19 所示。

（4）＝、S、R 指令比较。如图 5.20 所示。

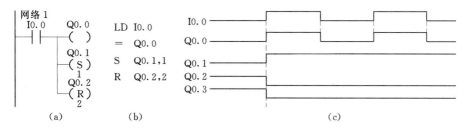

图 5.20　＝、S、R 指令比较

(a) 梯形图；(b) 语句表；(c) 时序图

8. 脉冲生成指令 EU/ED

（1）指令功能。

EU 指令：在 EU 指令前的逻辑运算结果有一个上升沿时（由 OFF→ON）产生一个宽度为一个扫描周期的脉冲，驱动后面的输出线圈。

ED 指令：在 ED 指令前有一个下降沿时产生一个宽度为一个扫描周期的脉冲，驱动其后线圈。

（2）指令格式见表 5.2，用法如图 5.21 所示，时序分析如图 5.22 所示。

表 5.2　　EU/ED 指令格式

STL	LAD	操作数
EU（Edge Up）	—|P|—	无
ED（Edge Down）	—|N|—	无

(a)

```
网络 1                                网络 3
LD    I0.0      //装入常开触点        LD    I0.1      //装入
EU              //上升沿              ED              //下降沿
=     M0.0      //输出                =     M0.1      //输出
网络 2                                网络 4
LD    M0.0      //装入                LD    M0.1      //装入
S     Q0.0,1    //输出置位            R     Q0.0,1    //输出复位
```

(b)

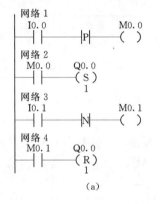

图 5.21　EU/ED 指令的使用

（a）梯形图程序；（b）语句表程序

图 5.22　EU/ED 指令时序分析

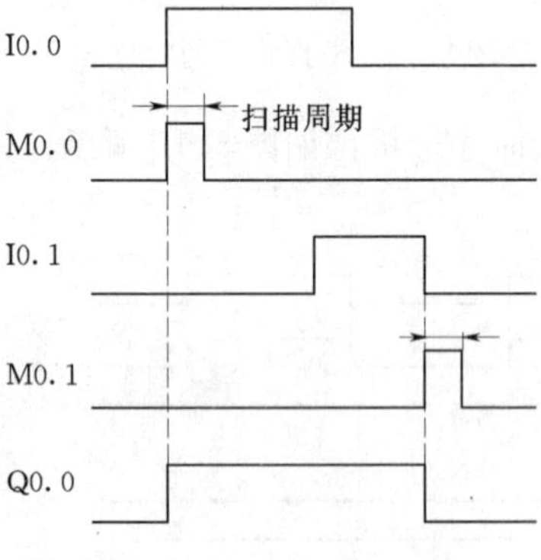

程序及运行结果分析如下：

I0.0 的上升沿，经触点（EU）产生一个扫描周期的时钟脉冲，驱动输出线圈 M0.0 导通一个扫描周期，M0.0 的常开触点闭合一个扫描周期，使输出线圈 Q0.0 置位为 1，并保持。

I0.1 的下降沿，经触点（ED）产生一个扫描周期的时钟脉冲，驱动输出线圈 M0.1 导通一个扫描周期，M0.1 的常开触点闭合一个扫描周期，使输出线圈 Q0.0 复位为 0，并保持。时序分析如图 5.22 所示。

（3）指令使用说明。EU、ED 指令只在输入信号变化时有效，其输出信号的脉冲宽度为一个机器扫描周期。

对开机时就为接通状态的输入条件，EU 指令不执行。

EU、ED 指令无操作数。

5.2.2　基本位逻辑指令应用举例

1. 启动、保持、停止电路

启动、保持和停止电路（简称为"启、保、停电路"），其梯形图和对应的 PLC 外部接线图如图 5.23 所示。在外部接线图中启动常开按钮 SB$_1$ 和 SB$_2$ 分别接在输入端 I0.0 和 I0.1，负载接在输出端 Q0.0。因此输入映像寄存器 I0.0 的状态与启动常开按钮 SB$_1$ 的状态相对应，输入映像寄存器 I0.1 的状态与停止常开按钮 SB$_2$ 的状态相对应。而程序运行结果写入输出映像寄存器 Q0.0，并通过输出电路控制负载。图中的启动信号 I0.0 和停止信号 I0.1 是由启动常开按钮和停止常开按钮提供的信号，持续 ON 的时间一般都很短，这种信号称为短信号。启、保、停电路最主要的特点是具有"记忆"功能，按下启动按钮，I0.0 的常开触点接通，如果这时未按停止按钮，I0.1 的常闭触点接通，Q0.0 的线圈"通电"，它的常开触点同时接通。放开启动按钮，I0.0 的常开触点断开，"能流"经 Q0.0 的常开触点和 I0.1 的常闭触点流过 Q0.0 的线圈，Q0.0 仍为 ON，这就是所谓的"自锁"或"自保持"功能。按下停止按钮，I0.1 的常闭触点断开，使 Q0.0 的线圈断电，其常开触点断开，以后即使放开停止按钮，I0.1 的常闭触点恢复接通状态，Q0.0 的线圈仍然"断电"。

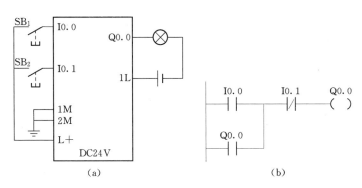

图 5.23　PLC 外部接线图和梯形图

（a）PLC 外部电路接线图；（b）启、保、停电路梯形图

时序分析如图 5.24 所示。

这种功能也可以用图 5.25 中的 S 和 R 指令来实现。在实际电路中，启动信号和停止信号可能由多个触点组成的串、并联电路提供。

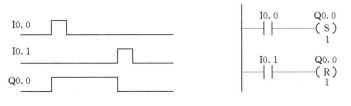

图 5.24　时序分析图

图 5.25　S/R 指令实现的启、保、停电路

小结：

1）每一个传感器或开关输入对应一个 PLC 确定的输入点，每一个负载对应 PLC 一个确定的输出点。

2）为了使梯形图和继电器接触器控制的电路图中的触点的类型相同，外部按钮一般用常开按钮。停止按钮一般选用常闭触点，对于本例，将 SB$_2$ 换为常闭触点之后，相应的在程序中 I0.1 需改为常开型式。

2. 互锁电路

如图 5.26 所示输入信号 I0.0 和输入信号 I0.1，若 I0.0 先接通，M0.0 自保持，使 Q0.0 有输出，同时 M0.0 的常闭触点断开，即使 I0.1 再接通，也不能使 M0.1 动作，故 Q0.1 无输出。若 I0.1 先接通，则情形与前述相反。因此在控制环节中，该电路可实现信号互锁。

3. 比较电路

如图 5.27 所示，该电路按预先设定的输出要求，根据对两个输入信号的比较，决定某一输出。若 I0.0、I0.1 同时接通，Q0.0 有输出；I0.0、I0.1 均不接通，Q0.1 有输出；若 I0.0 不接通，I0.1 接通，则 Q0.2 有输出；若 I0.0 接通，I0.1 不接通，则 Q0.3 有输出。

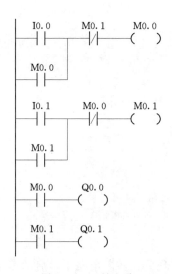

图 5.26　互锁电路

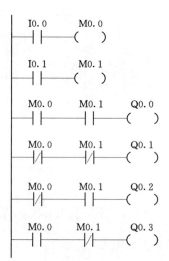

图 5.27　比较电路

4. 微分脉冲电路

（1）上升沿微分脉冲电路。如图 5.28 所示。PLC 是以循环扫描方式工作的，PLC 第一次扫描时，输入 I0.0 由 OFF→ON 时，M0.0、M0.1 线圈接通，Q0.0 线圈接通。在第一个扫描周期中，在第一行的 M0.1 的常闭触点保持接通，因为扫描该行时，M0.1 线圈的状态为断开。在一个扫描周期其状态只刷新一次。等到 PLC 第二次扫描时，M0.1 的线圈为接通状态，其对应的 M0.1 常闭触点断开，M0.0 线圈断开，Q0.0 线圈断开，所以 Q0.0 接通时间为一个扫描周期。

（2）下降沿微分脉冲电路。如图 5.29 所示。PLC 第一次扫描时，输入 I0.0 由 ON→

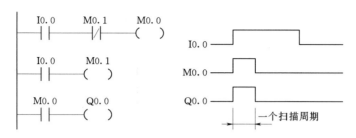

图 5.28　上升沿微分脉冲电路

OFF 时，M0.0 接通一个扫描周期，Q0.0 输出一个脉冲。

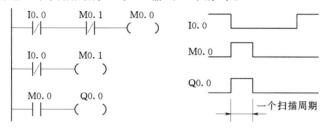

图 5.29　下降沿微分脉冲电路

5. 分频电路

用 PLC 可以实现对输入信号的任意分频。图 5.30 是一个二分频电路。将脉冲信号加到 I0.0 端，在第一个脉冲的上升沿到来时，M0.0 产生一个扫描周期的单脉冲，使 M0.0 的常开触点闭合，由于 Q0.0 的常开触点断开，M0.1 线圈断开，其常闭触点 M0.1 闭合，Q0.0 的线圈接通并自保持；第二个脉冲上升沿到来时，M0.0 又产生一个扫描周期的单脉冲，M0.0 的常开触点又接通一个扫描周期，此时 Q0.0 的常开触点闭合，M0.1 线圈通电，其常闭触点 M0.1 断开，Q0.0 线圈断开；直至第三个脉冲到来时，M0.0 又产生一个扫描周期的单脉冲，使 M0.0 的常开触点闭合，由于 Q0.0 的常开触点断开，M0.1 线圈断开，其常闭触点 M0.1 闭合，Q0.0 的线圈又接通并自保持。以后循环往复，不断重复上述过程。由图 5.30 可见，输出信号 Q0.0 是输入信号 I0.0 的二分频。

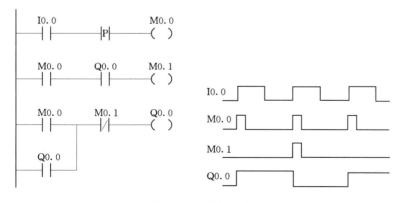

图 5.30　分频电路

6. 抢答器程序设计

（1）控制任务。有 3 个抢答席和 1 个主持人席，每个抢答席上各有 1 个抢答按钮和一盏抢答指示灯。参赛者在允许抢答时，第一个按下抢答按钮的抢答席上的指示灯将会亮，且释放抢答按钮后，指示灯仍然亮；此后另外两个抢答席上即使在按各自的抢答按钮，其指示灯也不会亮。这样主持人就可以轻易地知道谁是第一个按下抢答器的。该题抢答结束后，主持人按下主持席上的复位按钮（常闭按钮），则指示灯熄灭，又可以进行下一题的抢答比赛。

工艺要求：本控制系统有 4 个按钮，其中 3 个常开 SB_1、SB_2、SB_3，一个常闭 S_0。另外，作为控制对象有 3 盏灯 HL_1、HL_2、HL_3。

（2）I/O 分配表。见表 5.3。

表 5.3　　　　　　　　　　　　I/O 分 配 表

	输入继电器	对应开关/按钮	功能	备注
输入	I0.0	SB_0	主持席上的复位按钮	常闭
	I0.1	SB_1	抢答席 1 上的抢答按钮	常开
	I0.2	SB_2	抢答席 2 上的抢答按钮	常开
	I0.3	SB_3	抢答席 3 上的抢答按钮	常开
	输出继电器	负载	功能	备注
输出	Q0.1	HL_1	抢答席 1 上的指示灯	
	Q0.2	HL_2	抢答席 2 上的指示灯	
	Q0.0	HL_3	抢答席 3 上的指示灯	

（3）程序设计。抢答器的程序设计如图 5.31 所示。本例的要点是：如何实现抢答器指示灯的"自锁"功能，即当某一抢答席抢答成功后，即使释放其抢答按钮，其指示灯仍然亮，直至主持人进行复位才熄灭；如何实现 3 个抢答席之间的"互锁"功能。

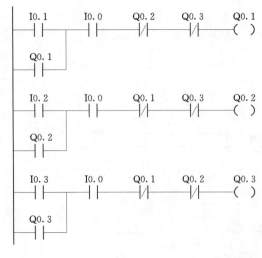

图 5.31　抢答器程序设计

5.2.3　编程注意事项及编程技巧

1. 梯形图语言中的语法规定

（1）程序应按自上而下、从左至右的顺序编写。

（2）同一操作数的输出线圈在一个程序中不能使用两次，不同操作数的输出线圈可以并行输出。如图 5.32 所示。

（3）线圈不能直接与左母线相连。如果需要，可以通过特殊内部标志位存储器 SM0.0（该位始终为 1）来连接，如图 5.33 所示。

（4）适当安排编程顺序，以减少程序的步数。

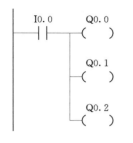

图 5.32 线圈并行输出

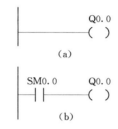

图 5.33 线圈与母线的连接
(a) 不正确；(b) 正确

1) 串联多的支路应尽量放在上部，如图 5.34 所示。

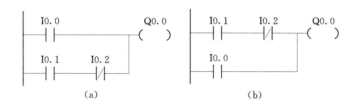

图 5.34 串联多的电路应放在上面
(a) 电路安排不当；(b) 电路安排正确

2) 并联多的支路应靠近左母线，如图 5.35 所示。

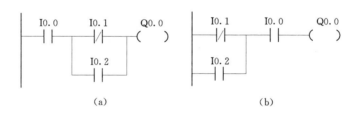

图 5.35 并联多的电路应靠近左侧母线
(a) 电路安排不当；(b) 电路安排正确

3) 触点不能放在线圈的右边。

4) 对复杂的电路，用 ALD、OLD 等指令难以编程，可重复使用一些触点画出其等效电路，然后再进行编程，如图 5.36 所示。

2. 中间单元的设置

在梯形图中，若多个线圈都受某一触点串并联电路的控制，为了简化电路，在梯形图中可设置该电路控制的存储器的位，如图 5.37 所示，这类似于继电器电路中的中间继电器。

3. 可编程控制器输入信号和输出信号的尽量减少

可编程控制器的价格与 I/O 点数有关，因此减少 I/O 点数是降低硬件费用的主要措施。如果几个输入器件触点的串并联电路总是作为一个整体出现，可以将他们作为可编程

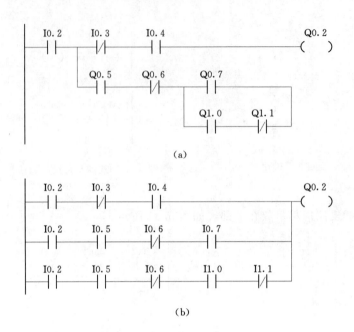

(a)

(b)

图 5.36 复杂电路及其等效电路

(a) 复杂电路；(b) 等效电路

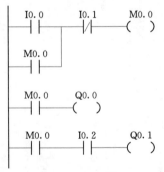

图 5.37 设置中间单元

控制器的一个输入信号，只占可编程控制器的一个输入点。如果某器件的触点只用一次并且与 PLC 输出端的负载串联，不必将它们作为 PLC 的输入信号，可以将它们放在 PLC 外部的输出回路，与外部负载串联。

4. 外部联锁电路的设立

为了防止控制正反转的两个接触器同时动作造成三相电源短路，应在 PLC 外部设置硬件联锁电路。

5. 外部负载的额定电压

PLC 的继电器输出模块和双向晶闸管输出模块一般只能驱动额定电压 AC 220V 的负载，交流接触器的线圈应选用 220V 的。

5.2.4 典型应用：电动机控制编程实例

1. 目的

(1) 应用 PLC 实现对三相异步电动机的控制。

(2) 熟悉基本位逻辑指令的使用，训练编程的思想和方法。

(3) 掌握在 PLC 控制中互锁的实现及采取的措施。

2. 要求

(1) 实现三相异步电动机的正转、反转、停止控制。

(2) 具有防止相间短路的措施，具有过载保护环节。

3. I/O 分配及外部接线

三相异步电动机的正转、反转、停止控制的电路如图 2.3（d）所示，电动机的正反停控制电路具有电气、机械双重互锁。PLC 控制的输入输出配置及外部接线图如图 5.38 所示，电动机在正反转切换时，为了防止因主电路电流过大，或接触器质量不好，某一接触器的主触点被断电时产生的电弧熔焊而被黏结，其线圈断电后主触点仍然是接通的，这时，如果另一接触器线圈通电，仍将造成三相电源短路事故。为了防止这种情况的出现，应在可编程控制器的外部设置由 KM_1 和 KM_2 的常闭触点组成的硬件互锁电路，如图 5.39 所示，假设 KM_1 的主触点被电弧熔焊，这时其辅助常闭触点处于断开状态，因此 KM_2 线圈不可能得电。

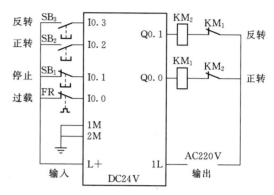

图 5.38 输入输出配置及外部接线图

4. 程序设计

采用 PLC 控制的梯形图程序如图 5.39 所示。图中利用 PLC 输入映像寄存器的 I0.2 和 I0.3 的常闭触点，实现互锁，以防止正反转换接时的相间短路。

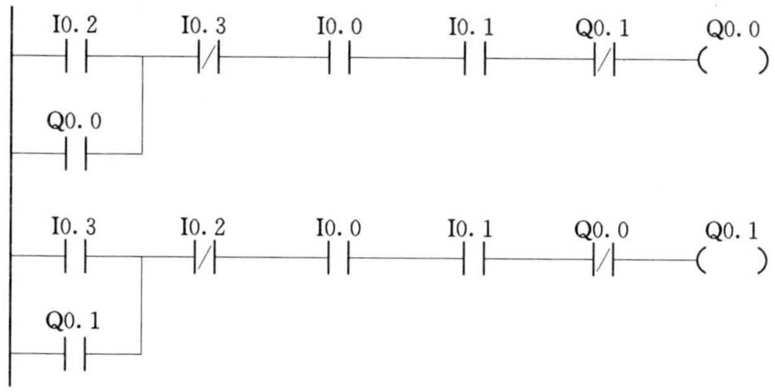

图 5.39 三相异步电动机正反停控制的梯形图程序

按下正向启动按钮 SB_2 时，常开触点 I0.2 闭合，驱动线圈 Q0.0 并自锁，通过输出电路，接触器 KM_1 得电吸合，电动机正向启动并稳定运行。

按下反转启动按钮 SB_3 时，常闭触点 I0.3 断开 Q0.0 的线圈，KM_1 失电释放，同时 I0.3 的常开触点闭合接通 Q0.1 线圈并自锁，通过输出电路，接触器 KM_2 得电吸合，电动机反向启动，并稳定运行。

按下停止按钮 SB_1，或过载保护 FR 动作，都可使 KM_1 或 KM_2 失电释放，电动机停止运行。

5. 运行及调试程序步骤

（1）按正转按钮 SB_2，输出 Q0.0 接通，电动机正转。

（2）按停止按钮 SB_1，输出 Q0.0 断开，电动机停转。

（3）按反转按钮 SB₃，输出 Q0.1 接通，电动机反转。

（4）模拟电动机过载，将热继电器 FR 的触点断开，电动机停转。

（5）将热继电器的 FR 触点复位，再重复正反停的操作。

（6）运行调试过程中用状态图对元件的动作进行监控并记录。

5.3　定　时　器　指　令

5.3.1　定时器指令介绍

S7—200 系列 PLC 的定时器是对内部时钟累计时间增量计时的。每个定时器均有一个 16 位的当前值寄存器用以存放当前值（16 位符号整数）；一个 16 位的预置值寄存器用以存放时间的设定值；还有一位状态位，反映其触点的状态。

1. 工作方式

S7—200 系列 PLC 定时器按工作方式分五大类定时器。其指令格式见表 5.4。

表 5.4　　　　　　　　　　　　　定时器的指令格式

LAD	STL	说　明
???? IN TON ????–PT	TON T××, PT	TON—通电延时定时器 TONR—记忆型通电延时定时器 TOF—断电延时型定时器
???? IN TONR ????–PT	TONR T××, PT	IN 是使能输入端，指令盒上方输入定时器的编号（T××），范围为 T0—T255 PT 是预置值输入端，最大预置值为 32767
???? IN TOF ????–PT	TOF T××, PT	PT 的数据类型：INT PT 操作数有：IW、QW、MW、SMW、T、C、VW、SW、AC、常数
BGN_ITIME EN ENO OUT–????	BITIM OUT	BITIM—触发时间间隔定时器 CITIM—计算时间间隔定时器 　IN：VD、ID、QD、MD、SMD、SD、LD、HC、AC、*VD、*LD、*AC、双字
CAL_ITIME EN ENO ????IN OUT–????	CITIM IN, OUT	OUT：VD、ID、QD、MD、SMD、SD、LD、AC、*VD、*AC、*LD、双字 （注：因输出为双字，最大定时时间为49.7 天。）

2. 时基（对于 TON、TOF、TONR）

按时基脉冲分，则有 1ms、10ms、100ms 三种定时器。不同的时基标准，定时精度、定时范围和定时器刷新的方式不同。

（1）定时精度和定时范围。定时器的工作原理是：使能输入有效后，当前值 PT 对

PLC 内部的时基脉冲增 1 计数，当计数值大于或等于定时器的预置值后，状态位置 1。其中，最小计时单位为时基脉冲的宽度，又为定时精度；从定时器输入有效，到状态位输出有效，经过的时间为定时时间，即：定时时间＝预置值×时基。当前值寄存器为 16bit，最大计数值为 32767，由此可推算不同分辨率的定时器的设定时间范围。CPU22X 系列 PLC 的 256 个定时器分属 TON（TOF）和 TONR 工作方式，以及 3 种时基标准，见表 5.5。可见时基越大，定时时间越长，但精度越差。

表 5.5   **定时器的类型**

工作方式	时基（ms）	最大定时范围（s）	定时器号
TONR	1	32.767	T0，T64
	10	327.67	T1~T4，T65~T68
	100	3276.7	T5~T31，T69~T95
TON/TOF	1	32.767	T32，T96
	10	327.67	T33~T36，T97~T100
	100	3276.7	T37~T63，T101~T255

（2）1ms、10ms、100ms 定时器的刷新方式不同。1ms 定时器每隔 1ms 刷新一次与扫描周期和程序处理无关即采用中断刷新方式。因此当扫描周期较长时，在一个周期内可能被多次刷新，其当前值在一个扫描周期内不一定保持一致。

10ms 定时器则由系统在每个扫描周期开始自动刷新。由于每个扫描周期内只刷新一次，故而每次程序处理期间，其当前值为常数。

100ms 定时器则在该定时器指令执行时刷新。下一条执行的指令，即可使用刷新后的结果，非常符合正常的思路，使用方便可靠。但应当注意，如果该定时器的指令不是每个周期都执行，定时器就不能及时刷新，可能导致出错。

3. 定时器指令工作原理

下面将从原理应用等方面分别叙述通电延时型、记忆型通电延时型、断电延时型、触发时间间隔、计算时间间隔 5 种定时器的使用方法。

（1）通电延时型定时器（TON）指令工作原理。程序及时序分析如图 5.40 所示。当 I0.0 接通时即使能端（IN）输入有效时，驱动 T37 开始计时，当前值从 0 开始递增，计时到设定值 PT 时，T37 状态位置 1，其常开触点 T37 接通，驱动 Q0.0 输出，其后当前值仍增加，但不影响状态位。当前值的最大值为 32767。当 I0.0 断开时，使能端无效时，

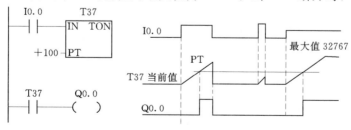

图 5.40   通电延时定时器工作原理分析

T37 复位，当前值清 0，状态位也清 0，即回复原始状态。若 I0.0 接通时间未到设定值时就断开，T37 则立即复位，Q0.0 不会有输出。

（2）记忆型通电延时型定时器（TONR）指令工作原理。使能端（IN）输入有效时（接通），定时器开始计时，当前值递增，当前值大于或等于预置值（PT）时，输出状态位置 1。使能端输入无效（断开）时，当前值保持（记忆），使能端（IN）再次接通有效时，在原记忆值的基础上递增计时。

注意：TONR 记忆型通电延时型定时器采用线圈复位指令 R 进行复位操作，当复位线圈有效时，定时器当前位清零，输出状态位置 0。

程序分析如图 5.41 所示。如 T3，当输入 IN 为 1 时，定时器计时；当 IN 为 0 时，其当前值保持并不复位；下次 IN 再为 1 时，T3 当前值从原保持值开始往上加，将当前值与设定值 PT 比较，当前值大于等于设定值时，T3 状态位置 1，驱动 Q0.0 有输出，以后即使 IN 再为 0，也不会使 T3 复位，要使 T3 复位，必须使用复位指令。

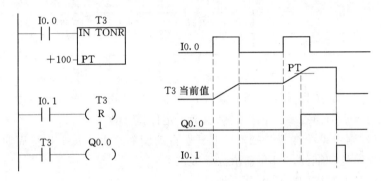

图 5.41　TONR 记忆型通电延时型定时器工作原理分析

（3）断电延时型定时器（TOF）指令工作原理。断电延时型定时器用来在输入断开，延时一段时间后，才断开输出。使能端（IN）输入有效时，定时器输出状态位立即置 1，当前值复位为 0。使能端（IN）断开时，定时器开始计时，当前值从 0 递增，当前值达到预置值时，定时器状态位复位为 0，并停止计时，当前值保持。

如果输入断开的时间，小于预定时间，定时器仍保持接通。IN 再接通时，定时器当前值仍设为 0。断电延时定时器的应用程序及时序分析如图 5.42 所示。

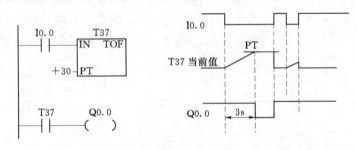

图 5.42　TOF 断电延时型定时器的工作原理

（4）触发时间间隔定时器（BITIM）工作原理。读取内置 1ms 计数器的当前值，并将该值存储于 OUT。双字毫秒值的最大计时间隔为 2 的 32 次方，即 49.7 日。

（5）计算时间间隔定时器（CITIM）工作原理。计算当前时间与 IN 所提供时间的时差，将该时差存储于 OUT。双字毫秒值的最大计时间隔为 2^{32}，即 49.7 日。取决于 BGN_ITIME 指令的执行时间，CAL_ITIME 指令将自动处理发生在最大间隔内的 1ms 定时器翻转。

STL 程序如下：

```
LD       I0.1
LPS
ED
BITIM    VD100
LRD
CITIM    VD100，VD104
LPP
AD>      VD104，604800000
=        Q0.1
```

该程序意为：输入点 I0.1 断开（下降沿）7 天（604800000ms）后，输出点 Q0.1 置位。

小结：

1）以上介绍的 5 种定时器具有不同的功能。通电延时型定时器（TON）用于单一间隔的定时；记忆型通电延时型定时器（TONR）用于累计时间间隔的定时；断电延时型定时器（TOF）用于故障事件发生后的时间延时。

2）TOF 和 TON 共享同一组定时器，不能重复使用。即不能把一个定时器同时用作 TOF 和 TON。例如，不能既有 TON T32，又有 TOF T32。

5.3.2　定时器指令应用举例

1. 一个机器扫描周期的时钟脉冲发生器

梯形图程序如图 5.43 所示，使用定时器本身的常闭触点作定时器的使能输入。定时器的状态位置 1 时，依靠本身的常闭触点的断开使定时器复位，并重新开始定时，进行循环工作。采用不同时基标准的定时器时，会有不同的运行结果，具体分析如下。

（1）T32 为 1ms 时基定时器，每隔 1ms 定时器刷新一次当前值，CPU 当前值若恰好在处理常闭触点和常开触点之间被刷新，Q0.0 可以接通一个扫描周期，但这种情况出现的几率很小，一般情况下，不会正好在这时刷新。若在执行其他指令时，定时时间到，1ms 的定时刷新，使定时器输出状态位置位，常闭触点打开，当前值复位，定时器输出状态位立即复位，所以输出线圈 Q0.0 一般不会通电。

（2）若将图 5.43 中的定时器 T32 换成 T33，时基变为 10ms，当前值在每个扫描周期开始刷新，计时时间到时，扫描周期开始时，定时器输出状态位置位，常闭触点断开，立即将定时器当前值清零，定时器输出状态位复位（为 0）。这样输出线圈 Q0.0 永远不可能

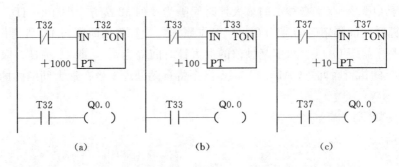

图 5.43　自身常闭触点作使能输入

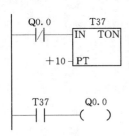

图 5.44　输出线圈的
常闭触点作使能输入

通电。

（3）若用时基为 100ms 的定时器，如 T37，当前指令执行时刷新，Q0.0 在 T37 计时时间到时准确地接通一个扫描周期。可以输出一个断开为延时时间，接通为一个扫描周期的时钟脉冲。

（4）若将输出线圈的常闭触点作为定时器的使能输入，如图 5.44 所示，则无论何种时基都能正常工作。

2. 延时断开电路

如图 5.45 所示。I0.0 接一个输入信号，当 I0.0 接通时，Q0.0 接通并保持，当 I0.0 断开后，经 4s 延时后，Q0.0 断开。T37 同时被复位。

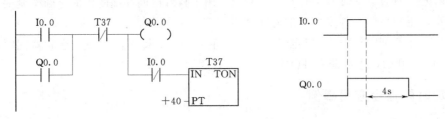

图 5.45　延时断开电路

3. 延时接通和断开

如图 5.46 所示，电路用 I0.0 控制 Q0.1，I0.0 的常开触点接通后，T37 开始定时，9s 后 T37 的常开触点接通，使 Q0.1 变为 ON，I0.0 为 ON 时其常闭触点断开，使 T38 复位。I0.0 变为 OFF 后 T38 开始定时，7s 后 T38 的常闭触点断开，使 Q0.1 变为 OFF，T38 亦被复位。

4. 闪烁电路

图 5.47 中 I0.0 的常开触点接通后，T37 的 IN 输入端为 1 状态，T37 开始定时。2s 后定时时间到，T37 的常开触点接通，使 Q0.0 变为 ON，同时 T38 开始计时。3s 后 T38 的定时时间到，它的常闭触点断开，使 T37 的 IN 输入端变为 0 状态，T37 的常开触点断开，Q0.0 变为 OFF，同时使 T38 的 IN 输入端变为 0 状态，其常闭触点接通，T37 又开始定时，以后 Q0.0 的线圈将这样周期性地"通电"和"断电"，直

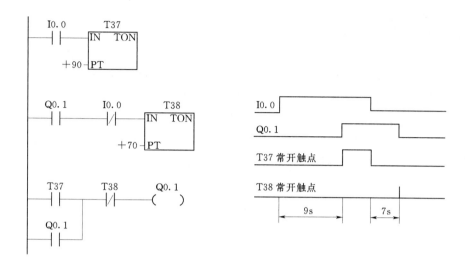

图 5.46　延时接通、断开电路

到 I0.0 变为 OFF，Q0.0 线圈"通电"时间等于 T38 的设定值，"断电"时间等于 T37 的设定值。

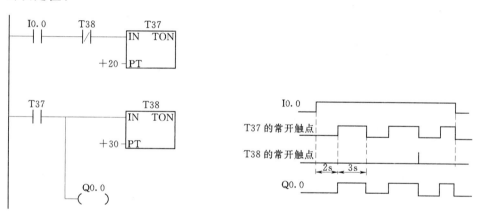

图 5.47　闪烁电路

【例 5.3】　用接在 I0.0 输入端的光电开关检测传送带上通过的产品，有产品通过时 I0.0 为 ON，如果在 10s 内没有产品通过，由 Q0.0 发出报警信号，用 I0.1 输入端接的开关解除报警信号。对应的梯形图如图 5.48 所示。

5.3.3　典型应用：正次品分拣机编程实例

1. 目的

（1）加深对定时器的理解，掌握各类定时器的使用方

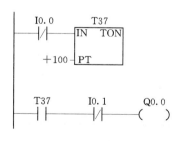

图 5.48　【例 5.3】图

125

法，分析各种定时器的使用方法及不同之处。

（2）理解企业车间产品的分拣原理。

2. 要求

（1）正次品分拣机示意图如图 5.49 所示，用启动和停止按钮控制电动机 M 运行和停止。在电动机运行时，被检测的产品（包括正次品）在皮带上运行。

（2）产品（包括正、次品）在皮带上运行时，S1（检测器）检测到的次品，经过 5s 传送，到达次品剔除位置时，启动电磁铁 Y 驱动剔除装置，剔除次品（电磁铁通电 1s），检测器 S2 检测到的次品，经过 3s 传送，启动 Y，剔除次品；正品继续向前输送。正次品分拣操作流程如图 5.50 所示。

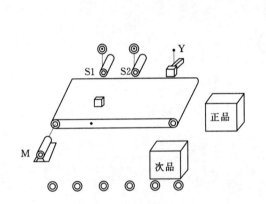

图 5.49　正次品分拣机示意图　　　　图 5.50　正次品分拣操作流程图

3. PLC I/O 端口分配及参考程序

（1）I/O 分配。I/O 分配见表 5.6。

表 5.6　　　　　　　　　　I/O 分 配 表

项　　目	分　　配　　项			
	输入继电器	对应开关/按钮	功能	备注
输入	I0.0	SB$_1$	M 启动按钮	
	I0.1	SB$_2$	M 停止按钮	
	I0.2	S1	检测站 1	
	I0.3	S2	检测站 2	
	输出继电器	负载	功能	备注
输出	Q0.0	M	电动机接触器	传送带驱动
	Q0.1	Y	次品剔除	

（2）参考程序如图 5.51 所示。

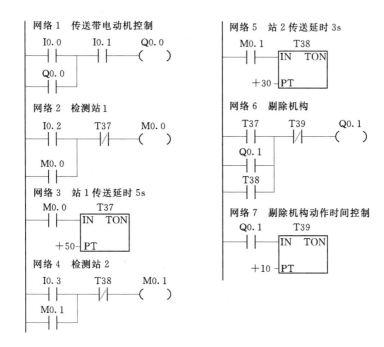

图 5.51 正次品分拣操作参考程序

5.4 计 数 器 指 令

5.4.1 计数器指令介绍

计数器利用输入脉冲上升沿累计脉冲个数。结构主要由一个 16 位的预置值寄存器、一个 16 位的当前值寄存器和一位状态位组成。当前值寄存器用以累计脉冲个数，计数器当前值大于或等于预置值时，状态位置 1。

S7—200 系列 PLC 有三类计数器：CTU—加计数器，CTUD—加/减计数器，CTD—减计数。

1. 计数器指令格式见表 5.7

2. 计数器工作原理分析

（1）加计数器指令（CTU）。当 $R=0$ 时，计数脉冲有效；当 CU 端有上升沿输入时，计数器当前值加 1。当计数器当前值大于或等于设定值（PV）时，该计数器的状态位 C-bit 置 1，即其常开触点闭合。计数器仍计数，但不影响计数器的状态位。直至计数达到最大值（32767）。当 $R=1$ 时，计数器复位，即当前值清零，状态位 C-bit 也清零。加计数器计数范围：0～32767。

（2）加/减计数指令（CTUD）。当 $R=0$ 时，计数脉冲有效；当 CU 端（CD 端）有上升沿输入时，计数器当前值加 1（减 1）。当计数器当前值大于或等于设定值时，C—bit 置 1，即其常开触点闭合。当 $R=1$ 时，计数器复位，即当前值清零，C—bit 也清零。加减计数器计数范围：−32768～32767。

表 5.7　　　　　　　　　　　　计 数 器 的 指 令 格 式

STL	LAD	指 令 使 用 说 明
CTU C×××, PV	???? CU CTU R ???? PV	(1) 梯形图指令符号中：CU 为加计数脉冲输入端；CD 为减计数脉冲输入端；R 为加计数复位端；LD 为减计数复位端；PV 为预置值。 (2) C × × × 为计数器的编号，范围为：C0～C255。 (3) PV 预置值最大范围：32767；PV 的数据类型：INT；PV 操作数为：VW、T、C、IW、QW、MW、SMW、AC、AIW、K。 (4) CTU/CTUD/CD 指令使用要点：STL 形式中 CU、CD、R、LD 的顺序不能错；CU、CD、R、LD 信号可为复杂逻辑关系
CTD C×××, PV	???? CD CTD LD ???? PV	
CTUD C×××, PV	???? CU CTUD CD R ???? PV	

（3）减计数指令（CTD）。当复位 LD 有效时，$LD=1$，计数器把设定值（PV）装入当前值存储器，计数器状态位复位（置 0）。当 $LD=0$，即计数脉冲有效时，开始计数，CD 端每来一个输入脉冲上升沿，减计数的当前值从设定值开始递减计数，当前值等于 0 时，计数器状态位置位（置 1），停止计数。

【例 5.4】　加减计数器指令应用示例、程序及运行时序如图 5.52 所示。

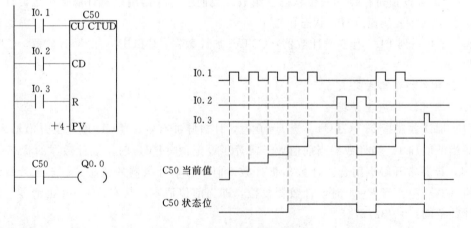

图 5.52　加/减计数器应用示例

【例 5.5】　减计数指令应用示例、程序及运行时序如图 5.53 所示。

128

在复位脉冲 I1.0 有效时，即 I1.0＝1 时，当前值等于预置值，计数器的状态位置 0；当复位脉冲 I1.0＝0，计数器有效，在 CD 端每来一个脉冲的上升沿，当前值减 1 计数，当前值从预置值开始减至 0 时，计数器的状态位 C－bit＝1，Q0.0＝1。在复位脉冲 I1.0 有效时，即 I1.0＝1 时，计数器 CD 端即使有脉冲上升沿，计数器也不减 1 计数。

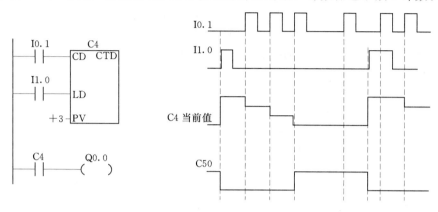

图 5.53　减计数器应用示例

5.4.2　计数器指令应用举例

1. 计数器的扩展

S7—200 系列 PLC 计数器最大的计数范围是 32767，若须更大的计数范围，则须进行扩展。如图 5.54 所示计数器扩展电路。图中是两个计数器的组合电路，C1 形成了一个设定值为 100 次自复位计数器。计数器 C1 对 I0.1 的接通次数进行计数，I0.1 的触点每闭合 100 次 C1 自复位重新开始计数。同时，连接到计数器 C2 端 C1 常开触点闭合，使 C2 计数一次，当 C2 计数到 2000 次时，I0.1 共接通 100×2000 次＝200000 次，C2 的常开触点闭合，线圈 Q0.0 通电。该电路的计数值为两个计数器设定值的乘积，$C_总 ＝ C1 × C2$。

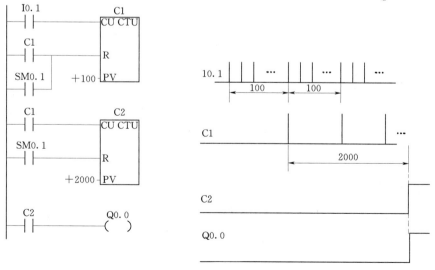

图 5.54　计数器扩展电路

2. 定时器的扩展

S7—200 的定时器的最长定时时间为 3276.7s，如果需要更长的定时时间，可使用图 5.55 所示的电路。图 5.55 中最上面一行电路是一个脉冲信号发生器，脉冲周期等于 T37 的设定值（60s）。I0.0 为 OFF 时，100ms 定时器 T37 和计数器 C4 处于复位状态，它们不能工作。I0.0 为 ON 时，其常开触点接通，T37 开始定时，60s 后 T37 定时时间到，其当前值等于设定值，它的常闭触点断开，使它自己复位，复位后 T37 的当前值变为 0，同时它的常闭触点接通，使它自己的线圈重新"通电"又开始定时，T37 将这样周而复始地工作，直到 I0.0 变为 OFF。

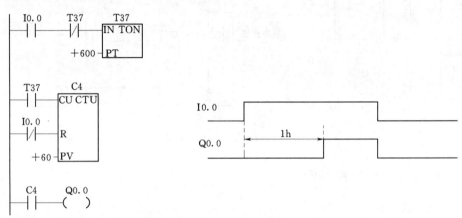

图 5.55　定时器的扩展

T37 产生的脉冲送给 C4 计数器，记满 60 个数（即 1h）后，C4 当前值等于设定值 60，它的常开触点闭合。设 T37 和 C4 的设定值分别为 K_T 和 K_C，对于 100ms 定时器总的定时时间为：$T=0.1K_TK_C(s)$。

3. 自动声光报警操作程序

自动声光报警操作程序用于当电动单梁起重机加载到 1.1 倍额定负荷并反复运行 1h 后，发出声光信号并停止运行。程序如图 5.56 所示。当系统处于自动工作方式时，I0.0 触点为闭合状态，定时器 T50 每 60s 发出一个脉冲信号作为计数器 C1 的计数输入信号，当计数值达 60，即 1h 后，C1 常开触点闭合，Q0.0、Q0.7 线圈同时得电，指示灯灯发光且电铃作响；此时 C1 另一常开触点接通定时器 T51 线圈，10s 后 T51 常闭触点断开 Q0.7 线圈，电铃音响消失，指示灯持续发光直至再一次重新开始运行。

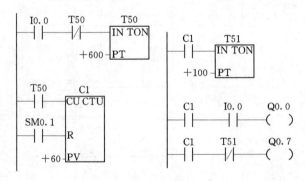

图 5.56　自动声光报警

5.4.3 典型应用：轧钢机控制编程实例

1. 目的

（1）熟悉计数器的使用。

（2）用状态图监视计数器的计数的过程。

（3）用 PLC 构成轧钢机控制系统。

2. 内容

（1）控制要求。如图 5.57 所示。当启动按钮按下，电动机 M_1、M_2 运行，按 S_1 表示检测到物件，电动机 M_3 正转，即 M_{3F} 亮。再按 S_2，电动机 M_3 反转，即 M_{3R} 亮，同时电磁阀 Y1 动作。再按 S_1，电动机 M_3 正转，重复经过三次循环，再按 S_2，则停机一段时间（3s），取出成品后，继续运行，不需要按启动。当按下停止按钮时，必须按启动后方可运行。必须注意不先按 S_1，而按 S_2 将不会有动作。

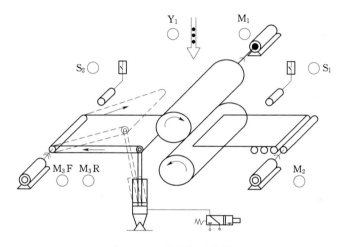

图 5.57 轧钢机示意图

（2）I/O 分配。I/O 分配见表 5.8。

表 5.8   I/O 分 配 表

项目	分 配 项			
	输入继电器	对应开关/按钮	功能	备注
输入	I0.0	SB_1	启动	
	I0.1	S_1	按钮	
	I0.2	S_2	按钮	
	I0.3	SB_2	停止	
	输出继电器	负载	功能	备注
输出	Q0.0	M_1		
	Q0.1	M_2		
	Q0.2	M_{3F}		

续表

项目	分　　配　　项			
	输出继电器	负载	功能	备注
输出	Q0.3	M_{3R}		
	Q0.4	Y_1		

（3）参考梯形图程序如图 5.58 所示。

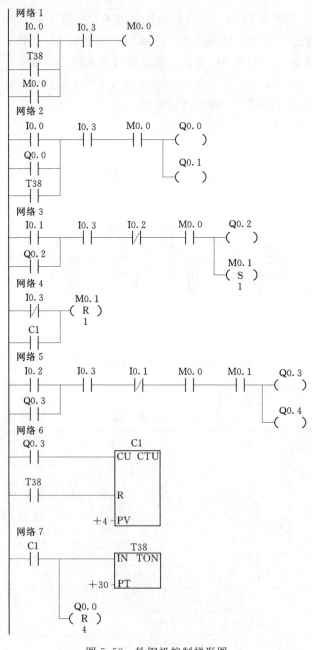

图 5.58　轧钢机控制梯形图

5.5 比 较 指 令

比较指令是将两个操作数按指定的条件比较，操作数可以是整数，也可以是实数，在梯形图中用带参数和运算符的触点表示比较指令，比较条件成立时，触点就闭合，否则断开。比较触点可以装入，也可以串、并联。比较指令为上、下限控制提供了极大的方便。

5.5.1 指令格式

指令格式见表5.9。

表 5.9   比 较 指 令 格 式

STL	LAD	说明
LD□×× IN1 IN 2	IN1 ─┤×□├─ IN2	比较触点接起始母线
LD N A□××IN1 IN 2	N IN1 ─┤├─┤×□├─ IN2	比较触点的"与"
LD N O□×× IN1 IN 2	N ─┤├───── IN1 ──┤×□├── IN2	比较触点的"或"

说明：

(1)"××"表示比较运算符：＝＝ 等于、＜ 小于、＞ 大于、＜＝ 小于等于、＞＝ 大于等于、＜＞不等于。

(2)"□"表示操作数 N1，N2 的数据类型及范围。

(3) B (Byte)：字节比较（无符号整数）（如：LDB＝ IB2，MB2）。

(4) I (INT) / W (Word)：整数比较（有符号整数）（如：AW＞ MW2，VW12）。注意：LAD 中用"I"，STL 中用"W"。

(5) DW (Double Word)：双字的比较（有符号整数）（如：OD＝ VD24，MD4）。

(6) R (Real)：实数的比较（有符号的双字浮点数，仅限于 CPU214 以上）。

(7) N1、N2 操作数的类型包括：I、Q、M、SM、V、S、L、AC、VD、LD、常数。

5.5.2 指令应用举例

【例 5.6】 调整模拟调整电位器0，改变 SMB28 字节数值，当 SMB28 数值小于或等于 50 时，Q0.0 输出，其状态指示灯打开；当 SMB28 数值大于或等于 150 时，Q0.1 输出，状态指示灯打开。梯形图程序如图 5.59 所示。

【例 5.7】 如图 5.60 所示。整数字比较若 VW0 ＞ ＋10000 为真，Q0.2 有输出。程序常被用于显示不同的数据类型。还可以比较存储在可编程内存中的两个数值（VW0＞VW100）。

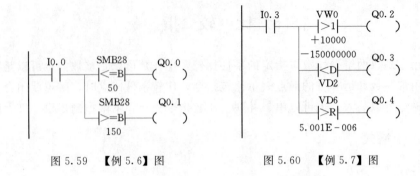

图 5.59　【例 5.6】图　　　　图 5.60　【例 5.7】图

5.6　程序控制类指令

程序控制类指令用于程序运行状态的控制，主要包括系统控制、跳转、循环、子程序调用、顺序控制等指令。

5.6.1　END、STOP、WDR 指令

1. 结束指令

（1）END：条件结束指令，执行条件成立（左侧逻辑值为 1）时结束主程序，返回主程序的第一条指令执行。在梯形图中该指令不连在左侧母线。END 指令只能用于主程序，不能在子程序和中断程序中使用。END 指令无操作数。指令格式如图 5.61 所示。

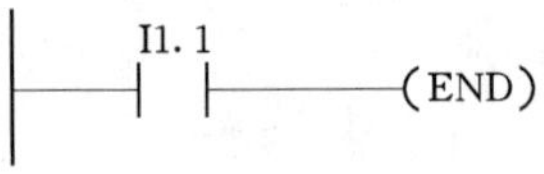

图 5.61　END 指令格式

（2）无条件结束指令，结束主程序，返回主程序的第一条指令执行。在梯形图中无条件结束指令直接连左侧母线。用户必须无条件结束指令，结束主程序。条件结束指令，用在无条件结束指令前结束主程序。在编程结束时一定要写上该指令，否则出错；在调试程序时，在程序的适当位置插入 MEND 指令可以实现程序的分段调试。

必须指出，STEP 7—MicroWin 编程软件，在主程序的结尾自动生成无条件结束指令（MEND）用户不得输入，否则编译出错。

2. 停止指令

STOP：停止指令，执行条件成立，停止执行用户程序，令 CPU 工作方式由 RUN 转到 STOP。在中断程序中执行 STOP 指令，该中断立即终止，并且忽略所有挂起的中断，继续扫描程序的剩余部分，在本次扫描的最后，将 CPU 由 RUN 切换到 STOP。指令格式如图 5.62 所示，其中 SM5.0 为检测到 I/O 错误时置 1，程序意为在此刻强制转换至STOP（停止）模式。

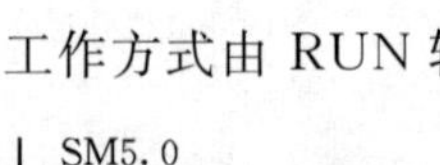

图 5.62　STOP 指令格式

注意：END 和 STOP 有所区别。如图 5.63 所示。

图中，当 I0.0 接通时，Q0.0 有输出，若 I0.1 接通，执行 END 指令，终止用户程序，并返回主程序的起点，这样，Q0.0 仍保持接通，但下面的程序不会执行。若 I0.1 断

开，接通 I0.2，则 Q0.1 有输出，若将 I0.3 接通，则执行 STOP 指令，立即终止程序执行行，Q0.0 与 Q0.1 均复位，CPU 转为 STOP 方式。

3. 警戒时钟刷新指令 WDR（又称看门狗定时器复位指令）

警戒时钟的定时时间为 300ms，每次扫描它都被自动复位一次，正常工作时，如果扫描周期小于 300ms，警戒时钟不起作用。如果强烈的外部干扰使可编程控制器偏离正常的程序执行路线，警戒时钟不再被周期性的复位，定时时间到，可编程控制器将停止运行。若程序扫描的时间超过 300ms，为了防止在正常的情况下警戒时钟动作，可将警戒时钟刷新指令（WDR）插入到程序中适当的地方，使警戒时钟复位。这样，可以增加一次扫描时间。指令格式如图 5.64 所示。程序意为当 M2.5 接通时，重新触发 WDR，允许扩展扫描时间。

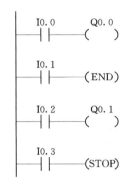

图 5.63　END/STOP 指令的区别　　　　图 5.64　WDR 指令格式

工作原理：当使能输入有效时，警戒时钟复位。可以增加一次扫描时间。若使能输入无效，警戒时钟定时时间到，程序将终止当前指令的执行，重新启动，返回到第一条指令重新执行。注意：如果使用循环指令阻止扫描完成或严重延迟扫描完成，下列程序只有在扫描循环完成后才能执行：通信（自由口方式除外），I/O 更新（立即 I/O 除外），强制更新，SM 更新，运行时间诊断，中断程序中的 STOP 指令。10ms 和 100ms 定时器对于超过 25s 的扫描不能正确地累计时间。

注意：如果预计扫描时间将超过 500ms，或者预计会发生大量中断活动，可能阻止返回主程序扫描超过 500ms，应使用 WDR 指令，重新触发看门狗计时器。

5.6.2　循环、跳转指令

1. 循环指令

（1）指令格式。程序循环结构用于描述一段程序的重复循环执行。由 FOR 和 NEXT 指令构成程序的循环体。FOR 指令标记循环的开始，NEXT 指令为循环体的结束指令。指令格式如图 5.65所示。

在 LAD 中，FOR 指令为指令盒格式，EN 为使能输入端。INDX 为当前值计数器，操作数为：VW、IW、QW、MW、

图 5.65　FOR/NEXT
指令格式

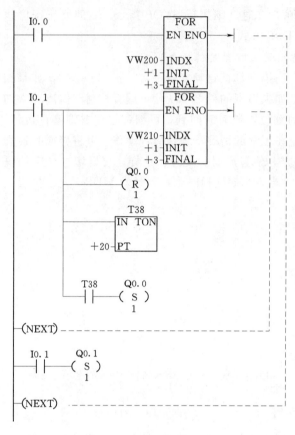

图 5.66　循环指令示例

SW、SMW、LW、T、C、AC。

INIT 为循环次数初始值，操作数为：VW、IW、QW、MW、SW、SMW、LW、T、C、AC、AIW、常数。

FINAL 为循环计数终止值。操作数为：VW、IW、QW、MW、SW、SMW、LW、T、C、AC、AIW、常数。

工作原理：使能输入 EN 有效，循环体开始执行，执行到 NEXT 指令时返回，每执行一次循环体，当前值计数器 INDX 增加 1，达到终止值 FINAL 时，循环结束。

使能输入无效时，循环体程序不执行。每次使能输入有效，指令自动将各参数复位。

FOR/NEXT 指令必须成对使用，循环可以嵌套，最多为 8 层。

（2）循环指令示例。如图 5.66 所示。图中，当 I0.0 为 ON 时，1 所示的外循环执行 3 次，由 VW200 累计循环次数。当 I0.1 为 ON 时，外循环每执行一次，2 所示的内循环执行 3 次，且由 VW210 累计循环次数。

2. 跳转指令及标号

（1）指令格式。

JMP：跳转指令，使能输入有效时，把程序的执行跳转到同一程序指定的标号（n）处执行。

LBL：指定跳转的目标标号。

操作数 n：0～255。

指令格式如图 5.67 所示。

必须强调的是：跳转指令及标号必须同在主程序内或在同一子程序内，同一中断服务程序内，不可由主程序跳转到中断服务程序或子程序，也不可由中断服务程序或子程序跳转到主程序。

（2）跳转指令示例。如图 5.68 所示，当 JMP 条件满足（即 I0.0 为 ON）时程序跳转执行 LBL 标号以后的指令，而在 JMP 和 LBL 之间的指令一概不执行，在这个过程中，即使 I0.1 接通也不会有 Q0.1 输出。当 JMP 条件不满足时，则当 I0.1 接通时 Q0.1 有输出。

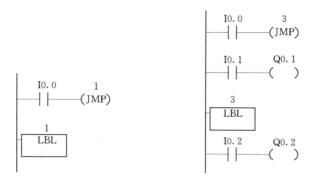

图 5.67　JMP/LBL 指令格式　　　图 5.68　跳转指令示例

（3）应用举例。JMP、LBL 指令在工业现场控制中，常用于工作方式的选择。如有 3 台电动机 M1～M3，具有两种启停工作方式。

1）手动操作方式：分别用每个电动机各自的启停按钮控制 M1～M3 的启停状态。

2）自动操作方式：按下启动按钮，M1～M3 每隔 5s 依次启动；按下停止按钮，M1～M3 同时停止。

PLC 控制的外部接线图、程序结构图、梯形图程序分别如图 5.69（a）、（b）、（c）所示。

从控制要求中可以看出，需要在程序中体现两种可以任意选择的控制方式。所以运用跳转指令的程序结构可以满足控制要求。如图 5.69（b）所示，当操作方式选择开关闭合时，I0.0 的常开触点闭合，跳过手动程序段不执行；I0.0 常闭触点断开，选择自动方式的程序段执行。而操作方式选择开关断开时的情况与此相反，跳过自动方式程序段不执行，选择手动方式程序段执行。

5.6.3　子程序调用及子程序返回指令

通常将具有特定功能并且多次使用的程序段作为子程序。主程序中用指令决定具体子程序的执行状况。当主程序调用子程序并执行时，子程序执行全部指令直至结束。然后，系统将返回至调用子程序的主程序。子程序用于为程序分段和分块，使其成为较小的、更易于管理的块。在程序中调试和维护时，通过使用较小的程序块，对这些区域和整个程序简单地进行调试和排除故障。只在需要时才调用程序块，可以更有效地使用 PLC，因为所有的程序块可能无须执行每次扫描。

在程序中使用子程序，必须执行下列三项任务：建立子程序；在子程序局部变量表中定义参数（如果有）；从适当的 POU（从主程序或另一个子程序）调用子程序。

1. 建立子程序

可采用下列一种方法建立子程序：

（1）从"编辑"菜单，选择插入（Insert）／子程序（Subroutine）。

（2）从"指令树"，用右击"程序块"图标，并从弹出菜单选择插入（Insert）→子程序（Subroutine）。

（3）从"程序编辑器"窗口，用右击，并从弹出菜单选择插入（Insert）→子程序

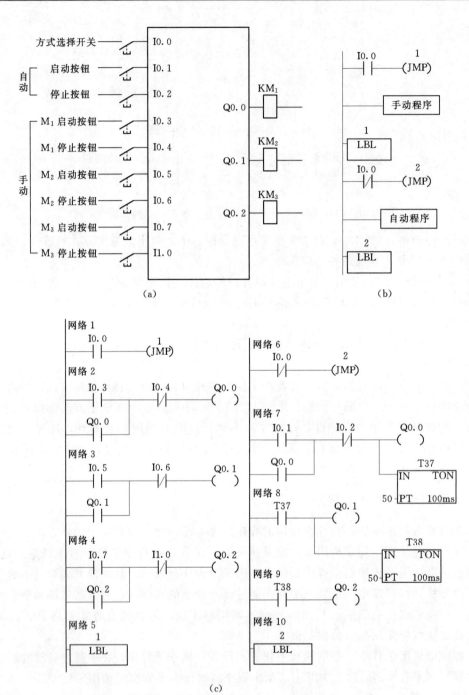

图 5.69　PLC 控制的外部接线图、程序结构图和梯形图程序
(a) PLC 外部接线；(b) 程序结构；(c) 梯形图程序

(Subroutine)。

程序编辑器从先前的 POU 显示更改为新的子程序。程序编辑器底部会出现一个新标签，代表新的子程序。此时，可以对新的子程序编程。

右击指令树中的子程序图标，在弹出的菜单中选择"重新命名"，可修改子程序的名称。如果为子程序指定一个符号名，例如 USR_NAME，该符号名会出现在指令树的"子例行程序"文件夹中。

2. 在子程序局部变量表中定义参数

可以使用子程序的局部变量表为子程序定义参数。注意：程序中每个 POU 都有一个独立的局部变量表，必须在选择该子程序标签后出现的局部变量表中为该子程序定义局部变量。编辑局部变量表时，必须确保已选择适当的标签。每个子程序最多可以定义 16 个输入/输出参数。

3. 子程序调用及子程序返回指令的指令格式

子程序有子程序调用和子程序返回两大类指令，子程序返回又分为条件返回和无条件返回。指令格式如图 5.70 所示。

CALL SBRn：子程序调用指令。在梯形图中为指令盒的形式。子程序的编号 n 从 0 开始，随着子程序个数的增加自动生成。操作数：n：0~63。

CRET：子程序条件返回指令，条件成立时结束该子程序，返回原调用处的指令 CALL 的下一条指令。

RET：子程序无条件返回指令，子程序必须以本指令作结束。由编程软件自动生成。

图 5.70 子程序调用及子程序
返回指令格式

需要说明的是：

（1）子程序可以多次被调用，也可以嵌套（最多 8 层），还可以自己调自己。

（2）子程序调用指令用在主程序和其他调用子程序的程序中，子程序的无条件返指令在子程序的最后网络段，梯形图指令系统能够自动生成子程序的无条件返回指令，用户无须输入。

4. 带参数的子程序调用指令

（1）带参数的子程序的概念及用途。子程序可能有要传递的参数（变量和数据），这时可以在子程序调用指令中包含相应参数，它可以在子程序与调用程序之间传送。如果子程序仅用要传递的参数和局部变量，则为带参数的子程序（可移动子程序）。为了移动子程序，应避免使用任何全局变量/符号（I、Q、M、SM、AI、AQ、V、T、C、S、AC内存中的绝对地址），这样可以导出子程序并将其导入另一个项目。子程序中的参数必须有一个符号名（最多为 23 个字符）、一个变量类型和一个数据类型。子程序最多可传递16 个参数。传递的参数在子程序局部变量表中定义。如图 5.71 所示。

（2）变量的类型。局部变量表中的变量有 IN、OUT、IN/OUT 和 TEMP 等 4 种类型。

IN（输入）型：将指定位置的参数传入子程序。如果参数是直接寻址（例如 VB10），在指定位置的数值被传入子程序。如果参数是间接寻址（例如 *AC1），地址指针指定地址的数值被传入子程序。如果参数是数据常量（16♯1234）或地址（&VB100），常量或地址数值被传入子程序。

IN_OUT（输入—输出）型：将指定参数位置的数值被传入子程序，并将子程序的

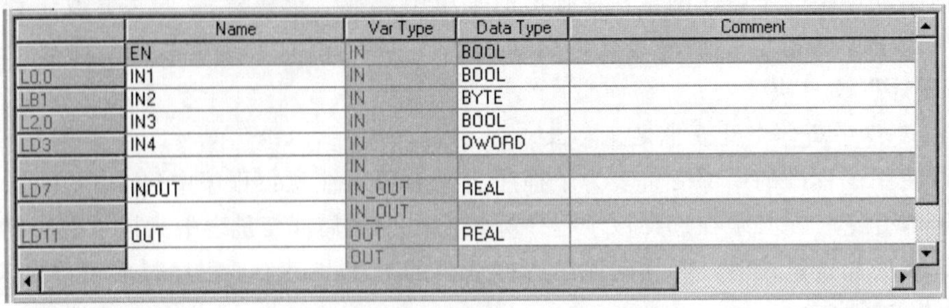

	Name	Var Type	Data Type	Comment
	EN	IN	BOOL	
L0.0	IN1	IN	BOOL	
LB1	IN2	IN	BYTE	
L2.0	IN3	IN	BOOL	
LD3	IN4	IN	DWORD	
		IN		
LD7	INOUT	IN_OUT	REAL	
		IN_OUT		
LD11	OUT	OUT	REAL	
		OUT		

图 5.71 局部变量表

执行结果的数值返回至相同的位置。输入/输出型的参数不允许使用常量（例如 16♯1234）和地址（例如 &VB100）。

OUT（输出）型：将子程序的结果数值返回至指定的参数位置。常量（例如 16♯1234）和地址（例如 &VB100）不允许用作输出参数。

在子程序中可以使用 IN、IN/OUT、OUT 类型的变量和调用子程序 POU 之间传递参数。

TEMP 型：是局部存储变量，只能用于子程序内部暂时存储中间运算结果，不能用来传递参数。

（3）数据类型。局部变量表中的数据类型包括：能流、布尔（位）、字节、字、双字、整数、双整数和实数型。

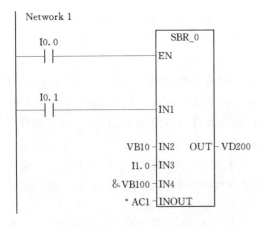

图 5.72 带参数子程序调用

能流：能流仅用于位（布尔）输入。能流输入必须用在局部变量表中其他类型输入之前。只有输入参数允许使用。在梯形图中表达形式为用触点（位输入）将左侧母线和子程序的指令盒连接起来。如图 5.72 中的使能输入（EN）和 IN1 输入使用布尔逻辑。

布尔：该数据类型用于位输入和输出。如图 5.72 中的 IN3 是布尔输入。

字节、字、双字：这些数据类型分别用于 1 个、2 个或 4 个字节不带符号的输入或输出参数。

整数、双整数：这些数据类型分别用于 2 个或 4 个字节带符号的输入或输出参数。

实数：该数据类型用于单精度（4 个字节）IEEE 浮点数值。

（4）建立带参数子程序的局部变量表。局部变量表隐藏在程序显示区，将梯形图显示区向下拖动，可以露出局部变量表，在局部变量表输入变量名称、变量类型、数据类型等参数以后，双击指令树中子程序（或选择点击方框快捷按钮 F9，在弹出的菜单中选择子程序项），在梯形图显示区显示出带参数的子程序调用指令盒。

局部变量表变量类型的修改方法：用光标选中变量类型区，点击鼠标右键得到一个下拉菜单，点击选中的类型，在变量类型区光标所在处可以得到选中的类型。

子程序传递的参数放在子程序的局部存储器（L）中，局部变量表最左列是系统指定的每个被传递参数的局部存储器地址。

（5）带参数子程序调用指令格式。对于梯形图程序，在子程序局部变量表中为该子程序定义参数后（图 5.71），将生成客户化的调用指令块（图 5.72），指令块中自动包含子程序的输入参数和输出参数。在 LAD 程序的 POU 中插入调用指令：第一步，打开程序编辑器窗口中所需的 POU，光标滚动至调用子程序的网络处；第二步，在指令树中，打开"子程序"文件夹然后双击；第三步，为调用指令参数指定有效的操作数。有效操作数为：存储器的地址、常量、全局变量以及调用指令所在的 POU 中的局部变量（并非被调用子程序中的局部变量）。

注意：

1）如果在使用子程序调用指令后，然后修改该子程序的局部变量表，调用指令则无效。必须删除无效调用，并用反映正确参数的最新调用指令代替该调用。

2）子程序和调用程序共用累加器。不会因使用子程序对累加器执行保存或恢复操作。

带参数子程序调用的 LAD 指令格式如图 5.72 所示。图 5.72 中的 STL 主程序是由编程软件 STEP 7—Micro/WIN 从 LAD 程序建立的 STL 代码。注意：系统保留局部变量存储器 L 内存的 4 个字节（LB60 - LB63），用于调用参数。图 5.72 中，L 内存（如 LB60，L63.7）被用于保存布尔输入参数，此类参数在 LAD 中被显示为能流输入。图 5.72 的由 Micro/WIN 从 LAD 图形建立的 STL 代码，可在 STL 视图中显示。

若用 STL 编辑器输入与图 5.72 相同的子程序，语句表编程的调用程序为：

LD I0.0

CALL SBR _ 0 I0.1，VB10，I1.0，&VB100，*AC1，VD200

需要说明的是：该程序只能在 STL 编辑器中显示，因为用作能流输入的布尔参数，未在 L 内存中保存。

子程序调用时，输入参数被拷贝到局部存储器。子程序完成时，从局部存储器拷贝输出参数到指令的输出参数地址。

在带参数的"调用子程序"指令中，参数必须与子程序局部变量表中定义的变量完全匹配。参数顺序必须以输入参数开始，其次是 I/O 参数，然后是输出参数。位于指令树中的子程序名称的工具将显示每个参数的名称。

调用带参数子程序使 $ENO=0$ 的错误条件是：0008（子程序嵌套超界），SM4.3（运行时间）。

5.6.4 步进顺序控制指令

在运用 PLC 进行顺序控制中常采用顺序控制指令，这是一种由功能图设计梯形图的步进型指令。首先用程序流程图来描述程序的设计思想，然后再用指令编写出符合程序设计思想的程序。使用功能流程图可以描述程序的顺序执行、循环、条件分支，程序的合并等功能流程概念。顺序控制指令可以将程序功能流程图转换成梯形图程序，功能流程图是设计梯形图程序的基础。

1. 功能流程图简介

功能流程图是按照顺序控制的思想，根据工艺过程，根据输出量的状态变化，将一个工作周期划分为若干顺序相连的步，在任何一步内，各输出量 ON/OFF 状态不变，但是相邻两步输出量的状态是不同的。所以，可以将程序的执行分成各个程序步，通常用顺序控制继电器的位 S0.0~S31.7 代表程序的状态步。使系统由当前步进入下一步的信号称为转换条件，又称步进条件。转换条件可以是外部的输入信号，如按钮、指令开关、限位开关的接通/断开等；也可以是程序运行中产生的信号，如定时器、计数器的常开触点的接通等；转换条件还可能是若干个信号的逻辑运算的组合。一个 3 步循环步进的功能流程图如图 5.73 所示，功能流程图中的每个方框代表一个状态步，如图中 1、2、3 分别代表程序 3 步状态。与控制过程的初始状态相对应的步称为初始步，用双线框表示。可以分别用 S0.0、S0.1、S0.2 表示上述的 3 个状态步，程序执行到某步时，该步状态位置 1，其余为 0。如执行第一步时，S0.0＝1，而 S0.1、S0.2 全为 0。每步所驱动的负载，称为步动作，用方框中的文字或符号表示，并用线将该方框和相应的步相连。状态步之间用有向连线连接，表示状态步转移的方向，有向连线上没有箭头标注时，方向为自上而下，自左而右。有向连线上的短线表示状态步的转换条件。

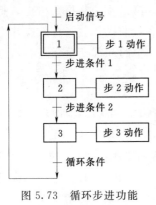

图 5.73　循环步进功能流程图

2. 顺序控制指令

顺序控制用 3 条指令描述程序的顺序控制步进状态，指令格式见表 5.10。

(1) 顺序步开始指令（LSCR）。步开始指令，顺序控制继电器位 $S_{x.y}＝1$ 时，该程序步执行。

(2) 顺序步结束指令（SCRE）。SCRE 为顺序步结束指令，顺序步的处理程序在 LSCR 和 SCRE 之间。

(3) 顺序步转移指令（SCRT）。使能输入有效时，将本顺序步的顺序控制继电器位清零，下一步顺序控制继电器位置 1。

表 5.10　　　　　　　　　　顺序控制指令格式

LAD	STL	说　　　　明
??.? SCR	LSCR n	步开始指令，为步开始的标志，该步的状态元件的位置 1 时，执行该步
??.? —(SCRT)	SCRT n	步转移指令，使能有效时，关断本步，进入下一步。该指令由转换条件的触点启动，n 为下一步的顺序控制状态元件
—(SCRE)	SCRE	步结束指令，为步结束的标志

在使用顺序控制指令时应注意：

1）步进控制指令 SCR 只对状态元件 S 有效。为了保证程序的可靠运行，驱动状态元件 S 的信号应采用短脉冲。

2）当输出需要保持时，可使用 S/R 指令。

3）不能把同一编号的状态元件用在不同的程序中，例如，如果在主程序中使用 S0.1，则不能在子程序中再使用。

4）在 SCR 段中不能使用 JMP 和 LBL 指令。即不允许跳入或跳出 SCR 段，也不允许在 SCR 段内跳转。可以使用跳转和标号指令在 SCR 段周围跳转。

5）不能在 SCR 段中使用 FOR、NEXT 和 END 指令。

3. 应用举例

【例 5.8】 使用顺序控制结构，编写出实现红、绿灯循环显示的程序（要求循环间隔时间为 1s）。

根据控制要求首先画出红绿灯顺序显示的功能流程图，如图 5.74 所示。启动条件为按钮 I0.0，步进条件为时间，状态步的动作为点红灯，熄绿灯，同时启动定时器，步进条件满足时，关断本步，进入下一步。

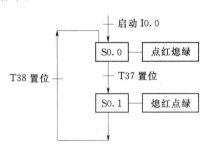

图 5.74 【例 5.8】流程图

梯形图程序如图 5.75 所示。

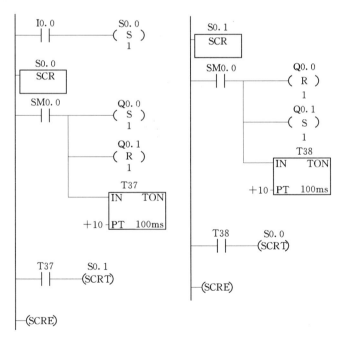

图 5.75 【例 5.8】梯形图程序

分析：当 I0.0 输入有效时，启动 S0.0，执行程序的第一步，输出 Q0.0 置 1（点亮红灯），Q0.1 置 0（熄灭绿灯），同时启动定时器 T37，经过 1s，步进转移指令使得 S0.1 置

1，S0.0 置 0，程序进入第二步，输出点 Q0.1 置 1（点亮绿灯），输出点 Q0.0 置 0（熄灭红灯），同时启动定时器 T38，经过 1s，步进转移指令使得 S0.0 置 1，S0.1 置 0，程序进入第一步执行。如此周而复始，循环工作。

5.6.5　典型应用：送料车控制实例

1．目的

（1）掌握应用 PLC 技术控制送料车编程的思想和方法。

（2）掌握应用顺序功能控制指令编程的方法，增强应用功能指令编程的意识。

2．控制要求

如图 5.76 所示。当小车处于后端时，按下启动按钮，小车向前运行，行至前端压下前限位开关，翻斗门打开装货，7s 后，关闭翻斗门，小车向后运行，行至后端，压下后限位开关，打开小车底门卸货，5s 后底门关闭，完成一次动作。

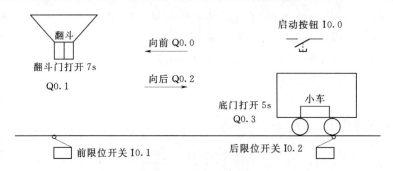

图 5.76　送料小车控制示意图

要求控制送料小车的运行，并具有以下几种运行方式：

（1）手动操作：用各自的控制按钮，一一对应地接通或断开各负载的工作方式。

（2）单周期操作：按下启动按钮，小车往复运行一次后，停在后端等待下次启动。

（3）连续操作：按下启动按钮，小车自动连续往复运动。

3．I/O 分配及外部接线图

（1）I/O 分配。I/O 分配见表 5.11

表 5.11　　　　　　　　　　I/O　分　配　表

项目	分　配　项		
	输入继电器	功能	备注
输入	I0.0	自动启动按钮	连续操作开关
	I0.1	前限位开关	
	I0.2	后限位开关	
	I0.3	手动	工作方式选择开关
	I0.4	自动单周期	
	I0.5	自动连续操作	

续表

项目	分配项		
	输入继电器	功能	备注
输入	I0.6	小车向前	手动操作按钮
	I0.7	小车向后	
	I1.0	翻斗门打开	
	I1.1	底门打开	
	输出继电器	功能	备注
输出	Q0.0	小车向前运行	
	Q0.1	翻斗门打开	
	Q0.2	小车向后运行	
	Q0.3	底门打开	

（2）外部接线图如图 5.77 所示。

4. 程序结构图

总的程序结构如图 5.78 所示，其中包括手动程序和自动程序两个程序块，由跳转指令选择执行。当方式选择开关接通手动操作方式时（图 5.77），I0.3 输入映像寄存器置位为 1，I0.4、I0.5 输入映像寄存器置位为 0。在图 5.78 中，I0.3 常闭触点断开，执行手动程序；I0.4、I0.5 常闭触点均为闭合状态，跳过自动程序不执行。若方式选择开关接通单周期或连续操作方式时，图 5.78 中的 I0.3 触点闭合，I0.4、I0.5 触点断开，使程序跳过手动程序而选择执行自动程序。

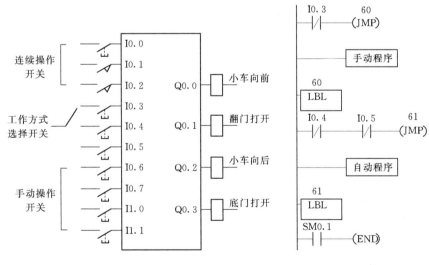

图 5.77　PLC 外部接线图　　　　图 5.78　总程序结构图

5. 手动操作方式的梯形图程序

手动操作方式的梯形图程序如图 5.79 所示。

6. 自动操作的功能流程图和梯形图

自动运行方式的功能流程图如图 5.80 所示。当在 PLC 进入 RUN 状态前就选择了单周期或连续操作方式时，程序一开始运行初始化脉冲 SM0.1，使 S0.0 置位为 1，此时若小车在后限位开关处，且底门关闭，I0.2 常开触点闭合，Q0.3 常闭触点闭合，按下启动按钮，I0.0 触点闭合，则进入 S0.1，关断 S0.0，Q0.0 线圈得电，小车向前运行；小车行至前限位开关处，I0.1 触点闭合，进入 S0.2，关断 S0.1，Q0.1 线圈得电，翻斗门打开装料，7s 后，T37 触点闭合进入 S0.3，关断 S0.2（关闭翻斗门），Q0.2 线圈得电，小车向后行进，小车行至后限位开关处，I0.2 触点闭合，关断 S0.3（小车停止），进入 S0.4，Q0.3 线圈得电，底门打开卸料，5s 后 T38 触点闭合。若为单周期运行方式，I0.4 触点接通，再次进入 S0.0，此时如果按下启动按钮，I0.0 触点闭合，则开始下一周期的运行；若为连续运行方式，I0.5 触点接通，进入 S0.1，Q0.0 线圈得电，小车再次向前行进，实现连续运行。将该功能流程图转换为梯形图，如图 5.81 所示。

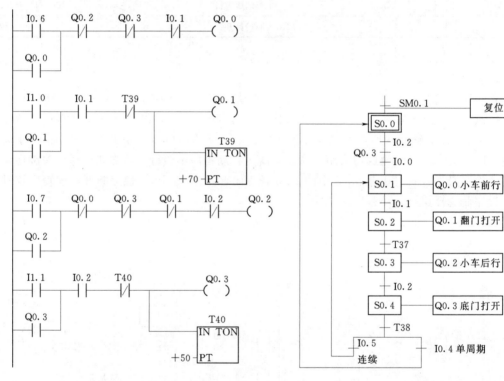

图 5.79　手动操作梯形图　　　　图 5.80　自动操作的功能流程图

7. 调试并运行程序

功能流程图具有良好的可读性，可先阅读功能流程图预测其结果，然后再上机运行程序，观察运行结果，看是否符合控制要求。若出现局部问题可充分利用监控和测试功能进行调试；若出现整体错误，应重新审核程序。对照编程原则和编程方法进行全面的检查。

（1）各状态步的驱动处理的检查。运用监控和测试手段，强制其对应的状态元件激活，若驱动负载还有其他条件，需将这些条件加上，看负载能否驱动。若能正常驱动，表明驱动处理正常，问题在状态转移处理上；若不能正常驱动，表明问题在程序上，需要检

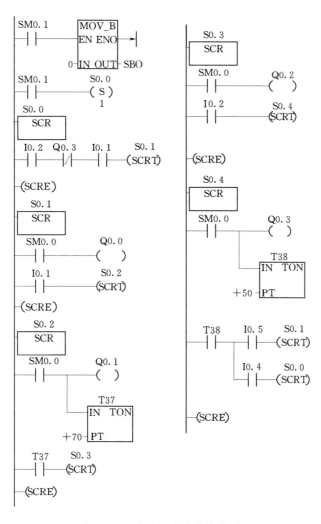

图 5.81 自动操作步进梯形图

查该状态对应的驱动程序。

（2）状态的转移处理的检查。同样运用监控和测试手段，首先使功能流程图的初始化状态激活，依次使转移条件动作，监控各状态能否按规定的顺序进行转移。若不能正常转移，故障可能有以下几种情况：

1）转移条件为 ON 没有任何状态元件动作，则表明编程或写入时转移条件或状态元件的编号错误。

2）状态元件发生跳跃动作，则表明编程或写入时出现混乱。

3）状态元件动作顺序错乱，则表明编程原则和编程方法使用不当，应严格检查程序。

（3）常见的故障。

1）编程错误。没有正确使用编程原则和编程方法；程序书写错误。

2）写入错误。在程序输入 PLC 时出现手误。

5.7　数 据 处 理 指 令

5.7.1　数据传送指令

1. 字节、字、双字、实数单个数据传送指令 MOV

数据传送指令 MOV，用来传送单个的字节、字、双字、实数。指令格式及功能见表 5.12。

表 5.12　　　　　　　　　单个数据传送指令 MOV 指令格式

LAD	MOV_B EN ENO ????-IN OUT-????	MOV_W EN ENO ????-IN OUT-????	MOV_DW EN ENO ????-IN OUT-????	MOV_R EN ENO ????-IN OUT-????
STL	MOVB IN, OUT	MOVW IN, OUT	MOVD IN, OUT	MOVR IN, OUT
操作数及数据类型	IN：VB、IB、QB、MB、SB、SMB、LB、AC、常量 OUT：VB、IB、QB、MB、SB、SMB、LB、AC	IN：VW、IW、QW、MW、SW、SMW、LW、T、C、AIW、常量、AC OUT：VW、T、C、IW、QW、SW、MW、SMW、LW、AC、AQW	IN：VD、ID、QD、MD、SD、SMD、LD、HC、AC、常量 OUT：VD、ID、QD、MD、SD、SMD、LD、AC	IN：VD、ID、QD、MD、SD、SMD、LD、AC、常量 OUT：VD、ID、QD、MD、SD、SMD、LD、AC
	字节	字、整数	双字、双整数	实数
功能	使能输入有效时，即 $EN=1$ 时，将一个输入 IN 的字节、字/整数、双字/双整数或实数送到 OUT 指定的存储器输出。在传送过程中不改变数据的大小。传送后，输入存储器 IN 中的内容不变			

使 $ENO=0$ 即使能输出断开的错误条件是：SM4.3（运行时间），0006（间接寻址错误）。

【例 5.9】　将变量存储器 VW10 中的内容送到 VW100 中。程序如图 5.82 所示。

2. 字节、字、双字、实数数据块传送指令 BLKMOV

图 5.82　【例 5.9】题图

数据块传送指令将从输入地址 IN 开始的 N 个数据传送到输出地址 OUT 开始的 N 个单元中，N 的范围为 1~255，N 的数据类型为：字节。指令格式及功能见表 5.13。

表 5.13　　　　　　　　　数据传送指令 BLKMOV 指令格式

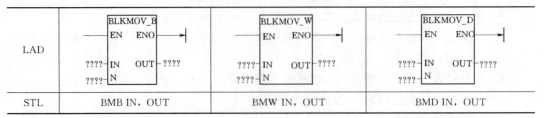

LAD	BLKMOV_B EN ENO ????-IN OUT-???? ????-N	BLKMOV_W EN ENO ????-IN OUT-???? ????-N	BLKMOV_D EN ENO ????-IN OUT-???? ????-N
STL	BMB IN, OUT	BMW IN, OUT	BMD IN, OUT

续表

操作数及数据类型	IN：VB、IB、QB、MB、SB、SMB、LB OUT：VB、IB、QB、MB、SB、SMB、LB 数据类型：字节	IN：VW、IW、QW、MW、SW、SMW、LW、T、C、AIW OUT：VW、IW、QW、MW、SW、SMW、LW、T、C、AQW 数据类型：字	IN/OUT：VD、ID、QD、MD、SD、SMD、LD 数据类型：双字
	N：VB、IB、QB、MB、SB、SMB、LB、AC、常量；数据类型：字节；数据范围：1～255		
功能	使能输入有效时，即 EN＝1 时，把从输入 IN 开始的 N 个字节（字、双字）传送到以输出 OUT 开始的 N 个字节（字、双字）中		

使 ENO＝0 的错误条件：0006（间接寻址错误），0091（操作数超出范围）。

【例 5.10】　程序举例：将变量存储器 VB20 开始的 4 个字节（VB20～VB23）中的数据，移至 VB100 开始的 4 个字节中（VB100～VB103）。程序如图 5.83 所示。

程序执行后，将 VB20～VB23 中的数据 30、31、32、33 送到 VB100～VB103。

执行结果如下：数组 1 数据　30　31　32　33

数据地址　VB20　VB21　VB22　VB23

块移动执行后：数组 2 数据　30　31　32　33

数据地址 VB100 VB101 VB102　VB103

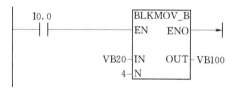

图 5.83　【例 5.10】图

5.7.2　字节交换、字节立即读写指令

1. 字节交换指令

字节交换指令用来交换输入字 IN 的最高位字节和最低位字节。指令格式见表 5.14 所示。

表 5.14　　　　　　　　字节交换指令使用格式及功能

LAD	STL	功　能　及　说　明
	SWAP IN	功能：使能输入 EN 有效时，将输入字 IN 的高字节与低字节交换，结果仍放在 IN 中 IN：VW、IW、QW、MW、SW、SMW、T、C、LW、AC 数据类型：字

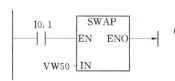

图 5.84　【例 5.11】题图

ENO＝0 的错误条件：0006（间接寻址错误），SM4.3（运行时间）。

【例 5.11】　字节交换指令应用举例。如图 5.84 所示。

程序执行结果：

指令执行之前 VW50 中的字为：D6 C3；指令执行之后 VW50 中的字为：C3 D6。

2. 字节立即读写指令

字节立即读指令（MOV-BIR）读取实际输入端 IN 给出的 1 个字节的数值，并将结果写入 OUT 所指定的存储单元，但输入映像寄存器未更新。

字节立即写指令从输入 IN 所指定的存储单元中读取 1 个字节的数值并写入（以字节为单位）实际输出 OUT 端的物理输出点，同时刷新对应的输出映像寄存器。指令格式及功能见表 5.15。

表 5.15　　　　　　　　　　　　字节立即读写指令格式

LAD	STL	功　能　及　说　明
MOV_BIR EN　ENO ????—IN　OUT—????	BIR IN，OUT	功能：字节立即读 IN：IB OUT：VB、IB、QB、MB、SB、SMB、LB、AC 数据类型：字节
MOV_BIW EN　ENO ????—IN　OUT—????	BIW IN，OUT	功能：字节立即写 IN：VB、IB、QB、MB、SB、SMB、LB、AC、常量 OUT：QB 数据类型：字节

使 $ENO=0$ 的错误条件：0006（间接寻址错误），SM4.3（运行时间）。（注意：字节立即读写指令无法存取扩展模块。）

5.7.3　移位指令及应用举例

移位指令分为左、右移位和循环左、右移位及寄存器移位指令三大类。前两类移位指令按移位数据的长度又分字节型、字型、双字型三种。

1. 左、右移位指令

左、右移位数据存储单元与 SM1.1（溢出）端相连，移出位被放到特殊标志存储器 SM1.1 位。移位数据存储单元的另一端补 0。移位指令格式见表 5.16。

表 5.16　　　　　　　　　　　　移位指令格式及功能

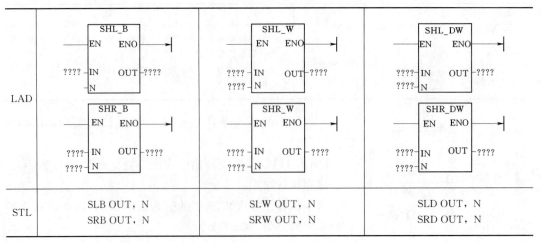

	LAD		
STL	SLB OUT，N SRB OUT，N	SLW OUT，N SRW OUT，N	SLD OUT，N SRD OUT，N

续表

操作数及数据类型	IN：VB、IB、QB、MB、SB、SMB、LB、AC、常量 OUT：VB、IB、QB、MB、SB、SMB、LB、AC 数据类型：字节	IN：VW、IW、QW、MW、SW、SMW、LW、T、C、AIW、AC、常量 OUT：VW、IW、QW、MW、SW、SMW、LW、T、C、AC 数据类型：字	IN：VD、ID、QD、MD、SD、SMD、LD、AC、HC、常量 OUT：VD、ID、QD、MD、SD、SMD、LD、AC 数据类型：双字
	N：VB、IB、QB、MB、SB、SMB、LB、AC、常量 数据类型：字节 数据范围：N≤数据类型（B、W、D）对应的位数		
功能	SHL：字节、字、双字左移 N 位 SHR：字节、字、双字右移 N 位]		

（1）左移位指令（SHL）。使能输入有效时，将输入 IN 的无符号数字节、字或双字中的各位向左移 N 位后（右端补 0），将结果输出到 OUT 所指定的存储单元中，如果移位次数大于 0，最后一次移出位保存在"溢出"存储器位 SM1.1。如果移位结果为 0，零标志位 SM1.0 置 1。

（2）右移位指令。使能输入有效时，将输入 IN 的无符号数字节、字或双字中的各位向右移 N 位后，将结果输出到 OUT 所指定的存储单元中，移出位补 0，最后一移出位保存在 SM1.1。如果移位结果为 0，零标志位 SM1.0 置 1。

（3）使 $ENO=0$ 的错误条件：0006（间接寻址错误），SM4.3（运行时间）。

说明：在 STL 指令中，若 IN 和 OUT 指定的存储器不同，则须首先使用数据传送指令 MOV 将 IN 中的数据送入 OUT 所指定的存储单元。如：

MOVB IN，OUT

SLB OUT，N

2. 循环左、右移位指令

循环移位将移位数据存储单元的首尾相连，同时又与溢出标志 SM1.1 连接，SM1.1 用来存放被移出的位。指令格式见表 5.17。

（1）循环左移位指令（ROL）。使能输入有效时，将 IN 输入无符号数（字节、字或双字）循环左移 N 位后，将结果输出到 OUT 所指定的存储单元中，移出的最后一位的数值送溢出标志位 SM1.1。当需要移位的数值是零时，零标志位 SM1.0 为 1。

（2）循环右移位指令（ROR）。使能输入有效时，将 IN 输入无符号数（字节、字或双字）循环右移 N 位后，将结果输出到 OUT 所指定的存储单元中，移出的最后一位的数值送溢出标志位 SM1.1。当需要移位的数值是零时，零标志位 SM1.0 为 1。

（3）移位次数 N≥数据类型（B、W、D）时的移位位数的处理。如果操作数是字节，当移位次数 N≥8 时，则在执行循环移位前，先对 N 进行模 8 操作（N 除以 8 后取余数），其结果 0～7 为实际移动位数。

如果操作数是字，当移位次数 N≥16 时，则在执行循环移位前，先对 N 进行模 16 操作（N 除以 16 后取余数），其结果 0～15 为实际移动位数。

如果操作数是双字，当移位次数 N≥32 时，则在执行循环移位前，先对 N 进行模 32 操作（N 除以 32 后取余数），其结果 0～31 为实际移动位数。

（4）使 $ENO=0$ 的错误条件：0006（间接寻址错误），SM4.3（运行时间）。

表 5.17　　　　　　　　　　　　　循环左、右移位指令格式及功能

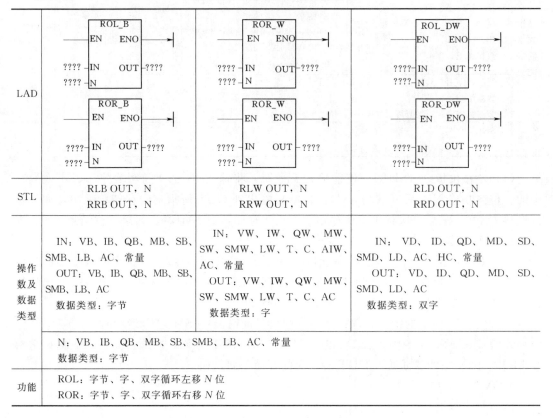

	ROL_B / ROR_B	ROR_W / ROR_W	ROL_DW / ROR_DW
STL	RLB OUT，N RRB OUT，N	RLW OUT，N RRW OUT，N	RLD OUT，N RRD OUT，N
操作数及数据类型	IN：VB、IB、QB、MB、SB、SMB、LB、AC、常量 OUT：VB、IB、QB、MB、SB、SMB、LB、AC 数据类型：字节	IN：VW、IW、QW、MW、SW、SMW、LW、T、C、AIW、AC、常量 OUT：VW、IW、QW、MW、SW、SMW、LW、T、C、AC 数据类型：字	IN：VD、ID、QD、MD、SD、SMD、LD、AC、HC、常量 OUT：VD、ID、QD、MD、SD、SMD、LD、AC 数据类型：双字
	N：VB、IB、QB、MB、SB、SMB、LB、AC、常量 数据类型：字节		
功能	ROL：字节、字、双字循环左移 N 位 ROR：字节、字、双字循环右移 N 位		

说明：在 STL 指令中，若 IN 和 OUT 指定的存储器不同，则须首先使用数据传送指令 MOV 将 IN 中的数据送入 OUT 所指定的存储单元。

如：MOVB　IN，OUT

　　SLB　OUT，N

【例 5.12】　程序应用举例，将 AC0 中的字循环右移 2 位，将 VW200 中的字左移 3 位。程序及运行结果如图 5.85 所示。

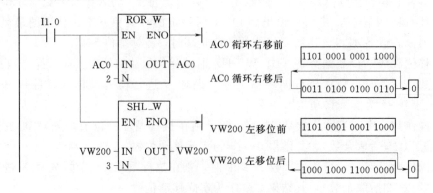

图 5.85　【例 5.12】题图

【例 5.13】 用 I0.0 控制接在 Q0.0～Q0.7 上的 8 个彩灯循环移位，从左到右以 0.5s 的速度依次点亮，保持任意时刻只有一个指示灯亮，到达最右端后，再从左到右依次点亮。

分析：8 个彩灯循环移位控制，可以用字节的循环移位指令。根据控制要求，首先应置彩灯的初始状态为 QB0＝1，即左边第一盏灯亮；接着灯从左到右以 0.5s 的速度依次点亮，即要求字节 QB0 中的"1"用循环左移位指令每 0.5s 移动一位，因此须在 ROL－B 指令的 EN 端接一个 0.5s 的移位脉冲（可用定时器指令实现）。梯形图程序如图 5.86 所示。

3. 移位寄存器指令（SHRB）

移位寄存器指令是可以指定移位寄存器的长度和移位方向的移位指令。其指令格式如图 5.87 所示。

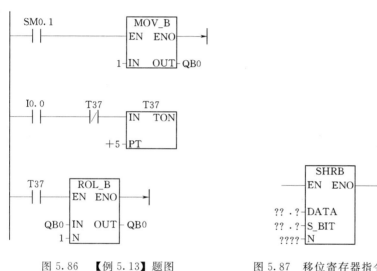

图 5.86 【例 5.13】题图　　　　图 5.87 移位寄存器指令格式

说明：

(1) 移位寄存器指令 SHRB 将 DATA 数值移入移位寄存器。梯形图中，EN 为使能输入端，连接移位脉冲信号，每次使能有效时，整个移位寄存器移动 1 位。DATA 为数据输入端，连接移入移位寄存器的二进制数值，执行指令时将该位的值移入寄存器。S＿BIT 指定移位寄存器的最低位。N 指定移位寄存器的长度和移位方向，移位寄存器的最大长度为 64 位，N 为正值表示左移位，输入数据（DATA）移入移位寄存器的最低位（S＿BIT），并移出移位寄存器的最高位。移出的数据被放置在溢出内存位（SM1.1）中。N 为负值表示右移位，输入数据移入移位寄存器的最高位中，并移出最低位（S＿BIT）。移出的数据被放置在溢出内存位（SM1.1）中。

(2) DATA 和 S－BIT 的操作数为 I、Q、M、SM、T、C、V、S、L。数据类型为：BOOL 变量。N 的操作数为 VB、IB、QB、MB、SB、SMB、LB、AC、常量。数据类型为：字节。

(3) 使 $ENO＝0$ 的错误条件：0006（间接地址），0091（操作数超出范围），0092

（计数区错误）。

（4）移位指令影响特殊内部标志位：SM1.1（为移出的位值设置溢出位）。

【例 5.14】 移位寄存器应用举例。程序及运行结果如图 5.88 所示。

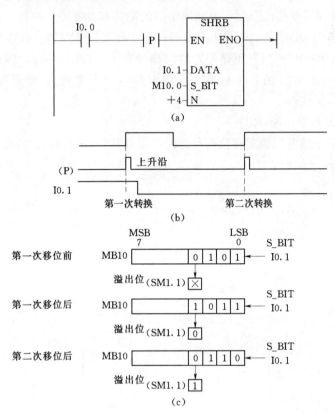

图 5.88　【例 5.14】梯形图程序、时序图及运行结果

(a) 梯形图程序；(b) 时序图；(c) 运行结果

【例 5.15】 用 PLC 构成喷泉的控制。用灯 $L_1 \sim L_{12}$ 分别代表喷泉的 12 个喷水注。

1）控制要求：按下启动按钮后，隔灯闪烁，L_1 亮 0.5s 后灭，接着 L_2 亮 0.5s 后灭，接着 L_3 亮 0.5s 后灭，接着 L_4 亮 0.5s 后灭，接着 L_5、L_9 亮 0.5s 后灭，接着 L_6、L_{10} 亮 0.5s 后灭，接着 L_7、L_{11} 亮 0.5s 后灭，接着 L_8、L_{12} 亮 0.5s 后灭，L_1 亮 0.5s 后灭，如此循环下去，直至按下停止按钮。如图 5.89 所示。

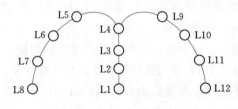

图 5.89　喷泉控制示意图

2）I/O 分配。

输入：I0.0 接（常开）启动按钮，I0.1 接（常闭）停止按钮。

输出：Q0.0 接 L_1，Q0.1 接 L_2，Q0.2 接 L_3，Q0.3 接 L_4，Q0.4 接 L_5、L_9，Q0.5 接 L_6、L_{10}，Q0.6 接 L_7、L_{11}，Q0.7L_8、L_{12}。

3）喷泉控制梯形图如图 5.90 所示。

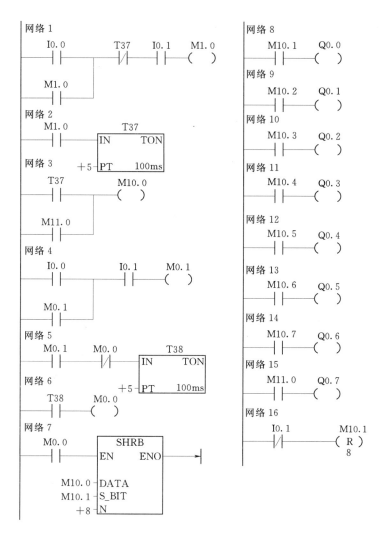

图 5.90 【例 5.15】喷泉模拟控制梯形图

分析：应用移位寄存器控制，根据喷泉模拟控制的 8 位输出（Q0.0～Q0.7），须指定一个 8 位的移位寄存器（M10.1～M11.0），移位寄存器的 S—BIT 位为 M10.1，并且移位寄存器的每一位对应一个输出。如图 5.91 所示，在移位寄存器指令中，EN 连接移位脉冲，每来一个脉冲的上升沿，移位寄存器移动一位。移位寄存器应 0.5s 移一位，因此需要设计一个 0.5s 产生一个脉冲的脉冲发生器（由 T38 构成）。

M10.0 为数据输入端 DATA，根据控制要求，每次只有一个输出，因此只需要在第一个移位脉冲到来时由 M10.0 送入移位寄存器 S—BIT 位（M10.1）一个"1"，第二个脉冲至第八个脉冲到来时由 M10.0 送入 M10.1 的值均为"0"，这在程序中由定时器 T37 延时 0.5s 导通一个扫描周期实现，第八个脉冲到来时 M11.0 置位为 1，同时通过与 T37 并联的 M11.0 常开触点使 M10.0 置位为 1，在第九个脉冲到来时由 M10.0 送入 M10.1 的值又为 1，如此循环下去，直至按下停止按钮。按下常闭停止按钮（I0.1），其对应的常闭触点接通，触发复位指令，使 M10.1～M11.0 的 8 位全部复位。

如果控制要求改为 $L_{12} \rightarrow L_{11} \rightarrow L_{10} \rightarrow L_8 \rightarrow L_1 \rightarrow L_2$、$L_3$、$L_4$、$L_5 \rightarrow L_6$、$L_7$、$L_8$、$L_9$，循环如何修改程序。输入程序，调试观察现象。

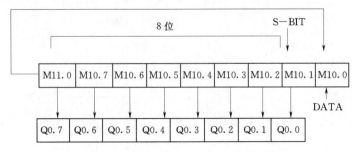

图 5.91　移位寄存器的位与输出对应关系图

5.7.4　转换指令

转换指令是对操作数的类型进行转换，并输出到指定目标地址中去。转换指令包括数据的类型转换、数据的编码和译码指令以及字符串类型转换指令。

不同功能的指令对操作数要求不同。类型转换指令可将固定的一个数据用到不同类型要求的指令中，包括字节与字整数之间的转换，整数与双整数的转换，双字整数与实数之间的转换，BCD 码与整数之间的转换等。

1. 字节与字整数之间的转换

字节型数据与字整数之间转换的指令格式见表 5.18。

表 5.18　　　　　　　　　　字节型数据与字整数之间转换指令

项目	字节转整数	整数转字节
LAD	B_I EN　ENO ????? IN　OUT ????	I_B EN　ENO ????? IN　OUT ????
STL	BTI IN，OUT	ITB IN，OUT
操作数及数据类型	IN：VB、IB、QB、MB、SB、SMB、LB、AC、常量 数据类型：字节 OUT：VW、IW、QW、MW、SW、SMW、LW、T、C、AC 数据类型：整数	IN：VW、IW、QW、MW、SW、SMW、LW、T、C、AIW、AC、常量 数据类型：整数 OUT：VB、IB、QB、MB、SB、SMB、LB、AC 数据类型：字节
功能及说明	BTI 指令将字节数值（IN）转换成整数值，并将结果置入 OUT 指定的存储单元。因为字节不带符号，所以无符号扩展	ITB 指令将字整数（IN）转换成字节，并将结果置入 OUT 指定的存储单元。输入的字整数 0～255 被转换。超出部分导致溢出，SM1.1＝1。输出不受影响
ENO＝0 的错误条件	0006（间接地址），SM4.3（运行时间）	0006（间接地址），SM1.1（溢出或非法数值），SM4.3（运行时间）

2. 字整数与双字整数之间的转换

字整数与双字整数之间的转换格式、功能及说明见表 5.19。

表 5.19　　　　　　　　　　　　字整数与双字整数之间的转换指令

LAD	I_DI EN ENO ????—IN OUT—????	DI_I EN ENO ????—IN OUT—????
STL	ITD IN，OUT	DTI IN，OUT
操作数及数据类型	IN：VW、IW、QW、MW、SW、SMW、LW、T、C、AIW、AC、常量 数据类型：整数 OUT：VD、ID、QD、MD、SD、SMD、LD、AC 数据类型：双整数	IN：VD、ID、QD、MD、SD、SMD、LD、HC、AC，常量 数据类型：双整数 OUT：VW、IW、QW、MW、SW、SMW、LW、T、C、AC 数据类型：整数
功能及说明	ITD 指令将整数值（IN）转换成双整数值，并将结果置入 OUT 指定的存储单元。符号被扩展	DTI 指令将双整数值（IN）转换成整数值，并将结果置入 OUT 指定的存储单元。如果转换的数值过大，则无法在输出中表示，产生溢出 SM1.1＝1，输出不受影响
ENO＝0 的错误条件	0006（间接地址），SM4.3（运行时间）	0006（间接地址），SM1.1（溢出或非法数值），SM4.3（运行时间）

3.双整数与实数之间的转换

双整数与实数之间的转换的转换格式、功能及说明见表 5.20。

表 5.20　　　　　　　　　　　　双字整数与实数之间的转换指令

LAD	DI_R EN ENO ????—IN OUT—????	ROUND EN ENO ????—IN OUT—????	TRUNC EN ENO ????—IN OUT—????
STL	DTR IN，OUT	ROUND IN，OUT	TRUNC IN，OUT
操作数及数据类型	IN：VD、ID、QD、MD、SD、SMD、LD、HC、AC、常量 数据类型：双整数 OUT：VD、ID、QD、MD、SD、SMD、LD、AC 数据类型：实数	IN：VD、ID、QD、MD、SD、SMD、LD、AC、常量 数据类型：实数 OUT：VD、ID、QD、MD、SD、SMD、LD、AC 数据类型：双整数	IN：VD、ID、QD、MD、SD、SMD、LD、AC、常量 数据类型：实数 OUT：VD、ID、QD、MD、SD、SMD、LD、AC 数据类型：双整数
功能及说明	DTR 指令将 32 位带符号整数 IN 转换成 32 位实数，并将结果置入 OUT 指定的存储单元	ROUND 指令按小数部分四舍五入的原则，将实数（IN）转换成双整数值，并将结果置入 OUT 指定的存储单元	TRUNC（截位取整）指令按将小数部分直接舍去的原则，将 32 位实数（IN）转换成 32 位双整数，并将结果置入 OUT 指定存储单元
ENO＝0 的错误条件	0006（间接地址），SM4.3（运行时间）	0006（间接地址），SM1.1（溢出或非法数值），SM4.3（运行时间）	0006（间接地址），SM1.1（溢出或非法数值），SM4.3（运行时间）

值得注意的是：不论是四舍五入取整，还是截位取整，如果转换的实数数值过大，无法在输出中表示，则产生溢出，即影响溢出标志位，使 SM1.1＝1，输出不受影响。

4.BCD 码与整数的转换

BCD 码与整数之间的转换的指令格式、功能及说明，见表 5.21。

表 5.21　　　　　　　　　　　BCD 码与整数之间的转换的指令

LAD	BCD_I EN　ENO ????－IN　OUT－????	I_BCD EN　ENO ????－IN　OUT－????
STL	BCDI OUT	IBCD OUT
操作数 及数据 类型	IN：VW、IW、QW、MW、SW、SMW、LW、T、C、AIW、AC、常量 OUT：VW、IW、QW、MW、SW、SMW、LW、T、C、AC IN/OUT 数据类型：字	
功能及 说明	BCD _ I 指令将二进制编码的十进制数 IN 转换成整数，并将结果送入 OUT 指定的存储单元。IN 的有效范围是 BCD 码 0～9999	I _ BCD 指令将输入整数 IN 转换成二进制编码的十进制数，并将结果送入 OUT 指定的存储单元。IN 的有效范围是 0～9999
ENO＝0 的错误 条件	0006（间接地址），SM1.6（无效 BCD 数值），SM4.3（运行时间）	

注意：

（1）数据长度为字的 BCD 格式的有效范围为：0～9999（十进制），0000～9999（十六进制）0000 0000 0000 0000～1001 1001 1001 1001（BCD 码）。

（2）指令影响特殊标志位 SM1.6（无效 BCD）。

（3）在表 5.20 的 LAD 和 STL 指令中，IN 和 OUT 的操作数地址相同。若 IN 和 OUT 操作数地址不是同一个存储器，对应的语句表指令为：

MOV IN OUT

BCDI OUT

5．译码和编码指令

译码和编码指令的格式和功能见表 5.22。

表 5.22　　　　　　　　　　　译码和编码指令的格式和功能

LAD	DECO EN　ENO ????－IN　OUT－????	ENCO EN　ENO ????－IN　OUT－????
STL	DECO IN，OUT	ENCO IN，OUT
操作数 及数据 类型	IN：VB、IB、QB、MB、SMB、LB、SB、AC、常量 　数据类型：字节 OUT：VW、IW、QW、MW、SMW、LW、SW、AQW、T、C、AC 　数据类型：字	IN：VW、IW、QW、MW、SMW、LW、SW、AIW、T、C、AC、常量 　数据类型：字 OUT：VB、IB、QB、MB、SMB、LB、SB、AC 　数据类型：字节

续表

功能及说明	译码指令根据输入字节（IN）的低 4 位表示的输出字的位号，将输出字的相对应的位，置位为 1，输出字的其他位均置位为 0	编码指令将输入字（IN）最低有效位（其值为 1）的位号写入输出字节（OUT）的低 4 位中
ENO＝0 的错误条件	0006（间接地址），SM4.3（运行时间）	

【例 5.16】 译码编码指令应用举例。如图 5.92 所示。

若（AC2）＝2，执行译码指令，则将输出字 VW40 的第二位置 1，VW40 中的二进制数为 2＃ 0000 0000 0000 0100；若（AC3）＝2＃0000 0000 0000 1100，执行编码指令，则输出字节 VB50 中的数据为 2。

6. 七段显示译码指令

七段显示器的 abcdefg 段分别对应于字节的第 0 位～第 6 位，字节的某位为 1 时，其对应的段亮；输出字节的某位为 0 时，其对应的段暗。将字节的第 7 位补 0，则构成与七段显示器相对应的 8 位编码，称为七段显示码。数字 0～9、字母 A～F 与七段显示码的对应如图 5.93 所示。

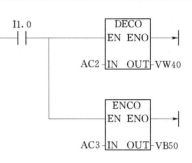

图 5.92 【例 5.16】译码编码指令应用举例

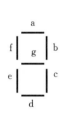

IN	段显示	(OUT) ·gfe dcba		IN	段显示	(OUT) ·gfe dcba
0		0011 1111		8		0111 1111
1		0000 0110		9		0110 0111
2		0101 1011		A		0111 0111
3		0100 1111		B		0111 1100
4		0110 0110		C		0011 1001
5		0110 1101		D		0101 1110
6		0111 1101		E		0111 1001
7		0000 0111		F		0111 0001

图 5.93 与七段显示码对应的代码

七段译码指令 SEG 将输入字节 16＃0～F 转换成七段显示码。指令格见表 5.23。

表 5.23 七 段 显 示 译 码 指 令

LAD	STL	功能及操作数
SEG EN ENO ???? IN OUT ????	SEG IN, OUT	功能：将输入字节（IN）的低四位确定的 16 进制数（16＃0～F），产生相应的七段显示码，送入输出字节 OUT IN：VB、IB、QB、MB、SB、SMB、LB、AC、常量 OUT：VB、IB、QB、MB、SMB、LB、AC IN/OUT 的数据类型：字节

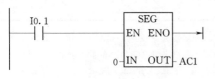

图 5.94　【例 5.17】题图

使 $ENO=0$ 的错误条件：0006（间接地址），SM4.3（运行时间）。

【例 5.17】　编写显示数字 0 的七段显示码的程序。程序实现如图 5.94 所示。

程序运行结果为 AC1 中的值为 16♯3F（2♯ 0011 1111）。

7. ASCII 码与十六进制数之间的转换指令

ASCII 码与十六进制数之间的转换指令指令格式和功能见表 5.24。

表 5.24　　　　　ASCII 码与十六进制数之间转换指令的格式和功能

LAD	ATH EN　ENO ????─IN　OUT─???? ????─LEN	HTA EN　ENO ????─IN　OUT─???? ????─LEN
STL	ATH IN，OUT，LEN	HTA IN，OUT，LEN
操作数及数据类型	IN/ OUT：VB、IB、QB、MB、SB、SMB、LB 数据类型：字节 LEN：VB、IB、QB、MB、SB、SMB、LB、AC、常量 数据类型：字节，最大值为 255	
功能及说明	ASCII 至 HEX（ATH）指令将从 IN 开始的长度为 LEN 的 ASCII 字符转换成十六进制数，放入从 OUT 开始的存储单元	HEX 至 ASCII（HTA）指令将从输入字节（IN）开始的长度为 LEN 的十六进制数转换成 ASCII 字符，放入从 OUT 开始的存储单元
$ENO=0$ 的错误条件	0006（间接地址），SM4.3（运行时间），0091（操作数范围超界），SM1.7［非法 ASCII 数值（仅限 ATH）］	

注意：合法的 ASCII 码对应的十六进制数包括 30H～39H，41H～46H。如果在 ATH 指令的输入中包含非法的 ASCII 码，则终止转换操作，特殊内部标志位 SM1.7 置位为 1。

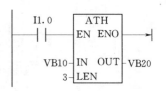

图 5.95　【例 5.18】题图

【例 5.18】　将 VB10～VB12 中存放的 3 个 ASCII 码 33、45、41，转换成十六进制数。

梯形图程序如图 5.95 所示。

程序运行结果如下：

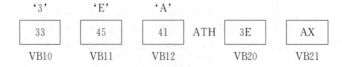

可见将 VB10～VB12 中存放的 3 个 ASCII 码 33、45、41，转换成十六进制数 3E 和

AX，放在 VB20 和 VB21 中，"X"表示 VB21 的"半字节"即低四位的值未改变。

5.8 算术运算、逻辑运算指令

算术运算指令包括加、减、乘、除运算和数学函数变换，逻辑运算包括逻辑与或非指令等。

5.8.1 算术运算指令

1. 整数与双整数加减法指令

整数加法（ADD—I）和减法（SUB—I）指令是：使能输入有效时，将两个 16 位符号整数相加或相减，并产生一个 16 位的结果输出到 OUT。

双整数加法（ADD—D）和减法（SUB—D）指令是：使能输入有效时，将两个 32 位符号整数相加或相减，并产生一个 32 位结果输出到 OUT。

整数与双整数加减法指令格式见表 5.25。

表 5.25　　　　　　　　　　整数与双整数加减法指令格式

LAD	ADD_I —EN　　ENO— —IN1　　OUT— —IN2	SUB_I —EN　　ENO— —IN1　　OUT— —IN2	ADD_DI —EN　　ENO— —IN1　　OUT— —IN2	SUB_DI —EN　　ENO— —IN1　　OUT— —IN2
STL	MOVW IN1, OUT ＋I IN2, 0UT	MOVW IN1, OUT －I IN2, 0UT	MOVD IN1, OUT ＋D IN2, 0UT	MOVD IN1, OUT ＋D IN2, 0UT
功能	IN1＋IN2＝OUT	IN1－IN2＝OUT	IN1＋IN2＝OUT	IN1－IN2＝OUT
操作数 及数据 类型	IN1/IN2：VW、IW、QW、MW、SW、SMW、T、C、AC、LW、AIW、常量、＊VD、＊LD、＊AC ·OUT：VW、IW、QW、MW、SW、SMW、T、C、LW、AC、＊VD、＊LD、＊AC IN/OUT 数据类型：整数		IN1/IN2：VD、ID、QD、MD、SMD、SD、LD、AC、HC、常量、＊VD、＊LD、＊AC OUT：VD、ID、QD、MD、SMD、SD、LD、AC、＊VD、＊LD、＊AC IN/OUT 数据类型：双整数	
ENO＝0 的错误 条件	0006（间接地址），SM4.3（运行时间），SM1.1（溢出）			

说明：

（1）当 IN1、IN2 和 OUT 操作数的地址不同时，在 STL 指令中，首先用数据传送指令将 IN1 中的数值送入 OUT，然后再执行加、减运算，即 OUT＋IN2＝OUT、OUT－IN2＝OUT。为了节省内存，在整数加法的梯形图指令中，可以指定 IN1 或 IN2＝OUT，这样，可以不用数据传送指令。如指定 IN1＝OUT，则语句表指令为：＋I IN2，OUT；如指定 IN2＝OUT，则语句表指令为：＋I IN1，OUT。在整数减法的梯形图指令中，可以指定 IN1＝OUT，则语句表指令为：－I IN2，OUT。这个原则适用于所有的算术运算指令，且乘法和加法对应，减法和除法对应。

（2）整数与双整数加减法指令影响算术标志位 SM1.0（零标志位）、SM1.1（溢出标志位）和 SM1.2（负数标志位）。

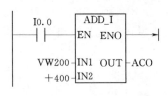

图 5.96　【例 5.19】题图

【例 5.19】　求 5000 加 400 的和，5000 在数据存储器 VW200 中，结果放入 AC0。程序如图 5.96 所示。

2. 整数乘除法指令

整数乘法指令（MUL_I）是：使能输入有效时，将两个 16 位符号整数相乘，并产生一个 16 位积，从 OUT 指定的存储单元输出。

整数除法指令（DIV_I）是：使能输入有效时，将两个 16 位符号整数相除，并产生一个 16 位商，从 OUT 指定的存储单元输出，不保留余数。如果输出结果大于一个字，则溢出位 SM1.1 置位为 1。

双整数乘法指令（MUL_D）：使能输入有效时，将两个 32 位符号整数相乘，并产生一个 32 位乘积，从 OUT 指定的存储单元输出。

双整数除法指令（DIV_D）：使能输入有效时，将两个 32 位整数相除，并产生一个 32 位商，从 OUT 指定的存储单元输出，不保留余数。

整数乘法产生双整数指令（MUL）：使能输入有效时，将两个 16 位整数相乘，得出一个 32 位乘积，从 OUT 指定的存储单元输出。

整数除法产生双整数指令（DIV）：使能输入有效时，将两个 16 位整数相除，得出一个 32 位结果，从 OUT 指定的存储单元输出。其中高 16 位放余数，低 16 位放商。

整数乘除法指令格式见表 5.26。

表 5.26　　　　　　　　　　　　　　整数乘除法指令格式

	MUL_I	DIV_I	MUL_DI	MUL_DI	MUL	DIV
LAD	EN ENO IN1 OUT IN2	EN ENO IN1 OUT IN2	EN ENO IN1 OUT IN2	EN ENO IN1 OUT IN2	EN ENO IN1 OUT IN2	EN ENO IN1 OUT IN2
STL	MOVW IN1, OUT *I IN2, OUT	MOVW IN1, OUT /I IN2, OUT	MOVD IN1, OUT *D IN2, OUT	MOVD IN1, OUT /D IN2, OUT	MOVW IN1, OUT MUL IN2, OUT	MOVW IN1, OUT DIV IN2, OUT
功能	IN1*IN2=OUT	IN1/IN2=OUT	IN1*IN2=OUT	IN1/IN2=OUT	IN1*IN2=OUT	IN1/IN2=OUT

整数双整数乘除法指令操作数及数据类型和加减运算的相同。

整数乘法除法产生双整数指令的操作数：IN1/IN2：VW、IW、QW、MW、SW、SMW、T、C、LW、AC、AIW、常量、*VD、*LD、*AC。数据类型：整数。

OUT：VD、ID、QD、MD、SMD、SD、LD、AC、*VD、*LD、*AC。数据类型：双整数。

使 ENO=0 的错误条件：0006（间接地址），SM1.1（溢出），SM1.3（除数为 0）。

对标志位的影响：SM1.0（零标志位），SM1.1（溢出），SM1.2（负数），SM1.3

（被 0 除）。

【例 5.20】 乘除法指令应用举例，程序如图 5.97 所示。

注意：因为 VD100 包含 VW100 和 VW102 两个字，VD200 包含 VW200 和 VW202 两个字，所以在语句表指令中不需要使用数据传送指令。

3. 实数加减乘除指令

实数加法（ADD_R）、减法（SUB_R）指令：将两个 32 位实数相加或相减，并产生一个 32 位实数结果，从 OUT 指定的存储单元输出。

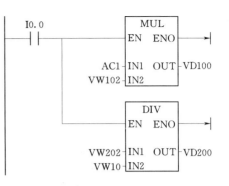

图 5.97 【例 5.20】题图

实数乘法（MUL_R）、除法（DIV_R）指令：使能输入有效时，将两个 32 位实数相乘（除），并产生一个 32 位积（商），从 OUT 指定的存储单元输出。

操作数：IN1/IN2：VD、ID、QD、MD、SMD、SD、LD、AC、常量、* VD、* LD、* AC。

OUT：VD、ID、QD、MD、SMD、SD、LD、AC、* VD、* LD、* AC。

数据类型：实数。

指令格式见表 5.27。

表 5.27　　　　　　　　　　　　　实 数 加 减 乘 除 指 令

	ADD_R EN ENO IN1 OUT IN2	SUB_R EN ENO IN1 OUT IN2	MUL_R EN ENO IN1 OUT IN2	DIV_R EN ENO IN1 OUT IN2
LAD				
STL	MOVD IN1, OUT +R IN2, 0UT	MOVD IN1, OUT −R IN2, 0UT	MOVD IN1, OUT * R IN2, 0UT	MOVD IN1, OUT /R IN2, 0UT
功能	IN1+IN2＝OUT	IN1−IN2＝OUT	IN1 * IN2＝OUT	IN1/IN2＝OUT
ENO＝0 的错误 条件	0006（间接地址），SM4.3（运行时间），SM1.1（溢出）		0006（间接地址），SM1.1（溢出），SM4.3（运行时间），SM1.3（除数为 0）	
对标志位 的影响	SM1.0（零），SM1.1（溢出），SM1.2（负数），SM1.3（被 0 除）			

【例 5.21】 实数运算指令的应用，程序如图 5.98 所示。

4. 数学函数变换指令

数学函数变换指令包括平方根、自然对数、指数、三角函数等。

（1）平方根（SQRT）指令：对 32 位实数（IN）取平方根，并产生一个 32 位实数结果，从 OUT 指定的存储单元输出。

（2）自然对数（LN）指令：对 IN 中的数值进行自然对数计算，并将结果置于 OUT 指定的存储单元中。

求以 10 为底数的对数时，用自然对数除以 2.302585（约等于 10 的自然对数）。

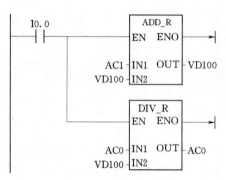

图 5.98 【例 5.21】题图

（3）自然指数（EXP）指令：将 IN 取以 e 为底的指数，并将结果置于 OUT 指定的存储单元中。

将"自然指数"指令与"自然对数"指令相结合，可以实现以任意数为底，任意数为指数的计算。求 y^x，输入以下指令：EXP（x ＊ LN（y））。

例如：求 2^3 ＝ EXP（3 ＊ LN（2））＝ 8；27 的 3 次方根＝ $27^{1/3}$ ＝ EXP（1/3 ＊ LN（27））＝ 3。

（4）三角函数指令：将一个实数的弧度值 IN 分别求 SIN、COS、TAN，得到实数运算结果，从 OUT 指定的存储单元输出。

函数变换指令格式及功能见表 5.28。

表 5.28　　　　　　　　　　　　函数变换指令格式及功能

	SQRT	LN	EXP	SIN	COS	TAN
LAD	EN ENO IN OUT	EN ENO IN OUT	EN ENO IN OUT	EN ENO IN OUT	EN ENO IN OUT	EN ENO IN OUT
STL	SQRT IN, OUT	LN IN, OUT	EXP IN, OUT	SIN IN, OUT	COS IN, OUT	TAN IN, OUT
功能	SQRT (IN) ＝OUT	LN (IN) ＝OUT	EXP (IN) ＝OUT	SIN (IN) ＝OUT	COS (IN) ＝OUT	TAN (IN) ＝OUT
操作数及数据类型	IN：VD、ID、QD、MD、SMD、SD、LD、AC、常量、＊VD、＊LD、＊AC OUT：VD、ID、QD、MD、SMD、SD、LD、AC、＊VD、＊LD、＊AC 数据类型：实数					

使 ENO＝0 的错误条件：0006（间接地址），SM1.1（溢出），SM4.3（运行时间）。

对标志位的影响：SM1.0（零），SM1.1（溢出），SM1.2（负数）。

【例 5.22】 求 45°正弦值。

分析：先将 45°转换为弧度：（3.14159/180）＊45，再求正弦值。程序如图 5.99 所示。

5.8.2 逻辑运算指令

逻辑运算是对无符号数按位进行与、或、异或和取反等操作。操作数的长度有 B、W、DW。指令格式见表 5.29。

（1）逻辑与（WAND）指令：将输入 IN1、IN2 按位相与，得到的逻辑运算结果，放入 OUT 指定的存储单元。

（2）逻辑或（WOR）指令：将输入 IN1、IN2 按位相或，得到的逻辑运算结果，放

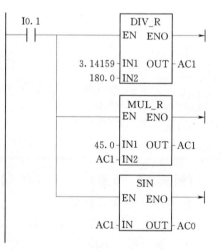

图 5.99 【例 5.22】题图

入 OUT 指定的存储单元。

（3）逻辑异或（WXOR）指令：将输入 IN1、IN2 按位相异或，得到的逻辑运算结果，放入 OUT 指定的存储单元。

（4）取反（INV）指令：将输入 IN 按位取反，将结果放入 OUT 指定的存储单元。

表 5.29 逻辑运算指令格式

	LAD			
LAD	WAND_B EN ENO IN1 OUT IN2	WOR_B EN ENO IN1 OUT IN2	WXOR_B EN ENO IN1 OUT IN2	INV_B EN ENO IN1 OUT
	WAND_W EN ENO IN1 OUT IN2	WOR_W EN ENO IN1 OUT IN2	WXOR_DW EN ENO IN1 OUT IN2	INV_W EN ENO IN1 OUT
	WAND_DW EN ENO IN1 OUT IN2	WOR_DW EN ENO IN1 OUT IN2	WXOR_W EN ENO IN1 OUT IN2	INV_DW EN ENO IN1 OUT
STL	ANDB IN1，OUT ANDW IN1，OUT ANDD IN1，OUT	ORB IN1，OUT ORW IN1，OUT ORD IN1，OUT	XORB IN1，OUT XORW IN1，OUT XORD IN1，OUT	INVB OUT INVW OUT INVD OUT
功能	IN1，IN2 按位相与	IN1，IN2 按位相或	IN1，IN2 按位异或	对 IN 取反

操作数	B	IN1/IN2：VB、IB、QB、MB、SB、SMB、LB、AC、常量、＊VD、＊AC、＊LD OUT：VB、IB、QB、MB、SB、SMB、LB、AC、＊VD、＊AC、＊LD
	W	IN1/IN2：VW、IW、QW、MW、SW、SMW、T、C、AC、LW、AIW、常量、＊VD、＊AC、＊LD OUT：VW、IW、QW、MW、SW、SMW、T、C、LW、AC、＊VD、＊AC、＊LD
	DW	IN1/IN2：VD、ID、QD、MD、SMD、AC、LD、HC、常量、＊VD、＊AC、SD、＊LD OUT：VD、ID、QD、MD、SMD、LD、AC、＊VD、＊AC、SD、＊LD

说明：

1）在表 5.29 中，在梯形图指令中设置 IN2 和 OUT 所指定的存储单元相同，这样对应的语句表指令如表中所示。若在梯形图指令中，IN2（或 IN1）和 OUT 所指定的存储单元不同，则在语句表指令中需使用数据传送指令，将其中一个输入端的数据先送入 OUT，再进行逻辑运算。如 MOVB IN1，OUT

ANDB IN2，OUT

2）$ENO=0$ 的错误条件：0006 间接地址，SM4.3 运行时间。

3）对标志位的影响：SM1.0（零）。

【例 5.23】　逻辑运算编程举例，程序如图 5.100 所示。

运算过程如下：

VB1		VB2		VB2
0001 1100	WAND	1100 1101	→	0000 1100
VW100		VW200		VW300
0001 1101 1111 1010	WOR	1110 0000 1101 1100	→	1111 1101 1111 1110
VB5		VB6		
0000 1111	INV	1111 0000		

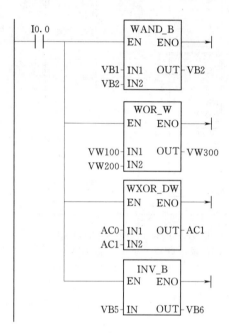

图 5.100　【例 5.23】题图

5.8.3　递增、递减指令

递增、递减指令用于对输入无符号数字节、符号数字、符号数双字进行加 1 或减 1 的操作。指令格式见表 5.30。

1. 递增字节（INC ＿ B）/递减字节（DEC ＿ B）指令

递增字节和递减字节指令在输入字节（IN）上加 1 或减 1，并将结果置入 OUT 指定的变量中。递增和递减字节运算不带符号。

2. 递增字（INC ＿ W）/递减字（DEC ＿ W）指令

递增字和递减字指令在输入字（IN）上加 1 或减 1，并将结果置入 OUT。递增和递减字运算带符号（16 ♯ 7FFF ＞ 16 ♯ 8000）。

3. 递增双字（INC ＿ DW）/递减双字（DEC ＿ DW）指令

递增双字和递减双字指令在输入双字（IN）上加 1 或减 1，并将结果置入 OUT。递增和递减双字运算带符号（16 ♯ 7FFFFFFF ＞ 16 ♯ 80000000）。

表 5.30　　　　　　　　　　　　递增、递减指令格式

LAD	INC_B EN ENO IN OUT DEC_B EN ENO IN OUT		INC_W EN ENO IN OUT DEC_W EN ENO IN OUT		INC_DW EN ENO IN OUT DEC_DW EN ENO IN OUT	
STL	INCB OUT	DECB OUT	INCW OUT	DECW OUT	INCD OUT	DECD OUT
功能	字节加 1	字节减 1	字加 1	字减 1	双字加 1	双字减 1

操作及数据类型	IN：VB、IB、QB、MB、SB、SMB、LB、AC、常量、＊VD、＊LD、＊AC OUT：VB、IB、QB、MB、SB、SMB、LB、AC、＊VD、＊LD、＊AC IN/OUT 数据类型：字节	IN：VW、IW、QW、MW、SW、SMW、AC、AIW、LW、T、C、常量、＊VD、＊LD、＊AC OUT：VW、IW、QW、MW、SW、SMW、LW、AC、T、C、＊VD、＊LD、＊AC 数据类型：整数	IN：VD、ID、QD、MD、SD、SMD、LD、AC、HC、常量、＊VD、＊LD、＊AC OUT：VD、ID、QD、MD、SD、SMD、LD、AC、＊VD、＊LD、＊AC 数据类型：双整数

说明：

1）使 $ENO=0$ 的错误条件：SM4.3（运行时间），0006（间接地址），SM1.1（溢出）

2）影响标志位：SM1.0（零），SM1.1（溢出），SM1.2（负数）。

3）在梯形图指令中，IN 和 OUT 可以指定为同一存储单元，这样可以节省内存，在语句表指令中不需使用数据传送指令。

5.8.4 典型应用：运算单位转换实例

1. 目的

（1）掌握算术运算指令和数据转换指令的应用。

（2）掌握建立状态表及通过强制调试程序的方法。

（3）掌握在工程控制中，进行运算单位转换的方法及步骤。

2. 内容

将英寸转换成厘米，已知 C10 的当前值为英寸的计数值，1 英寸＝2.54 厘米。

3. 写入程序、编译并下载到 PLC

分析：将英寸转换为厘米的步骤为：将 C10 中的整数值英寸→双整数英寸→实数英寸→实数厘米→整数厘米。参考程序如图 5.101 所示。

注意：在程序中，VD0、VD4、VD8、VD12 都是以双字（4 个字节）编址的。

4. 建立状态表，通过强制，调试运行程序

（1）创建状态表。用右击目录树中的状态表图标或单击已经打开的状态表，将弹出一个窗口，在窗口中选择"插入状态表"选项，可创建状态表。在状态表的地址列输入地址 I0.0、C10、AC1、VD0、VD4、VD8、VD12。

（2）启动状态表。与可编程控制器的通信连接成功后，用菜单"调试→状态表"或单击工具条上的状态表图标，可启动状态表，再操作一次关闭状态表。状态表被启动后，编程软件从 PLC 读取状态信息。

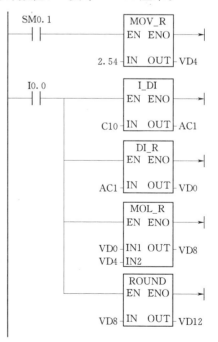

图 5.101 将英寸转换为厘米参考程序

（3）用状态表强制改变数值。通过强制 C，模拟逻辑条件，方法是在显示状态表后，在状态表的地址列中选中"C"操作数，在"新数值"列写入模拟数值，然后单击工具条的"强制"图标🔒，被强制的数值旁边将显示锁定图标♟。

（4）在完成对"C"的"新数值"列的改动后，可以使用"全部写入"，将所有需要的改动发送至 PLC。

（5）运行程序并通过状态表监视操作数的当前值，记录状态表的数据。

5.9　表 功 能 指 令

数据表是用来存放字型数据的表格。表格的第一个字地址即首地址，为表地址，首地址中的数值是表格的最大长度（*TL*），即最大填表数。表格的第二个字地址中的数值是表的实际长度（*EC*），指定表格中的实际填表数。每次向表格中增加新数据后，*EC* 加 1。从第三个字地址开始，存放数据（字）。表格最多可存放 100 个数据（字），不包括指定最大填表数（*TL*）和实际填表数（*EC*）的参数。

要建立表格，首先须确定表的最大填表数。如图 5.102 所示。

确定表格的最大填表数后，可用表功能指令在表中存取字型数据。表功能指令包括填表指令，表取数指令，表查找指令，字填充指令。所有的表格读取和表格写入指令必须用边缘触发指令激活。

5.9.1　填表指令

表填表（ATT）指令：向表格（TBL）中增加一个字（DATA）。如图 5.103 所示。

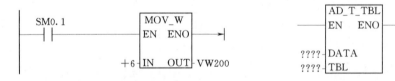

图 5.102　输入表格的最大填表数　　　图 5.103　填表指令的格式

说明：

（1）DATA 为数据输入端，其操作数为 VW、IW、QW、MW、SW、SMW、LW、T、C、AIW、AC、常量、＊VD、＊LD、＊AC；数据类型为整数。

（2）TBL 为表格的首地址，其操作数为 VW、IW、QW、MW、SW、SMW、LW、T、C、＊VD、＊LD、＊AC；数据类型为字。

（3）指令执行后，新填入的数据放在表格中最后一个数据的后面，*EC* 的值自动加 1。

（4）使 *ENO*＝0 的错误条件：0006（间接地址），0091（操作数超出范围），SM1.4（表溢出），SM4.3（运行时间）。

（5）填表指令影响特殊标志位：SM1.4（填入表的数据超出表的最大长度，SM1.4＝1）。

5.9.2　表取数指令

从数据表中取数有先进先出（FIFO）和后进先出（LIFO）两种。执行表取数指令后，实际填表数 EC 值自动减 1。

先进先出指令（FIFO）：移出表格（TBL）中的第一个数（数据 0），并将该数值移至 DATA 指定存储单元，表格中的其他数据依次向上移动一个位置。

后进先出指令（LIFO）：将表格（TBL）中的最后一个数据移至输出端 DATA 指定的存储单元，表格中的其他数据位置不变。

表取数指令格式见表 5.31 所示。

表 5.31 　　　　　　　　　　　　　表 取 数 指 令 格 式

LAD	FIFO —EN ENO— ????—TBL DATA—????	LIFO —EN ENO— ????—TBL DATA—????
STL	FIFO TBL，DATA	LIFO TBL，DATA
说明	输入端 TBL 为数据表的首地址，输出端 DATA 为存放取出数值的存储单元	
操作数 及数据 类型	TBL：VW、IW、QW、MW、SW、SMW、LW、T、C、＊VD、＊LD、＊AC 数据类型：字 DATA：VW、IW、QW、MW、SW、SMW、LW、AC、T、C、AQW、＊VD、＊LD、＊AC 数据类型：整数	

使 ENO＝0 的错误条件：0006（间接地址），0091（操作数超出范围），SM1.5（空表）SM4.3（运行时间）。

对特殊标志位的影响：SM1.5（试图从空表中取数，SM1.5＝1）。

5.9.3　表查找指令

表格查找（TBL＿FIND）指令在表格（TBL）中搜索符合条件的数据在表中的位置（用数据编号表示，编号范围为 0～99）。其指令格式如图 5.104 所示。

1. 梯形图中各输入端的介绍

TBL：为表格的实际填表数对应的地址（第二个字地址），即高于对应的"增加至表格"、"后入先出"或"先入先出"指令 TBL 操作数的一个字地址（两个字节）。TBL 操作数：VW、IW、QW、MW、SW、SMW、LW、T、C、＊VD、＊LD、＊AC；数据类型：字。

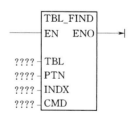

图 5.104　表格查找
指令指令格式

PTN：是用来描述查表条件时进行比较的数据。PTN 操作数：VW、IW、QW、MW、SW、SMW、AIW、LW、T、C、AC、常量、＊VD、＊LD、＊AC；数据类型：整数。

INDX：搜索指针，即从 INDX 所指的数据编号开始查找，并将搜索到的符合条件的数据的编号放入 INDX 所指定的存储器。INDX 操作数：VW、IW、QW、MW、SW、SMW、LW、T、C、AC、＊VD、＊LD、＊AC；数据类型：字。

CMD：比较运算符，其操作数为常量 1～4，分别代表 ＝、＜＞、＜、＞；数据类型：字节。

2. 功能说明

表格查找指令搜索表格时，从 $INDX$ 指定的数据编号开始，寻找与数据 PTN 的关系满足 CMD 比较条件的数据。参数如果找到符合条件的数据，则 $INDX$ 的值为该数据的编号。要查找下一个符合条件的数据，再次使用"表格查找"指令之前须将 $INDX$ 加 1。如果没有找到符合条件的数据，$INDX$ 的数值等于实际填表数 EC。一个表格最多可有 100 数据，数据编号范围：0～99。将 $INDX$ 的值设为 0，则从表格的顶端开始搜索。

3. 使 $ENO=0$ 的错误条件：SM4.3（运行时间），0006（间接地址），0091（操作数超出范围）。

【例 5.24】 查表指令应用举例。从 EC 地址为 VW202 的表中查找等于 16 $\sharp$ 2222 的数。程序及数据表如图 5.105 所示。

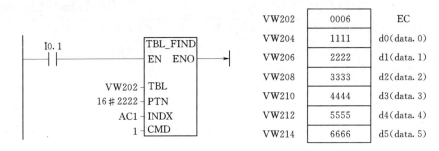

图 5.105 【例 5.24】题图

为了从表格的顶端开始搜索，$AC1$ 的初始值 $=0$，查表指令执行后 $AC1=1$，找到符合条件的数据 1。继续向下查找，先将 $AC1$ 加 1，再激活表查找指令，从表中符合条件的数据 1 的下一个数据开始查找，第二次执行查表指令后，$AC1=4$，找到符合条件的数据 4。继续向下查找，将 $AC1$ 再加 1，再激活表查找指令，从表中符合条件的数据 4 的下一个数据开始查找，第三次执行表查找指令后，没有找到符合条件的数据，$AC1=6$（实际填表数）。

5.9.4 字填充指令

字填充（FILL）指令用输入 IN 存储器中的字值写入输出 OUT 开始 N 个连续的字存储单元中。N 的数据范围：1～255。其指令格式如图 5.106 所示。说明如下：

```
  FILL_N
─┤EN  ENO├─→
????─┤IN  OUT├─????
????─┤N
```

图 5.106 字填充指令格式

（1）IN 为字型数据输入端，操作数为：VW、IW、QW、MW、SW、SMW、LW、T、C、AIW、AC、常量、*VD、*LD、*AC；数据类型为：整数。

N 的操作数为：VB、IB、QB、MB、SB、SMB、LB、AC、常量、*VD、*LD、*AC；数据类型：字节。

OUT 的操作数为：VW、IW、QW、MW、SW、SMW、LW、T、C、AQW、*VD、*LD、*AC；数据类型：整数。

（2）使 $ENO=0$ 的错误条件：SM4.3（运行时间），0006（间接地址），0091（操作

数超出范围）。

【例 5.25】 将 0 填入 VW0～VW18（10 个字）。程序及运行结果如图 5.107 所示。

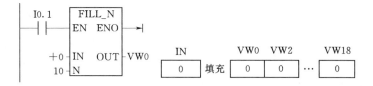

图 5.107 【例 5.25】题图

从图 5.107 中可以看出程序运行结果将从 VW0 开始的 10 个字（20 个字节）的存储
单元清零。

习 题 与 思 考 题

5.1 使用置位、复位指令，编写程序，控制要求如下：

1）启动时，电动机 M_1 启动以后，才能启动电动机 M_2；停止时，电动机 M_1、M_2 同
时停止。

2）启动时，电动机 M_1、M_2 同时启动；停止时，只有在电动机 M_2 停止以后，电动
机 M_1 才能停止。

5.2 设计满足图 5.108 所示时序图的梯形图程序。

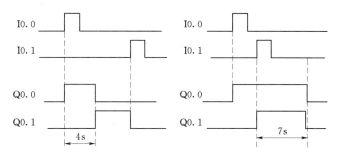

图 5.108 题 5.2 的时序图

5.3 某系统控制要求如下，请根据要求设计出梯形图程序。

按钮 I0.0 按下后，Q0.0 变为 1 状态并自保持，I0.1 输入 3 个脉冲后（用 C1 计数），
T37 开始定时，5s 后，Q0.0 变为 0 状态，同时 C1 被复位，在可编程控制器刚开始时执
行用户程序时，T37 也被复位。

5.4 一个三台电动机的顺序控制系统，启动顺序 $M_1 \rightarrow M_2 \rightarrow M_3$，间隔 5s，I0.0 为启
动信号。停车顺序相反 $M_3 \rightarrow M_2 \rightarrow M_1$，间隔 5s，I0.1 为停车信号。画出功能流程图，并
写出梯形图。运行并调试程序。

5.5 设计周期为 5h，占空比为 25% 的矩形波输出信号程序。

5.6 使用顺序控制结构，编写出实现红、黄、绿三种颜色信号灯循环显示程序（要
求循环间隔时间为 0.5s），并画出该程序设计的功能流程图。

5.7　已知 VB10 = 18，VB20 = 30，VB21 = 33，VB32 = 98。将 VB10，VB30，VB31，VB32 中的数据分别送到 AC1，VB200，VB201，VB202 中。写出梯形图及语句表程序。

5.8　用传送指令控制输出的变化，要求控制 Q0.0～Q0.7 对应的 8 个指示灯，在 I0.0 接通时，使输出隔位接通，在 I0.1 接通时，输出取反后隔位接通。上机调试程序，记录结果。如果改变传送的数值，输出的状态如何变化，从而学会设置输出的初始状态。

5.9　编制检测上升沿变化的程序。每当 I0.0 接通一次，使存储单元 VW0 的值加 1，如果计数达到 5，输出 Q0.0 接通显示，用 I0.1 使 Q0.0 复位。

5.10　用数据类型转换指令实现将厘米转换为英寸（已知 1 英寸 = 2.54 厘米）。

5.11　编写输出字符 8 的七段显示码程序。

5.12　编程实现下列控制功能，假设有 8 个指示灯，从右到左以 0.5s 的速度依次点亮，任意时刻只有一个指示灯亮，到达最左端，再从右到左依次点亮。

5.13　舞台灯光的模拟控制。控制要求：L_1、L_2、L_9 → L_1、L_5、L_8 → L_1、L_4、L_7 → L_1、L_3、L_6 → L_1 → L_2、L_3、L_4、L_5 → L_6、L_7、L_8、L_9 → L_1、L_2、L_6 → L_1、L_3、L_7 → L_1、L_4、L_8 → L_1、L_5、L_9 → L_1 → L_2、L_3、L_4、L_5 → L_6、L_7、L_8、L_9 → L_1、L_2、L_9 → L_1、L_5、L_8、…循环下去（参考 I/O 分配：启动、停止按钮：I0.0、I0.1；L_1 ～ L_9：Q0.0 ～ Q1.0）。

5.14　用算术运算指令完成下列的运算。

1）求 5^3。

2）求 cos30°。

5.15　将 VW100 开始的 20 个字的数据送到 VW200 开始的存储区。

第6章 S7—200系列PLC常用功能
指令及其应用

6.1 立 即 类 指 令

立即类指令是指执行指令时不受 S7—200 循环扫描工作方式的影响，而对实际的 I/O 点立即进行读写操作。立即类指令分为立即读指令和立即输出指令两大类。

（1）立即读指令。用于输入 I 触点，该指令读取实际输入点的状态时，并不更新该输入点对应的输入映像寄存器的值。例如，当实际输入点（位）为 1 时，其对应的立即触点立即接通；当实际输入点（位）为 0 时，其对应的立即触点立即断开。

（2）立即输出指令。用于输出 Q 线圈，执行该指令时，立即将新值写入实际输出点和对应的输出映像寄存器。

立即类指令与非立即类指令不同，非立即指令仅将新值读或写入输入/输出映像寄存器。

立即类指令的格式及说明见表 6.1。

表 6.1 立即类指令的格式及说明

LAD	??.? —┤├—	??.? —┤/├—	??.? —(I)—	??.? —(SI)— ????	??.? —(RI)— ????
STL	LDI bit AI bit OI bit	LDNI bit ANI bit ONI bit	＝I bit	SI bit，N	RI bit，N
说明	常开立即触点可以装载、串联、并联	常闭立即触点可以装载、串联、并联	立即输出	立即置位	立即复位
操作数及数据类型	Bit：I 数据类型：BOOL		Bit：Q 数据类型：BOOL	Bit：Q 数据类型：BOOL N：VB、IB、QB、MB、SMB、SB、LB、AC、常量、＊VD、＊AC、＊LD 数据类型：字节	

6.2 中 断 指 令

S7—200 设置了中断功能，用于实时控制、高速处理、通信和网络等复杂和特殊的控制任务。中断就是终止当前正在运行的程序，去执行为立即响应的信号而编制的中断服务程序，执行完毕再返回原先被终止的程序并继续运行。

6.2.1　中断源

1. 中断源的类型

中断源即发出中断请求的事件，又称为中断事件。为了便于识别，系统给每个中断源都分配一个编号，称为中断事件号。S7—200 系列可编程控制器最多有 34 个中断源，分为三大类，即通信中断、I/O（输入/输出）中断和时基中断。

（1）通信中断。在自由口通信模式下，用户可通过编程来设置波特率、奇偶校验和通信协议等参数。用户通过编程控制通信端口的事件为通信中断。

（2）I/O 中断。包括外部输入上升/下降沿中断、高速计数器中断和高速脉冲输出中断。S7—200 用输入（I0.0、I0.1、I0.2 或 I0.3）上升/下降沿产生中断。这些输入点用于捕获在发生时必须立即处理的事件。高速计数器中断指对高速计数器运行时产生的事件实时响应，包括当前值等于预设值时产生的中断、计数方向的改变时产生的中断或计数器外部复位产生的中断。脉冲输出中断是指预定数目脉冲输出完成而产生的中断。

（3）时基中断。包括定时中断和定时器 T32/T96 中断。定时中断用于支持一个周期性的活动。周期时间从 1～255ms，时基为 1ms。使用定时中断 0 时，必须在 SMB34 中写入周期时间；使用定时中断 1 时，必须在 SMB35 中写入周期时间。将中断程序连接在定时中断事件上，若定时中断被允许，则计时开始，每当达到定时时间值，执行中断程序。定时中断可以用来对模拟量输入进行采样或定期执行 PID 回路。定时器 T32/T96 中断指允许对定时间隔产生中断。这类中断只能用时基为 1ms 的定时器 T32/T96 构成。当中断被启用后，当前值等于预置值时，在 S7—200 执行的正常 1ms 定时器更新的过程中，执行连接的中断程序。

2. 中断优先级和排队等候

优先级是指多个中断事件同时发出中断请求时，CPU 对中断事件响应的优先次序。S7—200 规定的中断优先级由高到低依次是：通信中断、I/O 中断和定时中断。每类中断中不同的中断事件又有不同的优先权，见表 6.2。

表 6.2　　　　　　　　　　中 断 事 件 及 优 先 级

优先级分组	组内优先级	中断事件号	中断事件说明	中断事件类别
通信中断	0	8	通信口 0：接收字符	通信口 0
	0	9	通信口 0：发送完成	
	0	23	通信口 0：接收信息完成	
	1	24	通信口 1：接收信息完成	通信口 1
	1	25	通信口 1：接收字符	
	1	26	通信口 1：发送完成	

优先级分组	组内优先级	中断事件号	中断事件说明	中断事件类别
	0	19	PTO 0 脉冲串输出完成中断	脉冲输出
	1	20	PTO 1 脉冲串输出完成中断	
	2	0	I0.0 上升沿中断	外部输入
	3	2	I0.1 上升沿中断	
	4	4	I0.2 上升沿中断	
	5	6	I0.3 上升沿中断	
	6	1	10.0 下降沿中断	
	7	3	I0.1 下降沿中断	
	8	5	I0.2 下降沿中断	
	9	7	I0.3 下降沿中断	
I/O 中断	10	12	HSC0 当前值＝预置值中断	高速计数器
	11	27	HSC0 计数方向改变中断	
	12	28	HSC0 外部复位中断	
	13	13	HSC1 当前值＝预置值中断	
	14	14	HSC1 计数方向改变中断	
	15	15	HSC1 外部复位中断	
	16	16	HSC2 当前值＝预置值中断	
	17	17	HSC2 计数方向改变中断	
	18	18	HSC2 外部复位中断	
	19	32	HSC3 当前值＝预置值中断	
	20	29	HSC4 当前值＝预置值中断	
	21	30	HSC4 计数方向改变	
	22	31	HSC4 外部复位	
	23	33	HSC5 当前值＝预置值中断	
定时中断	0	10	定时中断 0	定时
	1	11	定时中断 1	
	2	21	定时器 T32 CT＝PT 中断	定时器
	3	22	定时器 T96 CT＝PT 中断	

一个程序中总共可有 128 个中断。S7—200 在各自的优先级组内按照先来先服务的原则为中断提供服务。在任何时刻，只能执行一个中断程序。一旦一个中断程序开始执行，则一直执行至完成，不能被另一个中断程序打断，包括更高优先级的中断程序。中断程序执行中，新的中断请求按优先级排队等候。中断队列能保存的中断个数有限，若超出，则会产生溢出。中断队列的最多中断个数和溢出标志位见表 6.3。

表 6.3　　　　　　　　　　中断队列的最多中断个数和溢出标志位

队列	CPU 221	CPU 222	CPU 224	CPU 226 和 CPU 226XM	溢出标志位
通信中断队列	4	4	4	8	SM4.0
I/O 中断队列	16	16	16	16	SM4.1
定时中断队列	8	8	8	8	SM4.2

6.2.2　中断指令

中断指令有 4 条，包括开、关中断指令，中断连接指令、分离中断指令。指令格式见表 6.4。

表 6.4　　　　　　　　　　中 断 指 令 格 式

LAD	—(ENI)	—(DISI)	ATCH EN　ENO ????—INT ????—EVNT	DTCH EN　ENO ????—EVNT
STL	ENI	DISI	ATCH INT, EVNT	DTCH EVNT
操作数及 数据类型	无	无	INT：常量 0～127 EVNT：常量 CPU 224：0～23；27～33 INT/EVNT 数据类型：字节	EVNT：常量 CPU 224：0～23；27～33 数据类型：字节

1. 开、关中断指令

开中断（ENI）指令全局性允许所有中断事件。关中断（DISI）指令全局性禁止所有中断事件，中断事件的每次出现均被排队等候，直至使用全局开中断指令重新启用中断。

PLC 转换到 RUN（运行）模式时，中断开始时被禁用，可以通过执行开中断指令，允许所有中断事件。执行关中断指令会禁止处理中断，但是现用中断事件将继续排队等候。

2. 中断连接、分离指令

中断连接指令（ATCH）指令将中断事件（EVNT）与中断程序号码（INT）相连接，并启用中断事件。

分离中断（DTCH）指令取消某中断事件（EVNT）与所有中断程序之间的连接，并禁用该中断事件。

注意：一个中断事件只能连接一个中断程序，但多个中断事件可以调用一个中断程序。

6.2.3　中断程序

1. 中断程序的概念

中断程序是为处理中断事件而事先编好的程序。中断程序不是由程序调用，而是在中断事件发生时由操作系统调用。在中断程序中不能改写其他程序使用的存储器，最好使用局部变量。中断程序应实现特定的任务，应"越短越好"，中断程序由中断程序号开始，以无条件返回指令（CRETI）结束。在中断程序中禁止使用 DISI、ENI、HDEF、LSCR 和 END 指令。

2. 建立中断程序的方法

方法一：从"编辑"菜单→选择"插入"（Insert）→"中断"（Interrupt）。

方法二：从指令树，用右击"程序块"图标并从弹出菜单→选择"插入"（Insert）→"中断"（Interrupt）。

方法三：从"程序编辑器"窗口，从弹出菜单右击"插入"（Insert）→"中断"（Interrupt）。

程序编辑器从先前的 POU 显示更改为新中断程序，在程序编辑器的底部会出现一个新标记，代表新的中断程序。

6.2.4 程序举例

【例 6.1】 编写由 I0.1 的上升沿产生的中断事件的初始化程序。

分析：查表 6.2 可知，I0.1 上升沿产生的中断事件号为 2。所以在主程序中用 ATCH 指令将事件号 2 和中断程序 0 连接起来，并全局开中断。主程序如图 6.1 所示。

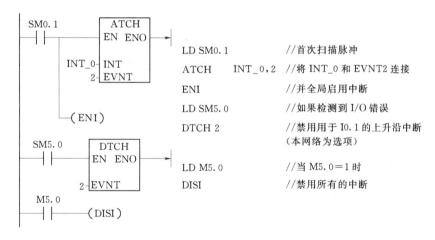

图 6.1 【例 6.1】题图

【例 6.2】 编程完成采样工作，要求每 10ms 采样一次。

分析：完成每 10ms 采样一次，需用定时中断，查表 6.2 可知，定时中断 0 的中断事件号为 10。因此，在主程序中将采样周期（10ms）即定时中断的时间间隔写入定时中断 0 的特殊存储器 SMB34，并将中断事件 10 和 INT _ 0 连接，全局开中断。在中断程序 0 中，将模拟量输入信号读入，程序如图 6.2 所示。

【例 6.3】 利用定时中断功能编制一个程序，实现如下功能：当 I0.0 由 OFF→ON，Q0.0 亮 1s，灭 1s，如此循环反复直至 I0.0 由 ON→OFF，Q0.0 变为 OFF。

程序如图 6.3 所示。

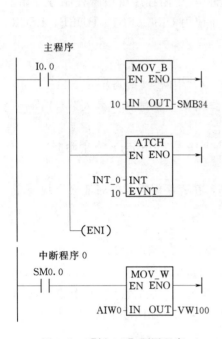

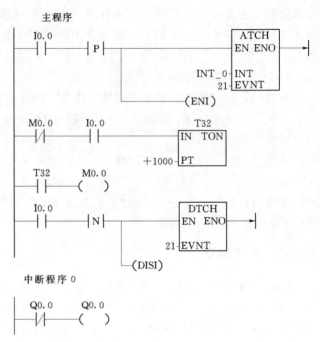

图 6.2　【例 6.2】题图程序

图 6.3　【例 6.3】题图程序

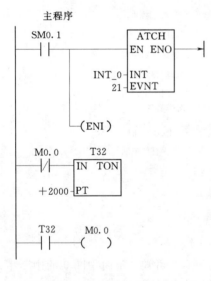

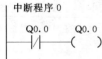

图 6.4　占空比为 50%，周期
为 4s 的方波信号程序

6.2.5　典型应用：中断程序编程实例

1. 目的

（1）熟悉中断指令的使用方法。

（2）掌握定时中断设计程序的方法。

2. 内容

（1）利用 T32 定时中断编写程序，要求产生占空比为 50%，周期为 4s 的方波信号。

（2）用定时中断实现喷泉的模拟控制，控制要求见【例 5.16】。

3. 参考程序

（1）产生占空比为 50%，周期为 4s 的方波信号，主程序和中断程序如图 6.4 所示。

（2）喷泉的模拟控制参考程序如图 6.5 所示。

分析：程序中采用定时中断 0，其中断号为 10，定时中断 0 的周期控制字 SMB34 中的定时时间设定值的范围为 1～255ms。喷泉模拟控制的移位时间为 0.5s，大于定时中断 0 的最大定时时间设定值 255ms，所以将中断的时间间隔设为 100ms，这样中

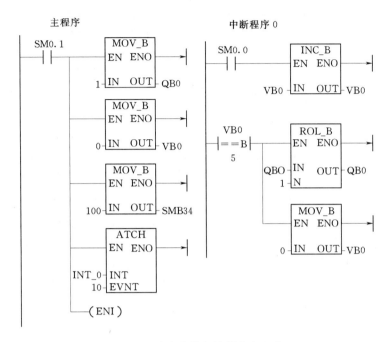

图 6.5 喷泉的模拟控制参考程序

断执行 5 次，其时间间隔为 0.5s，在程序中用 VB0 来累计中断的次数，每执行一次中断，VB0 在中断程序中加 1，当 VB0＝5 时，即时间间隔为 0.5s，QB0 移一位。

6.3 高速计数器与高速脉冲输出指令

前面讲的计数器指令的计数速度受扫描周期的影响，对比 CPU 扫描频率高的脉冲输入，就不能满足控制要求了。为此，SIMATIC S7—200 系列 PLC 设计了高速计数功能（HSC），其计数自动进行，不受扫描周期的影响，最高计数频率取决于 CPU 的类型，CPU22x 系列最高计数频率为 30kHz，用于捕捉比 CPU 扫描速更快的事件，并产生中断，执行中断程序，完成预定的操作。高速计数器最多可设置 12 种不同的操作模式。用高速计数器可以实现高速运动的精确控制。

SIMATIC S7—200 CPU22x 系列 PLC 还设有高速脉冲输出，输出频率可达 20kHz，用于 PTO（输出一个频率可调，占空比为 50％的脉冲）和 PWM（输出占空比可调的脉冲），高速脉冲输出的功能可用于对电动机进行速度控制及位置控制，并控制变频器使电动机调速。

6.3.1 高速计数器的占用的输入/输出端子

1. 高速计数器占用输入端子

CPU224 有 6 个高速计数器，其占用的输入端子见表 6.5。

各高速计数器不同的输入端有专用的功能，如时钟脉冲端、方向控制端、复位端、启动端。

表 6.5　　　　　　　　　　　　　　高速计数器占用的输入端子

高速计数器	使用的输入端子	高速计数器	使用的输入端子
HSC0	I0.0、I0.1、I0.2	HSC3	I0.1
HSC1	I0.6、I0.7、I1.0、I1.1	HSC4	I0.3、I0.4、I0.5
HSC2	I1.2、I1.3、I1.4、I1.5	HSC5	I0.4

注意：同一个输入端不能用于两种不同的功能。但是高速计数器当前模式未使用的输入端均可用于其他用途，如作为中断输入端或作为数字量输入端。例如，如果在模式 2 中使用高速计数器 HSC0，模式 2 使用 I0.0 和 I0.2，则 I0.1 可用于边缘中断或用于 HSC3。

2. 高速脉冲输出占用的输出端子

S7—200 有 PTO、PWM 两台高速脉冲发生器。PTO 脉冲串功能可输出指定个数、指定周期的方波脉冲（占空比 50%）；PWM 功能可输出脉宽变化的脉冲信号，用户可以指定脉冲的周期和脉冲的宽度。若一台发生器指定给数字输出点 Q0.0，另一台发生器则指定给数字输出点 Q0.1。当 PTO、PWM 发生器控制输出时，将禁止输出点 Q0.0、Q0.1 的正常使用；当不使用 PTO、PWM 高速脉冲发生器时，输出点 Q0.0、Q0.1 恢复正常使用，即由输出映像寄存器决定其输出状态。

6.3.2　高速计数器的工作模式

1. 高速计数器的计数方式

（1）单路脉冲输入的内部方向控制加/减计数。即只有一个脉冲输入端，通过高速计数器的控制字节的第 3 位来控制作加计数或者减计数。该位等于 1，加计数；该位等于 0，减计数。如图 6.6 所示为内部方向控制的单路加/减计数。

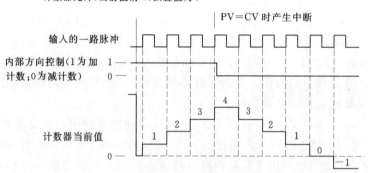

图 6.6　内部方向控制的单路加/减计数

（2）单路脉冲输入的外部方向控制加/减计数。即有一个脉冲输入端，有一个方向控制端，方向输入信号等于 1 时，加计数；方向输入信号等于 0 时，减计数。如图 6.7 所示为外部方向控制的单路加/减计数。

（3）两路脉冲输入的单相加/减计数。即有两个脉冲输入端，一个是加计数脉冲，一个是减计数脉冲，计数值为两个输入端脉冲的代数和，如图 6.8 所示。

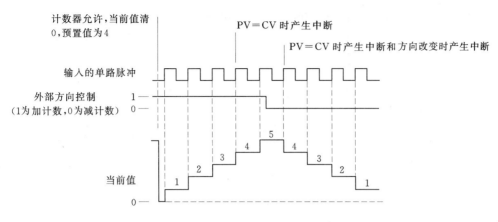

图 6.7 外部方向控制的单路加/减计数

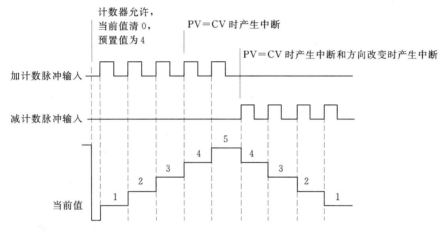

图 6.8 两路脉冲输入的加/减计数

（4）两路脉冲输入的双相正交计数。即有两个脉冲输入端，输入的两路脉冲 A 相、B相，相位互差 90°（正交），A 相超前 B 相 90°时，加计数；A 相滞后 B 相 90°时，减计数。在这种计数方式下，可选择 1×模式（单倍频，一个时钟脉冲计一个数）和 4×模式（4倍频，一个时钟脉冲计 4 个数），如图 6.9 和图 6.10 所示。

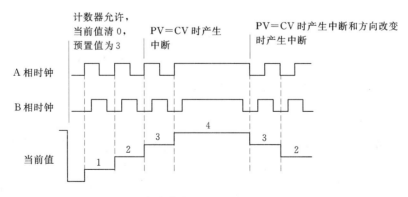

图 6.9 两路脉冲输入的双相正交计数 1×模式

181

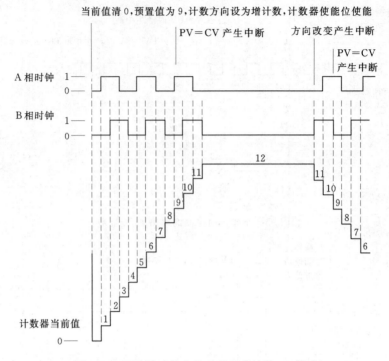

图 6.10　两路脉冲输入的双相正交计数 4×模式

2. 高速计数器的工作模式

高速计数器有 12 种工作模式,模式 0~模式 2 采用单路脉冲输入的内部方向控制加/减计数;模式 3~模式 5 采用单路脉冲输入的外部方向控制加/减计数;模式 6~模式 8 采用两路脉冲输入的加/减计数;模式 9~模式 11 采用两路脉冲输入的双相正交计数。

S7—200 CPU224 有 HSC0~HSC5 共 6 个高速计数器,每个高速计数器有多种不同的工作模式。HSC0 和 HSC4 有模式 0、1、3、4、6、7、8、9、10;HSC1 和 HSC2 有模式 0~模式 11;HSC3 和 HSC5 有模式只有模式 0。每种高速计数器所拥有的工作模式和其占有的输入端子的数目有关,见表 6.6。

选用某个高速计数器在某种工作方式下工作后,高速计数器所使用的输入不是任意选择的,必须按系统指定的输入点输入信号。如 HSC1 在模式 11 下工作,就必须用 I0.6 为 A 相脉冲输入端,I0.7 为 B 相脉冲输入端,I1.0 为复位端,I1.1 为启动端。

6.3.3　高速计数器的控制字和状态字

1. 控制字节

定义了计数器和工作模式之后,还要设置高速计数器的有关控制字节。每个高速计数器均有一个控制字节,该控制字节包的内容有:允许或禁用,方向控制(仅限模式 0、1 和 2)或对所有其他模式的初始化计数方向,装入当前值和预置值。控制字节每个控制位的说明见表 6.7。

表 6.6　　　　　　　高速计数器的工作模式和输入端子的关系及说明

	功能及说明	占用的输入端子及其功能			
HSC 编号及 其对应的输入 HSC 模式	HSC0	I0.0	I0.1	I0.2	×
	HSC4	I0.3	I0.4	I0.5	×
	HSC1	I0.6	I0.7	I1.0	I1.1
	HSC2	I1.2	I1.3	I1.4	I1.5
	HSC3	I0.1	×	×	×
	HSC5	I0.4	×	×	×
0	单路脉冲输入的内部方向控制加/减计数。 控制字 SM37.3＝0，减计数；SM37.3＝1， 加计数	脉冲输入端	×	×	×
1			×	复位端	×
2			×	复位端	启动
3	单路脉冲输入的外部方向控制加/减计数。 方向控制端＝0，减计数；方向控制端＝1， 加计数	脉冲输入端	方向控制端	×	×
4				复位端	×
5				复位端	启动
6	两路脉冲输入的单相加/减计数。 加计数有脉冲输入，加计数； 减计数端脉冲输入，减计数	加计数脉冲 输入端	减计数脉冲 输入端	×	×
7				复位端	×
8				复位端	启动
9	两路脉冲输入的双相正交计数。 A 相脉冲超前 B 相脉冲，加计数； A 相脉冲滞后 B 相脉冲，减计数	A 相脉冲 输入端	B 相脉冲 输入端	×	×
10				复位端	×
11				复位端	启动

注　表中×表示没有。

表 6.7　　　　　　　　　　　HSC 的 控 制 字 节

HSC0	HSC1	HSC2	HSC3	HSC4	HSC5	说　　　明
SM37.0	SM47.0	SM57.0		SM147.0		复位有效电平控制： 0 表示复位信号高电平有效；1 表示低电平 有效
	SM47.1	SM57.1				启动有效电平控制： 0 表示启动信号高电平有效；1 表示低电平 有效
SM37.2	SM47.2	SM57.2		SM147.2		正交计数器计数速率选择： 0 表示 4×计数速率；1 表示 1×计数速率
SM37.3	SM47.3	SM57.3	SM137.3	SM147.3	SM157.3	计数方向控制位： 0 表示减计数；1 表示加计数
SM37.4	SM47.4	SM57.4	SM137.4	SM147.4	SM157.4	向 HSC 写入计数方向： 0 表示无更新；1 表示更新计数方向
SM37.5	SM47.5	SM57.5	SM137.5	SM147.5	SM157.5	向 HSC 写入新预置值： 0 表示无更新；1 表示更新预置值
SM37.6	SM47.6	SM57.6	SM137.6	SM147.6	SM157.6	向 HSC 写入新当前值： 0 表示无更新；1 表示更新当前值
SM37.7	SM47.7	SM57.7	SM137.7	SM147.7	SM157.7	HSC 允许： 0 表示禁用 HSC；1 表示启用 HSC

2. 状态字节

每个高速计数器都有一个状态字节,状态位表示当前计数方向以及当前值是否不小于预置值。每个高速计数器状态字节的状态位见表 6.8。状态字节的 0～4 位不用。监控高速计数器状态的目的是使外部事件产生中断,以完成重要的操作。

表 6.8　　　　　　　　　　　　　　　高速计数器状态字节的状态位

HSC0	HSC1	HSC2	HSC3	HSC4	HSC5	说　　明
SM36.5	SM46.5	SM56.5	SM136.5	SM146.5	SM156.5	当前计数方向状态位: 0 表示减计数;1 表示加计数
SM36.6	SM46.6	SM56.6	SM136.6	SM146.6	SM156.6	当前值等于预设值状态位: 0 表示不相等;1 表示相等
SM36.7	SM46.7	SM56.7	SM136.7	SM146.7	SM156.7	当前值大于预设值状态位: 0 不大于;1 表示大于

6.3.4　高速计数器指令及举例

1. 高速计数器指令

高速计数器指令有两条,即高速计数器定义指令 HDEF 和高速计数器指令 HSC。指令格式见表 6.9。

(1) 高速计数器定义指令 HDEF。指令指定高速计数器 (HSCx) 的工作模式。工作模式的选择即选择了高速计数器的输入脉冲、计数方向、复位和启动功能。每个高速计数器只能用一条“高速计数器定义”指令。

(2) 高速计数器指令 HSC。根据高速计数器控制位的状态和按照 HDEF 指令指定的工作模式,控制高速计数器。参数 N 指定高速计数器的号码。

表 6.9　　　　　　　　　　　　　　　高速计数器指令格式

LAD	HDEF EN　ENO ????-HSC ????-MODE	HSC EN　ENO ????-N
STL	HDEF HSC、MODE	HSC N
功能说明	高速计数器定义指令 HDEF	高速计数器指令 HSC
操作数	HSC:高速计数器的编号,为常量 (0～5) 数据类型:字节 MODE 工作模式,为常量 (0～11) 数据类型:字节	N:高速计数器的编号,为常量 (0～5) 数据类型:字
ENO=0 的 出错条件	SM4.3 (运行时间),0003 (输入点冲突), 0004 (中断中的非法指令),000A (HSC 重复定义)	SM4.3 (运行时间),0001 (HSC 在 HDEF 之前),0005 (HSC/PLS 同时操作)

2. 高速计数器指令的使用

（1）每个高速计数器都有一个 32 位当前值和一个 32 位预置值，当前值和预设值均为带符号的整数值。要设置高速计数器的新当前值和新预置值，必须设置控制字节（表6.7），令其第 5 位和第 6 位为 1，允许更新预置值和当前值，新当前值和新预置值写入特殊内部标志位存储区。然后执行 HSC 指令，将新数值传到高速计数器。当前值和预置值占用的特殊内部标志位存储区见表 6.10。

表 6.10　　　　　HSC0～HSC5 当前值和预置值占用的特殊内部标志位存储区

要装入的数值	HSC0	HSC1	HSC2	HSC3	HSC4	HSC5
新的当前值	SMD38	SMD48	SMD58	SMD138	SMD148	SMD158
新的预置值	SMD42	SMD52	SMD62	SMD142	SMD152	SMD162

除控制字节以及新预设值和当前值保持字节外，还可以使用数据类型 HC（高速计数器当前值）加计数器号码（0、1、2、3、4 或 5）读取每台高速计数器的当前值。因此，读取操作可直接读取当前值，但只有用上述 HSC 指令才能执行写入操作。

（2）执行 HDEF 指令之前，必须将高速计数器控制字节的位设置成需要的状态，否则将采用默认设置。默认设置为：复位和启动输入高电平有效，正交计数速率选择 4× 模式。执行 HDEF 指令后，就不能再改变计数器的设置，除非 CPU 进入停止模式。

（3）执行 HSC 指令时，CPU 检查控制字节和有关的当前值和预置值。

3. 高速计数器指令的初始化

高速计数器指令的初始化的步骤如下。

（1）用首次扫描时接通一个扫描周期的特殊内部存储器 SM0.1 去调用一个子程序，完成初始化操作。因为采用了子程序，在随后的扫描中，不必再调用这个子程序，以减少扫描时间，使程序结构更好。

（2）在初始化的子程序中，根据希望的控制设置控制字（SMB37、SMB47、SMB137、SMB147、SMB157），如设置 SMB47＝16♯F8，则为：允许计数，写入新当前值，写入新预置值，更新计数方向为加计数，若为正交计数设为 4×，复位和启动设置为高电平有效。

（3）执行 HDEF 指令，设置 HSC 的编号（0～5），设置工作模式（0～11）。如 HSC 的编号设置为 1，工作模式输入设置为 11，则为既有复位又有启动的正交计数工作模式。

（4）用新的当前值写入 32 位当前值寄存器（SMD38、SMD48、SMD58、SMD138、SMD148、SMD158）。如写入 0，则清除当前值，用指令 MOVD　0，SMD48 实现。

（5）用新的预置值写入 32 位预置值寄存器（SMD42、SMD52、SMD62、SMD142、SMD152、SMD162）。如执行指令 MOVD　1000，SMD52，则设置预置值为 1000。若写入预置值为 16♯00，则高速计数器处于不工作状态。

（6）为了捕捉当前值等于预置值的事件，将条件 CV＝PV 中断事件（事件 13）与一个中断程序相联系。

（7）为了捕捉计数方向的改变，将方向改变的中断事件（事件 14）与一个中断程序相联系。

（8）为了捕捉外部复位，将外部复位中断事件（事件 15）与一个中断程序相联系。

（9）执行全局中断允许指令（ENI）允许 HSC 中断。

（10）执行 HSC 指令使 S7—200 对高速计数器进行编程。

（11）结束子程序。

【例 6.4】 高速计数器的应用举例。

（1）主程序。如图 6.11 所示，用首次扫描时接通一个扫描周期的特殊内部存储器 SM0.1 去调用一个子程序，完成初始化操作。

图 6.11　【例 6.4】主程序

（2）初始化的子程序。如图 6.12 所示，定义 HSC1 的工作模式为模式 11（两路脉冲输入的双相正交计数，具有复位和启动输入功能），设置 SMB47＝16♯F8（允许计数，更新新当前值，更新新预置值，更新计数方向为加计数，若为正交计数设为 4×，复位和启动设置为高电平有效）。HSC1 的当前值 SMD48 清零，预置值 SMD52＝50，当前值 ＝ 预设值，产生中断（中断事件 13），中断事件 13 连接中断程序 INT ＿ 0。

（3）中断程序 INT ＿ 0，如图 6.13 所示。

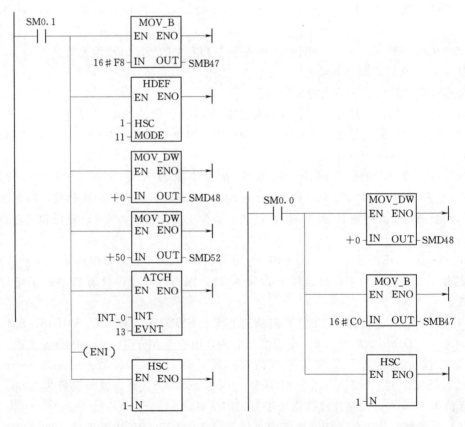

图 6.12　【例 6.4】子程序　　　　　图 6.13　【例 6.4】中断程序

6.3.5 高速脉冲输出

1. 脉冲输出（PLS）指令

脉冲输出（PLS）指令功能为：使能有效时，检查用于脉冲输出（Q0.0 或 Q0.1）的特殊存储器位（SM），然后执行特殊存储器位定义的脉冲操作。指令格式见表 6.11。

表 6.11　　　　　　　　　　　　脉冲输出（PLS）指令格式

LAD	STL	操作数及数据类型
PLS —EN　ENO— ????—Q0X	PLS Q	Q：常量（0 或 1） 数据类型：bit

2. 用于脉冲输出（Q0.0 或 Q0.1）的特殊存储器

（1）控制字节和参数的特殊存储器。每个 PTO/PWM 发生器都有一个控制字节（8 位）、一个脉冲计数值（无符号的 32 位数值）和一个周期时间和脉宽值（无符号的 16 位数值）。这些值都放在特定的特殊存储区（SM），见表 6.12。执行 PLS 指令时，S7—200 读这些特殊存储器位（SM），然后执行特殊存储器位定义的脉冲操作，即对相应的 PTO/PWM 发生器进行编程。

【例 6.5】　设置控制字节。用 Q0.0 作为高速脉冲输出，对应的控制字节为 SMB67，如果希望定义的输出脉冲操作为 PTO 操作，允许脉冲输出，多段 PTO 脉冲串输出，时基为毫秒，设定周期值和脉冲数，则应向 SMB67 写入 2♯10101101，即 16♯AD。

表 6.12　　　　　　　　脉冲输出（Q0.0 或 Q0.1）的特殊存储器

Q0.0 和 Q0.1 对 PTO/PWM 输出的控制字节		
Q0.0	Q0.1	说明
SM67.0	SM77.0	PTO/PWM 刷新周期值：0，不刷新；1，刷新
SM67.1	SM77.1	PWM 刷新脉冲宽度值：0，不刷新；1，刷新
SM67.2	SM77.2	PTO 刷新脉冲计数值：0，不刷新；1，刷新
SM67.3	SM77.3	PTO/PWM 时基选择：0，$1\mu s$；1，1ms
SM67.4	SM77.4	PWM 更新方法：0，异步更新；1，同步更新
SM67.5	SM77.5	PTO 操作：0，单段操作；1，多段操作
SM67.6	SM77.6	PTO/PWM 模式选择：0，选择 PTO 1，选择 PWM
SM67.7	SM77.7	PTO/PWM 允许：0，禁止；1，允许
Q0.0 和 Q0.1 对 PTO/PWM 输出的周期值		
Q0.0	Q0.1	说明
SMW68	SMW78	PTO/PWM 周期时间值（范围：2～65535）

续表

Q0.0 和 Q0.1 对 PTO/PWM 输出的脉宽值		
Q0.0	Q0.1	说明
SMW70	SMW80	PWM 脉冲宽度值（范围：0～65535）
Q0.0 和 Q0.1 对 PTO 脉冲输出的计数值		
Q0.0	Q0.1	说明
SMD72	SMD82	PTO 脉冲计数值（范围：1～4294967295）
Q0.0 和 Q0.1 对 PTO 脉冲输出的多段操作		
Q0.0	Q0.1	说明
SMB166	SMB176	段号（仅用于多段 PTO 操作），多段流水线 PTO 运行中的段的编号
SMW168	SMW178	包络表起始位置，用距离 V0 的字节偏移量表示（仅用于多段 PTO 操作）
Q0.0 和 Q0.1 的状态位		
Q0.0	Q0.1	说明
SM66.4	SM76.4	PTO 包络由于增量计算错误异常终止：0，无错；1，异常终止
SM66.5	SM76.5	PTO 包络由于用户命令异常终止：0，无错；1，异常终止
SM66.6	SM76.6	PTO 流水线溢出：0，无溢出；1，溢出
SM66.7	SM76.7	PTO 空闲：0，运行中；1，空闲

通过修改脉冲输出（Q0.0 或 Q0.1）的特殊存储器 SM 区（包括控制字节），即更改 PTO 或 PWM 的输出波形，然后再执行 PLS 指令。

注意：所有控制位、周期、脉冲宽度和脉冲计数值的默认值均为零。向控制字节（SM67.7 或 SM77.7）的 PTO/PWM 允许位写入零，然后执行 PLS 指令，将禁止 PTO 或 PWM 波形的生成。

（2）状态字节的特殊存储器。除了控制信息外，还有用于 PTO 功能的状态位，见表 6.12。程序运行时，根据运行状态使某些位自动置位。可以通过程序来读取相关位的状态，用此状态作为判断条件，实现相应的操作。

3. 对输出的影响

PTO/PWM 生成器和输出映像寄存器共用 Q0.0 和 Q0.1。在 Q0.0 或 Q0.1 使用 PTO 或 PWM 功能时，PTO/PWM 发生器控制输出，并禁止输出点的正常使用，输出波形不受输出映像寄存器状态、输出强制、执行立即输出指令的影响；在 Q0.0 或 Q0.1 位置没有使用 PTO 或 PWM 功能时，输出映像寄存器控制输出，所以输出映像寄存器决定输出波形的初始和结束状态，即决定脉冲输出波形从高电平或低电平开始和结束，使输出波形有短暂的不连续，为了减小这种不连续有害影响，应注意：

（1）可在启用 PTO 或 PWM 操作之前，将用于 Q0.0 和 Q0.1 的输出映像寄存器设为 0。

（2）PTO/PWM 输出必须至少有 10% 的额定负载，才能完成从关闭至打开以及从打开至关闭的顺利转换，即提供陡直的上升沿和下降沿。

4. PTO 的使用

PTO 是可以指定脉冲数和周期的占空比为 50% 的高速脉冲串的输出。状态字节中的最高位（空闲位）用来指示脉冲串输出是否完成。可在脉冲串完成时启动中断程序，若使用多段操作，则在包络表完成时启动中断程序。

（1）周期和脉冲数。周期范围从 50～65535ms 或从 2～65535ms，为 16 位无符号数，时基有微秒和毫秒两种，通过控制字节的第三位选择。注意：

1）如果周期小于 2 个时间单位，则周期的默认值为 2 个时间单位。

2）周期设定奇数微秒或毫秒（如 75ms），会引起波形失真。

3）脉冲计数范围从 1～4294967295，为 32 位无符号数，如设定脉冲计数为 0，则系统默认脉冲计数值为 1。

（2）PTO 的种类及特点。PTO 功能可输出多个脉冲串，现用脉冲串输出完成时，新的脉冲串输出立即开始。这样就保证了输出脉冲串的连续性。PTO 功能允许多个脉冲串排队，从而形成流水线。流水线分为两种，即单段流水线和多段流水线。

1）单段流水线。是指流水线中每次只能存储一个脉冲串的控制参数，初始 PTO 段一旦启动，必须按照对第二个波形的要求立即刷新 SM，并再次执行 PLS 指令，第一个脉冲串完成，第二个波形输出立即开始，重复此这一步骤可以实现多个脉冲串的输出。

单段流水线中的各段脉冲串可以采用不同的时间基准，但有可能造成脉冲串之间的不平稳过渡。输出多个高速脉冲时，编程复杂。

2）多段流水线。是指在变量存储区 V 建立一个包络表。包络表存放每个脉冲串的参数，执行 PLS 指令时，S7—200 PLC 自动按包络表中的顺序及参数进行脉冲串输出。包络表中每段脉冲串的参数占用 8 个字节，由一个 16 位周期值（2 字节）、一个 16 位周期增量值 Δ（2 字节）和一个 32 位脉冲计数值（4 字节）组成。包络表的格式见表 6.13。

表 6.13　　　　　　　　　　　　包　络　表　的　格　式

从包络表起始地址的字节偏移	段	说　　明
VBn		段数（1～255）；数值 0 产生非致命错误，无 PTO 输出
VBn+1	段 1	初始周期（2～65535 个时基单位）
VBn+3		每个脉冲的周期增量 Δ（符号整数：−32768～32767 个时基单位）
VBn+5		脉冲数（1～4294967295）
VBn+9	段 2	初始周期（2～65535 个时基单位）
VBn+11		每个脉冲的周期增量 Δ（符号整数：−32768～32767 个时基单位）
VBn+13		脉冲数（1～4294967295）
VBn+17	段 3	初始周期（2～65535 个时基单位）
VBn+19		每个脉冲的周期增量值 Δ（符号整数：−32768～32767 个时基单位）
VBn+21		脉冲数（1～4294967295）

注　周期增量值 Δ 为整数微秒或毫秒。

多段流水线的特点是编程简单，能够通过指定脉冲的数量自动增加或减少周期，周期增量值 Δ 为正值会增加周期，周期增量值 Δ 为负值会减少周期，若 Δ 为零，则周期不变。

在包络表中的所有的脉冲串必须采用同一时基，在多段流水线执行时，包络表的各段参数不能改变。多段流水线常用于步进电动机的控制。

【**例 6.6**】　根据控制要求列出 PTO 包络表。

步进电动机的控制要求如图 6.14 所示。从点 A 到点 B 为加速过程，从点 B 到点 C 为恒速运行，从点 C 到点 D 为减速过程。

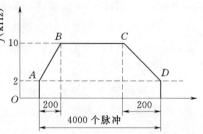

图 6.14　【例 6.6】题图步进电动机的控制要求

在本例中：流水线可以分为 3 段，需建立 3 段脉冲的包络表。起始和终止脉冲频率为 2kHz，最大脉冲频率为 10kHz，所以起始和终止周期为 500μs，与最大频率的周期为 100μs。1 段：加速运行，应在约 200 个脉冲时达到最大脉冲频率。2 段：恒速运行，约 (4000−200−200)3600 个脉冲。3 段：减速运行，应在约 200 个脉冲时完成。

某一段每个脉冲周期增量值 Δ 用以下式确定：

$$周期增量值 \Delta = \frac{该段结束时的周期时间 - 该段初始的周期时间}{该段的脉冲数}$$

用该式计算出 1 段的周期增量值 Δ 为 −2μs，2 段的周期增量值 Δ 为 0，3 段的周期增量值 Δ 为 2μs。假设包络表位于从 VB200 开始的 V 存储区中，包络表见表 6.14。

表 6.14　　　　　　　　　　　　【例 6.6】　包　络　表

V 变量存储器地址	段号	参数值	说　　　明
VB200		3	段数
VB201		500μs	初始周期
VB203	段 1	−2μs	每个脉冲的周期增量 Δ
VB205		200	脉冲数
VB209		100μs	初始周期
VB211	段 2	0	每个脉冲的周期增量 Δ
VB213		3600	脉冲数
VB217		100μs	初始周期
VB219	段 3	2μs	每个脉冲的周期增量 Δ
VB221		200	脉冲数

在程序中的用指令可将表中的数据送入 V 变量存储区中。

（3）多段流水线 PTO 初始化和操作步骤。用一个子程序实现 PTO 初始化，首次扫描（SM0.1）时从主程序调用初始化子程序，执行初始化操作。以后的扫描不再调用该子程序，这样减少扫描时间，程序结构更好。

初始化操作步骤如下。

1）首次扫描（SM0.1）时将输出 Q0.0 或 Q0.1 复位（置 0），并调用完成初始化操作的子程序。

2）在初始化子程序中，根据控制要求设置控制字并写入 SMB67 或 SMB77 特殊存储器。如写入 16♯A0（选择微秒递增）或 16♯A8（选择毫秒递增），两个数值表示允许 PTO 功能、选择 PTO 操作、选择多段操作以及选择时基（微秒或毫秒）。

3）将包络表的首地址（16 位）写入在 SMW168（或 SMW178）。

4）在变量存储器 V 中，写入包络表的各参数值。一定要在包络表的起始字节中写入段数。在变量存储器 V 中建立包络表的过程也可以在一个子程序中完成，在此只需调用设置包络表的子程序。

5）设置中断事件并全局开中断。如果想在 PTO 完成后，立即执行相关功能，则须设置中断，将脉冲串完成事件（中断事件号 19）连接一中断程序。

6）执行 PLS 指令，使 S7—200 为 PTO/PWM 发生器编程，高速脉冲串由 Q0.0 或 Q0.1 输出。

7）退出子程序。

【例 6.7】 PTO 指令应用实例。编程实现【例 6.6】中的步进电动机的控制。

分析：编程前首先选择高速脉冲发生器为 Q0.0，并确定 PTO 为 3 段流水线。设置控制字节 SMB67 为 16♯A0 表示允许 PTO 功能、选择 PTO 操作、选择多段操作以及选择时基为微秒，不允许更新周期和脉冲数。建立 3 段的包络表（【例 6.6】），并将包络表的首地址装入 SMW168。PTO 完成调用中断程序，使 Q1.0 接通。PTO 完成的中断事件号为 19。用中断调用指令 ATCH 将中断事件 19 与中断程序 INT＿0 连接，并全局开中断。执行 PLS 指令，退出子程序。本例题的主程序，初始化子程序和中断程序如下：

主程序

```
LD SM0.1              // 首次扫描时，将 Q0.0 复位
R Q0.0 1
CALL SBR_0            //调用子程序 0
```

子程序 0

```
                      // 写入 PTO 包络表
LD SM0.0
MOVB 3, VB200         // 将包络表段数设为 3
MOVW ＋500, VW201      //段 1 的初始循环时间设为 500ms
MOVW －2, VW203        //段 1 的 Δ 设为－2ms
MOVD ＋200, VD205      //段 1 的脉冲数为 200
MOVW ＋100, VW209      //段 2 的初始周期设为 100ms
MOVW ＋0, VW211        //段 2 的 Δ 设为 0ms
MOVD ＋3600, VD213     //段 2 中的脉冲数设为 3600
MOVW ＋100, VW217      //段 3 的初始周期设为 100ms
MOVW ＋1, VW219        //段 3 的 Δ 设为 1ms
MOVD ＋200, VD221      //段 3 中的脉冲数设为 200
LD     SM0.0
MOVB   16♯A0, SMB67   // 设置控制字节
MOVW   ＋200, SMW168   // 将包络表起始地址指定为 V200
ATCH   INT_0, 19      // 设置中断
ENI                   // 全局开中断
```

```
PLS 0                        // 启动 PTO，由 Q0.0 输出
```

中断程序 0

```
LD SM0.0                     // PTO 完成时，输出 Q1.0
= Q1.0
```

5. PWM 的使用

PWM 是脉宽可调的高速脉冲输出，通过控制脉宽和脉冲的周期，实现控制任务。

(1) 周期和脉宽。周期和脉宽时基为微秒或毫秒，均为 16 位无符号数。

周期的范围为 $50 \sim 65535 \mu s$，或为 $2 \sim 65535 ms$。若周期小于 2 个时基，则系统默认为两个时基。

脉宽范围为 $0 \sim 65535 \mu s$ 或为 $0 \sim 65535 ms$。若脉宽不小于周期，占空比为 100%，输出连续接通。若脉宽为 0，占空比为 0%，则输出断开。

(2) 更新方式。有两种改变 PWM 波形的方法，即同步更新和异步更新。

1) 同步更新。不需改变时基时，可以用同步更新。执行同步更新时，波形的变化发生在周期的边缘，形成平滑转换。

2) 异步更新。需要改变 PWM 的时基时，则应使用异步更新。异步更新使高速脉冲输出功能被瞬时禁用，与 PWM 波形不同步。这样可能造成控制设备震动。

常见的 PWM 操作是脉冲宽度不同，但周期保持不变，即不要求时基改变。因此先选择适合于所有周期的时基，尽量使用同步更新。

(3) PWM 初始化和操作步骤。

1) 用首次扫描位（SM0.1）使输出位复位为 0，并调用初始化子程序。这样可减少扫描时间，程序结构更合理。

2) 在初始化子程序中设置控制字节。如将 16♯D3（时基为微秒）或 16♯DB（时基为毫秒）写入 SMB67 或 SMB77，控制功能为：允许 PTO/PWM 功能、选择 PWM 操作、设置更新脉冲宽度和周期数值以及选择时基（微秒或毫秒）。

3) 在 SMW68 或 SMW78 中写入一个字长的周期值。

4) 在 SMW70 或 SMW80 中写入一个字长的脉宽值。

5) 执行 PLS 指令，使 S7—200 为 PWM 发生器编程，并由 Q0.0 或 Q0.1 输出。

6) 可为下一输出脉冲预设控制字。在 SMB67 或 SMB77 中写入 16♯D2（微秒）或 16♯DA（毫秒）控制字节中将禁止改变周期值，允许改变脉宽。以后只要装入一个新的脉宽值，不用改变控制字节，直接执行 PLS 指令就可改变脉宽值。

7) 退出子程序。

【例 6.8】 PWM 应用举例。设计程序，从 PLC 的 Q0.0 输出高速脉冲。该串脉冲脉宽的初始值为 0.1s，周期固定为 1s，其脉宽每周期递增 0.1s，当脉宽达到设定的 0.9s 时，脉宽改为每周期递减 0.1s，直到脉宽减为 0。以上过程重复执行。

分析：因为每个周期都有操作，所以须把 Q0.0 接到 I0.0，采用输入中断的方法完成控制任务，并且编写两个中断程序，一个中断程序实现脉宽递增，一个中断程序实现脉宽递减，并设置标志位，在初始化操作时使其置位，执行脉宽递增中断程序，当脉宽达到

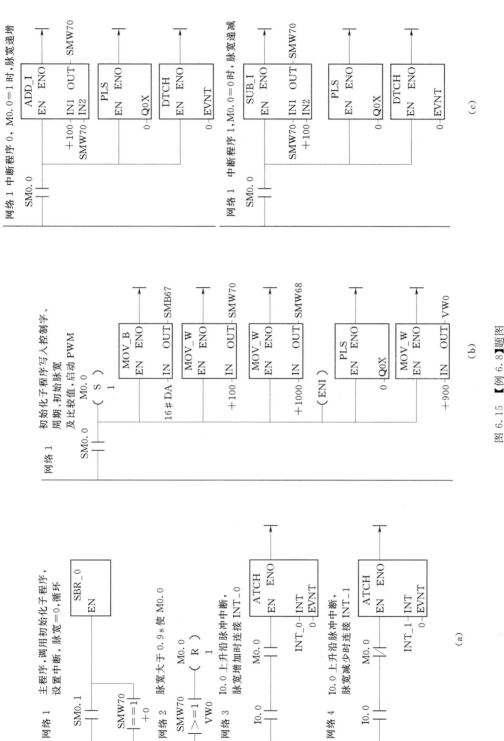

图 6.15 【例 6.8】题图

(a) 主程序;(b) 子程序;(c) 中断程序

0.9s 时，使其复位，执行脉宽递减中断程序。在子程序中完成 PWM 的初始化操作，选用输出端为 Q0.0，控制字节为 SMB67，控制字节设定为 16 ♯ DA（允许 PWM 输出，Q0.0 为 PWM 方式，同步更新，时基为 ms，允许更新脉宽，不允许更新周期）。程序如图 6.15 所示。

6.3.6　典型应用：高速输入、高速输出指令编程实例

1. 目的

（1）掌握高速处理类指令的组成、相关特殊存储器的设置、指令的输入及指令执行后的结果，进一步熟悉指令的作用和使用方法。

（2）通过编程、调试练习观察程序执行的过程，分析指令的工作原理，熟悉指令的具体应用，掌握编程技巧和能力。

2. 内容

用脉冲输出指令 PLS 和高速输出端子 Q0.0 给高速计数器 HSC 提供高速计数脉冲信号，因为要使用高速脉冲输出功能，必须选用直流电源型的 CPU 模块。输入侧的公共端与输出侧的公共端相连，高速输出端 Q0.0 接到高速输入端 I0.0，24V 电源正端与输出侧的 1L＋端子相连。有脉冲输出时 Q0.0 与 I0.0 对应的 LED 亮。在子程序 0 中，把中断程序 0 与中断事件 12（CV＝PV 时产生中断）连接起来。

程序如下：

主程序

```
LD   SM0.1              //首次扫描时 SM0.1＝1
CALL   SBR_0            //调用子程序 0,初始化高速输出和 HSC0
```

子程序 0

```
LD   SM0.0              //设置 PLS 0 的控制字节:允许单段 PTO 功能
MOVB   16♯8D, SMB67    //时基 ms,可更新脉冲数和周期
R   Q0.0, 1             //复位脉冲输出 Q0.0 的输出映像寄存器
MOVW   ＋2, SMW68      //输出脉冲的周期为 2ms
MOVD   ＋12000, SMD72  //产生 12000 个脉冲(共 24s)
PLS   0                //启动 PLS 0,从输出端 Q0.0 输出脉冲
S   Q0.1, 1            //在第一段时间内(4s)Q0.1 为 1
MOVB   16♯F8, SMB37   //HSC0 初始化,可更新 CV,PV 和计数方向,加计数
MOVD   ＋0, SMD38      //HSC0 的当前值清 0
MOVD   ＋2000, SMD42   //HSC0 的第一次设定值为 2000(延时 4s)
HDEF   0, 0            //定义 HSC0 为模式 0
ATCH   INT_0, 12       //定义 HSC0 的 CV＝PV 时,执行中断程序 0
ENI                    //允许全局中断
HSC 0                  //启动 HSC0
```

中断程序 0

当 HSC0 的计数值加到第一设定值 2000 时(经过 4s),调用中断程序 0。在中断程序 0 中将 HSC0 改为减计数,中断程序 1 分配给中断事件 12。

LD	SM0.0	//SM0.0 总是为 ON
R	Q0.1，1	//复位 Q0.1
S	Q0.2，1	//复位 Q0.2
MOVB	16♯B0，SMB37	//重新设置 HSC0 的控制位，改为减计数
MOVD	＋1000，SMD42	//HSC0 的第 2 设定值为 1000
ATCH	INT_1，12	//中断程序 1，分配给中断事件 12
HSC	0	//启动 HSC0，装入新的设定值和计数方向

中断程序 1

当 HSC0 的当计数值减到第二设定值 1000 时（经过了 2s），调用中断程序 1。在中断程序 1 中 HSC0 改为加计数，重新把中断程序 0 分配给中断事件 12，当总脉冲数达到 SMD72 中规定的个数时，（经过了 24s），脉冲输出终止。

LD	SM0.0	//SM0.0 总是为 1
R	Q0.2，1	//复位 Q0.2
S	Q0.1，1	//置位 Q0.1
MOVB	16♯F8，SMB37	//重新设置 HSC0 的控制位，改为加计数
MOVD	＋0，SMD38	//HSC0 的当前值复位
MOVD	＋2000，SMD42	//HSC0 的设置为 2000
ATCH	INT_0，12	//把中断程序 0 分配给中断事件
HSC	0	//重新启动 HSC0

3. 读懂程序并输入程序

给程序加注释，给网络加注释，在注释中说明程序的功能和指令的功能。

4. 编译运行和调试程序

观察 Q0.1 和 Q0.2 对应的 LED 的状态，并记录。用状态表监视 HSC0 的当前值变化情况。

根据观察结果画出 HSC0，Q0.0，Q0.1 之间对应的波形图。

6.4 PID 控 制

6.4.1 PID 指令

1. PID 算法

在工业生产过程控制中，模拟信号 PID（由比例、积分、微分构成的闭合回路）调节是常见的一种控制方法。运行 PID 控制指令，S7—200 将根据参数表中的输入测量值、控制设定值及 PID 参数，进行 PID 运算，求得输出控制值。参数表中有 9 个参数，全部为 32 位的实数，共占用 36 个字节。PID 控制回路的参数见表 6.15。

典型的 PID 算法包括三项——比例项、积分项和微分项，即输出＝比例项＋积分项＋微分项。计算机在周期性地采样并离散化后进行 PID 运算，算法如下：

$$M_n = K_c(SP_n - PV_n) + K_c \frac{T_s}{T_i}(SP_n - PV_n) + M_x + K_c \frac{T_d}{T_s}(PV_{n-1} - PV_n)$$

表 6.15　　　　　　　　　　　　　　PID 控制回路的参数表

地址偏移量	参数	数据格式	参数类型	说　　明
0	过程变量当前值 PV_n	双字，实数	输入	必须在 0.0～1.0 范围内
4	给定值 SP_n	双字，实数	输入	必须在 0.0～1.0 范围内
8	输出值 M_n	双字，实数	输入/输出	在 0.0～1.0 范围内
12	增益 K_c	双字，实数	输入	比例常量，可为正数或负数
16	采样时间 T_s	双字，实数	输入	以秒为单位，必须为正数
20	积分时间 T_i	双字，实数	输入	以分钟为单位，必须为正数
24	微分时间 T_d	双字，实数	输入	以分钟为单位，必须为正数
28	上一次的积分值 M_x	双字，实数	输入/输出	0.0～1.0 之间（根据 PID 运算结果更新）
32	上一次过程变量 PV_{n-1}	双字，实数	输入/输出	最近一次 PID 运算值

其中各参数的含义见表 6.15。

比例项 $K_c(SP_n-PV_n)$ 能及时地产生与偏差（SP_n-PV_n）成正比的调节作用，比例系数 K_c 越大，比例调节作用越强，系统的稳态精度越高，但 K_c 过大会使系统的输出量振荡加剧，稳定性降低。

积分项 $K_c\dfrac{T_s}{T_i}(SP_n-PV_n)+M_x$ 与偏差有关，只要偏差不为 0，PID 控制的输出就会因积分作用而不断变化，直到偏差消失，系统处于稳定状态，所以积分的作用是消除稳态误差，提高控制精度，但积分的动作缓慢，给系统的动态稳定带来不良影响，很少单独使用。从式中可以看出：积分时间常数增大，积分作用减弱，消除稳态误差的速度减慢。

微分项 $K_c\dfrac{T_d}{T_s}(PV_{n-1}-PV_n)$ 根据误差变化的速度（既误差的微分）进行调节具有超前和预测的特点。微分时间常数 T_d 增大时，超调量减少，动态性能得到改善，如 T_d 过大，系统输出量在接近稳态时可能上升缓慢。

2.PID 控制回路选项

在很多控制系统中，有时只采用一种或两种控制回路。例如，可能只要求比例控制回路或比例和积分控制回路。通过设置常量参数值选择所需的控制回路。

（1）如果不需要积分回路（即在 PID 计算中无 "I"），则应将积分时间 T_i 设为无限大。由于积分项 M_x 的初始值，虽然没有积分运算，积分项的数值也可能不为零。

（2）如果不需要微分运算（即在 PID 计算中无 "D"），则应将微分时间 T_d 设定为 0.0。

（3）如果不需要比例运算（即在 PID 计算中无 "P"），但需要 I 或 ID 控制，则应将增益值 K_c 指定为 0.0。因为 K_c 是计算积分和微分项公式中的系数，将循环增益设为 0.0会导致在积分和微分项计算中使用的循环增益值为 1.0。

3.回路输入量的转换和标准化

每个回路的给定值和过程变量都是实际数值，其大小、范围和工程单位可能不同。在PLC 进行 PID 控制之前，必须将其转换成标准化浮点表示法。步骤如下：

（1）将实际从 16 位整数转换成 32 位浮点数或实数。下列指令说明如何将整数数值转换成实数。

```
XORD  AC0，AC0        //将 AC0 清 0
ITD   AIW0，AC0        //将输入数值转换成双字
DTR   AC0，AC0         //将 32 位整数转换成实数
```

（2）将实数转换成 0.0～1.0 之间的标准化数值。转换式如下：

$$实际数值的标准化数值 = \frac{实际数值的非标准化数值或原始实数}{取值范围} + 偏移量$$

其中 取值范围＝最大可能数值－最小可能数值＝32000（单极数值）或 64000（双极数值）

偏移量：对单极数值取 0.0，对双极数值取 0.5，其中

单极数值为 0～32000，双极数值为－32000～32000。

如将上述 AC0 中的双极数值（间距为 64000）标准化程序指令如下：

```
/R    64000.0，AC0     //使累加器中的数值标准化
+R    0.5，AC0         //加偏移量 0.5
MOVR  AC0，VD100       //将标准化数值写入 PID 回路参数表中
```

4. PID 回路输出转换为成比例的整数

程序执行后，PID 回路输出 0.0～1.0 之间的标准化实数数值，必须被转换成 16 位成比例整数数值，才能驱动模拟输出。

PID 回路输出成比例实数数值＝（PID 回路输出标准化实数值－偏移量）×取值范围

程序指令如下：

```
MOVR  VD108，AC0       //将 PID 回路输出送入 AC0。
-R    0.5，AC0         //双极数值减偏移量 0.5
*R    64000.0，AC0     //AC0 的值＊取值范围,变为成比例实数数值
ROUND AC0，AC0         //将实数四舍五入取整,变为 32 位整数
DTI   AC0，AC0         //32 位整数转换成 16 位整数
MOVW  AC0，AQW0        //16 位整数写入 AQW0
```

5. PID 指令

使能有效时，PID 指令根据回路参数表（TBL）中的输入测量值、控制设定值及 PID 参数进行 PID 计算。格式见表 6.16。

表 6.16   **PID 指 令 格 式**

LAD	STL	说　　　明
PID EN ENO ????─TBL ????─LOOP	PID TBL、LOOP	TBL：参数表起始地址 VB 数据类型：字节 LOOP：回路号，常量（0～7） 数据类型：字节

说明：

（1）程序中可使用 8 条 PID 指令，分别编号 0～7，不能重复使用。

（2）使 ENO＝0 的错误条件：0006（间接地址），SM1.1（溢出，参数表起始地址

或指令中指定的 PID 回路指令号码操作数超出范围）。

（3）PID 指令不对参数表输入值进行范围检查。必须保证过程变量和给定值积分项前值和过程变量前值在 0.0～1.0 之间。

6.4.2　PID 控制功能的应用

1. 控制任务

一恒压供水水箱，通过变频器驱动的水泵供水，维持水位在满水位的 70％。过程变量 PV_n 为水箱的水位（由水位检测计提供），设定值为 70％，PID 输出控制变频器，即控制水箱注水调速电动机的转速。要求开机后，先手动控制电动机，水位上升到 70％ 时，转换到 PID 自动调节。

2. PID 控制参数表

PID 控制参数见表 6.17。

表 6.17　　　　　　　　　　　恒压供水 PID 控制参数表

地址	参　　数	数　　　值
VB100	过程变量当前值 PV_n	水位检测计提供的模拟量经 A/D 转换后的标准化数值
VB104	给定值 SP_n	0.7
VB108	输出值 M_n	PID 回路的输出值（标准化数值）
VB112	增益 K_c	0.3
VB116	采样时间 T_s	0.1
VB120	积分时间 T_i	30
VB124	微分时间 T_d	0（关闭微分作用）
VB128	上一次积分值 M_x	根据 PID 运算结果更新
VB132	上一次过程变量 PV_{n-1}	最近一次 PID 的变量值

2. 程序分析

（1）I/O 分配。手动/自动切换开关 I0.0，模拟量输入 AIW0，模拟量输出 AQW0。

（2）程序结构。由主程序、子程序、中断程序构成。主程序用来调用初始化子程序，子程序用来建立 PID 回路初始参数表和设置中断，由于定时采样，所以采用定时中断（中断事件号为 10），设置周期时间和采样时间相同（0.1s），并写入 SMB34。中断程序用于执行 PID 运算，I0.0＝1 时，执行 PID 运算，本例标准化时采用单极性（取值范围 32000）。

3. 语句表程序

主程序

```
LD   SM0.1
CALL  SBR_0
```

子程序（建立 PID 回路参数表，设置中断以执行 PID 指令）

```
LD   SM0.0
MOVR  0.7,VD104        // 写入给定值(注满 70%)
```

MOVR	0.3，VD112	// 写入回路增益(0.3)
MOVR	0.1，VD116	// 写入采样时间(0.1s)
MOVR	30.0，VD120	// 写入积分时间(30min)
MOVR	0.0，VD124	// 设置无微分运算
MOVB	100，SMB34	// 写入定时中断的周期 100ms
ATCH	INT_0，10	// 将 INT_0(执行 PID)和定时中断连接
ENI		// 全局开中断

中断程序（执行 PID 指令）

LD	SM0.0	
ITD	AIW0，AC0	// 将整数转换为双整数
DTR	AC0，AC0	// 将双整数转换为实数
/R	32000.0，AC0	// 标准化数值
MOVR	AC0，VD100	// 将标准化 PV 写入回路参数表
LD	I0.0	
PID	VB100，0	//PID 指令设置参数表起始地址为 VB100，
LD	SM0.0	
MOVR	VD108，AC0	// 将 PID 回路输出移至累加器
*R	32000.0，AC0	// 实际化数值
ROUND	AC0，AC0	// 将实际化后的数值取整
DTI	AC0，AC0	// 将双整数转换为整数
MOVW	AC0，AQW0	// 将数值写入模拟输出

4. 梯形图程序

略。

6.5 实 时 时 钟 指 令

利用实时时钟指令可以实现调用系统实时时钟或根据需要设定时钟，这对控制系统运行的监视、运行记录及和实时时间有关的控制等十分方便。时钟指令有两条，即读实时时钟和设定实时时钟。指令格式见表 6.18。

表 6.18   读实时时钟和设定实时时钟指令格式

LAD	STL	功 能 说 明
READ_RTC EN ENO ????–T	TODR T	读取实时时钟指令：系统读取实时时钟当前时间和日期，并将其载入以地址 T 起始的 8 个字节的缓冲区
SET_RTC EN ENO ????–T	TODW T	设定实时时钟指令：系统将包含当前时间和日期以地址 T 起始的 8 个字节的缓冲区装入 PLC 的时钟

输入/输出 T 的操作数：VB、IB、QB、MB、SMB、SB、LB、＊VD、＊AC、＊LD；数据类型为 bit

指令使用说明：

（1）8 个字节缓冲区（T）的格式见表 6.19。所有日期和时间值必须采用 BCD 码表示，例如，对于年仅使用年份最低的两个数字，16 # 05 代表 2005 年；对于星期，1 代表星期日，2 代表星期一，7 代表星期六，0 表示禁用星期。

表 6.19　　　　　　　　　　　　　　　　　8 字节缓冲区的格式

地址	T	T+1	T+2	T+3	T+4	T+5	T+6	T+7
含义	年	月	日	小时	分钟	秒	0	星期
范围	00~99	01~12	01~31	00~23	00~59	00~59		0~7

（2）S7—200 CPU 不根据日期核实星期是否正确，不检查无效日期，例如，2 月 31 日为无效日期，但可以被系统接受。所以必须确保输入正确的日期。

（3）不能同时在主程序和中断程序中使用 TODR/TODW 指令，否则，将产生非致命错误（0007），SM4.3 置 1。

（4）对于没有使用过时钟指令或长时间断电或内存丢失后的 PLC，在使用时钟指令前，要通过 STEP 7 软件"PLC"菜单对 PLC 时钟进行设定，然后才能开始使用时钟指令。时钟可以设定成与 PC 系统时间一致，也可用 TODW 指令自由设定。

【例 6.9】　编写程序，要求读时钟并以 BCD 码显示秒钟，程序如图 6.16 所示。

说明：时钟缓冲区从 VB0 开始，VB5 中存放着秒钟，第一次用 SEG 指令将字节 VB100 的秒钟低 4 位转换成七段显示码由 QB0 输出，接着用右移位指令将 VB100 右移 4 位，将其高 4 位变为低 4 位，再次使用 SEG 指令，将秒钟的高 4 位转换成七段显示码由 QB1 输出。

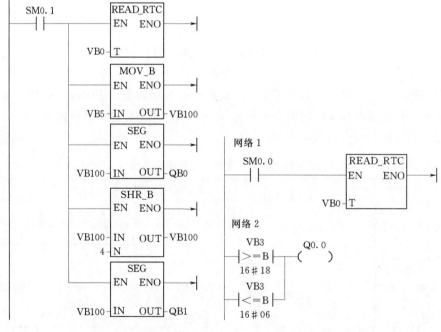

图 6.16　【例 6.9】读时钟并以　　　图 6.17　【例 6.10】控制灯的定时接通
　　　　　BCD 码显示秒钟　　　　　　　　　　　　和断开程序

【例 6.10】 编写程序，要求控制灯的定时接通和断开。要求 18：00 时开灯，06：00 时关灯。时钟缓冲区从 VB0 开始，程序如图 6.17 所示。

习 题 与 思 考 题

6.1 编写程序完成数据采集任务，要求每 200ms 采集一个数。

6.2 编写一个输入/输出中断程序，要求实现：

（1） 从 0～255 的计数。

（2） 当输入端 I0.1 为上升沿时，执行中断程序 0，程序采用加计数。

（3） 当输入端 I0.0 为下降沿时，执行中断程序 1，程序采用减计数。

（4） 计数脉冲为 SM0.5。

6.3 编写实现脉宽调制 PWM 的程序。要求从 PLC 的 Q0.1 输出高速脉冲，脉宽的初始值为 0.5s，周期固定为 5s，其脉宽每周期递增 0.5s，当脉宽达到设定的 4.5s 时，脉宽改为每周期递减 0.5s，直到脉宽减为 0，以上过程重复执行。

6.4 编写一高速计数器程序，要求：

（1） 首次扫描时调用一个子程序，完成初始化操作。

（2） 用高速计数器 HSC1 实现加计数，当计数值为 307 时，将当前值清 0。

第7章　S7—200系列PLC通信与网络

7.1　通信的基本知识

在计算机控制与网络技术不断推广和普及的今天，对参与控制系统中的设备提出了可相互连接、构成网络及远程通信的要求，可编程控制器生产厂商为此加强了可编程控制器的网络通信能力。

7.1.1　基本概念和术语

1. 并行传输与串行传输

并行传输是指通信中同时传送构成一个字或字节的多位二进制数据。而串行传输是指通信中构成一个字或字节的多位二进制数据是一位一位被传送的。很容易看出两者的特点，与并行传输相比，串行传输的传输速度慢，但传输线的数量少，成本比并行传输低，故常用于远距离传输且速度要求不高的场合，如计算机与可编程控制器间的通信、计算机USB口与外围设备的数据传送。并行传输的速度快，但传输线的数量多，成本比高，故常用于近距离传输的场合，如计算机内部的数据传输、计算机与打印机的数据传输。

2. 异步传输和同步传输

在异步传输中，信息以字符为单位进行传输，当发送一个字符代码时，字符前面都具有自己的一位起始位，极性为0，接着发送5～8位的数据位、1位奇偶校验位，1～2位的停止位，数据位的长度视传输数据格式而定，奇偶校验位可有可无，停止位的极性为1，在数据线上不传送数据时全部为1。异步传输中一个字符中的各个位是同步的，但字符与字符之间的间隔是不确定的，也就是说线路上一旦开始传送数据就必须按照起始位、数据位、奇偶校验位、停止位这样的格式连续传送，但传输下一个数据的时间不定，不发送数据时线路保持1状态。

异步传输的优点首先是收、发双方不需要严格的位同步，所谓"异步"是指字符与字符之间的异步，字符内部仍为同步。其次，异步传输电路比较简单，链络协议易实现，所以得到了广泛的应用。其缺点在于通信效率比较低。

在同步传输中，不仅字符内部为同步，字符与字符之间也要保持同步。信息以数据块为单位进行传输，发送双方必须以同频率连续工作，并且保持一定的相位关系，这就需要通信系统中有专门使发送装置和接收装置同步的时钟脉冲。在一组数据或一个报文之内不需要启停标志，但在传送中要分成组，一组含有多个字符代码或多个独立的码元。在每组开始和结束需加上规定的码元序列作为标志序列。发送数据前，必须发送标志序列，接收端通过检验该标志序列实现同步。

同步传输的特点是可获得较高的传输速度，但实现起来较复杂。

3. 信号的调制和解调

串行通信通常传输是数字量，这种信号包括从低频到高频极其丰富的谐波信号，要求传输线的频率很高。而远距离传输时，为降低成本，传输线频带不够宽，使信号严重失真、衰减，常采用的方法是调制解调技术。调制就是发送端将数字信号转换成适合传输线传送的模拟信号，完成此任务的设备称为调制器。接收端将收到的模拟信号还原为数字信号的过程称为解调，完成此任务的设备称为解调器。实际上一个设备工作起来既需要调制，又需要解调，将调制、解调功能由一个设备完成，称此设备为调制解调器。当进行远程数据传输时，可以将可编程控制器的 RS—232/PPI 电缆与调制解调器进行连接以增加数据传输的距离。

4. 传输速率

传输速率是指单位时间内传输的信息量，它是衡量系统传输性能的主要指标，常用波特率（Baud Rate）表示。波特率是指每秒传输二进制数据的位数，单位是 bit/s。常用的波特率有 19200bit/s、9600bit/s、4800bit/s、2400bit/s、1200bit/s 等。例如，1200bit/s 的传输速率，每个字符格式规定包含 10 个数据位（起始位、停止位、数据位），信号每秒传输的数据为

$$1200/10＝120（字符/秒）$$

5. 信息交互方式

信息交互方式有单工通信、半双工和全半双工通信方式。

（1）单工通信方式。单工通信是指信息始终保持一个方向传输，而不能进行反向传输。如无线电广播、电视广播等就属于这种类型。

（2）半双工通信。是指数据流可以在两个方向上流动，但同一时刻只限于一个方向流动，又称双向交替通信。

（3）全双工通信方式。是指通信双方能够同时进行数据的发送和接收。

7.1.2 差错控制

1. 纠错编码

纠错编码是差错控制技术的核心。纠错编码的方法是在有效信息的基础上附加一定的冗余信息位，利用二进制位组合来监督数据码的传输情况。一般冗余位越多，监督作用和检错、纠错的能力就越强，但通信效率就越低，而且冗余位本身出错的可能也变大。

纠错编码的方法很多，如奇偶检验码、方阵检验码、循环检验码、恒比检验码等。下面介绍两种常见的纠错编码方法。

（1）奇偶检验码。循环检验码是应用最多、最简单的一种纠错编码。循环检验码是在信息码组之后加一位监督，即奇偶检验位。奇偶检验码有奇检验码、偶检验码两种。奇检验码的方法是信息位和检验位中 1 的个数为奇数。偶检验码的方法是信息位和检验位中 1 的个数为偶数。例如，一信息码为 35H，其中 1 的个数为偶数，那么如果是奇检验，检验位应为 1。如果是偶检验，那么检验位应为 0。

（2）循环检验码。循环检验码不像奇偶检验码一个字符校验一次，而是一个数据块校验一次。在同步通信中几乎都使用这种方法。

循环检验码的基本思想是利用线性编码理论，在发送端根据要发送二进制码序列，以一定的规则产生一个监督码，附加在信息之后，构成一新的二进制码序列发送出去。在接收端，则根据信息码和监督码之间遵循的规则进行检验，确定传送中是否有错。

任何 N 位的二进制数都可以用一个 $n-1$ 次的多项式来表示。

$$B(x) = B_{n-1}x^{n-1} + B_{n-2}x^{n-2} + \cdots + B_1 x^1 + B_0 x^0 \tag{7.1}$$

例如，二进制数 11000001 可写为

$$B(x) = x^7 + x^6 + 1 \tag{7.2}$$

此多项式称为码多项式。

二进制码多项式的加减运算为模 2 加减运算，即两个码多项式相加时对应项系数进行模 2 加减。所谓模 2 加减就是各位均不带进位、借位的按位加减。这种加减运算实际上就是逻辑上的异或运算，即加法和减法等价。

$$B_1(x) + B_2(x) = B_1(x) - B_2(x) = B_2(x) - B_1(x) \tag{7.3}$$

二进制码多项式的乘除法运算与普通代数多项式的乘除法运算是一样的，符合同样的规律。

$$\frac{B_1(x)}{B_2(x)} = Q(x) + \frac{R(x)}{B_2(x)} \tag{7.4}$$

其中，$Q(x)$ 为商，$B_2(x)$ 多项式自定，$R(x)$ 为余数多项式。若能除尽，则 $R(x) = 0$。n 位循环码的格式如图 7.1 所示，可以看出，一个 n 位的循环码是由 k 位信息位，加上 r 位校验位组成的。信息位是要传输的二进制数，$R(x)$ 为校验码位。

k 位信息码	r 位校验码

图 7.1　N 位循环码格式图

2. 错控制方法

（1）自动重发请求。在自动重发请求中，发送端对发送序列进行纠错编码，可以检测出错误的校验序列。接收端根据校验序列的编码规则判断是否出错，并将结果传给发送端。若有错，接收端拒收，同时通知发送端重发。

（2）向前纠错方式。向前纠错方式就是发送端对发送序列进行纠错编码，接收端收到此码后，进行译码。译码不仅可以检测出是否有错误，而且根据译码自动纠错。

（3）混合纠错方式。混合纠错方式是自动重发请求和向前纠错方式两种方法的结合。接收端有一定的判断是否出错和纠错的能力，如果错误超出了接收端的纠错的能力，再命令发送端重发。

7.1.3　传输介质

目前在分散控制系统中普遍使用的传输介质有同轴电缆、双绞线、光缆，而其他介质如无线电、红外线、微波等，在 PLC 网络中应用很少。在使用的传输介质中双绞线（带屏蔽）成本较低、安装简单；而光缆尺寸小、重量轻、传输距离远，但成本高、安装维修难。

1. 双绞线

一对相互绝缘的线螺旋形式绞合在一起就构成了双绞线，两根线一起作为一条通信电路使用，两根线螺旋排列的目的是为了使各线对之间的电磁干扰减小到最小。通常人们将几对双绞线包装在一层塑料保护套中，如两对或四对双绞线构成产品的称为非屏蔽双绞线，在外塑料层下增加一屏蔽层的称为屏蔽双绞线。

双绞线按照屏蔽层的有无分为屏蔽双绞线（Shielded Twisted Pair，STP）与非屏蔽双绞线（Unshielded Twisted Pair，UTP）。屏蔽双绞线在双绞线与外层绝缘封套之间有一个由铝铂包裹的金属屏蔽层。屏蔽双绞线分为 STP 和 FTP，STP 中每条线都有各自的屏蔽层，而 FTP 只在整个电缆均有屏蔽装置，并且两端都正确接地时才起作用。所以要求整个系统是屏蔽器件，包括电缆、信息点、水晶头和配线架等，同时建筑物需要有良好的接地系统。屏蔽层可减少辐射，但并不能完全消除辐射，可以防止信息被窃听，也可阻止外部电磁干扰的进入，双绞线的螺旋形的绞合仅仅解决了相邻绝缘线对之间的电磁干扰，但对外界的电磁干扰还是比较敏感的，同时信号会向外辐射，有被窃取的可能。屏蔽双绞线价格相对较高，安装时要比非屏蔽双绞线电缆困难。屏蔽双绞线比同类的非屏蔽双绞线具有更高的传输速率。非屏蔽双绞线是一种数据传输线，由 4 对不同颜色的传输线组成，广泛用于以太网路和电话线中。非屏蔽双绞线电缆最早在 1881 年被用于贝尔发明的电话系统中。1900 年，美国的电话线网络亦主要由 UTP 所组成，由电话公司所拥有。

按照线径粗细一般分为以下几类，其中常见的有三类线、五类线和超五类线，以及最新的六类线，一般前者线径细而后者线径粗：

（1）一类线（CAT1）。线缆最高频率带宽是 750kHz，用于报警系统，或只适用于语音传输（一类标准主要用于 20 世纪 80 年代初之前的电话线缆），不同于数据传输。

（2）二类线（CAT2）。线缆最高频率带宽是 1MHz，用于语音传输和最高传输速率 4Mbit/s（4Mbit/s）的数据传输，常见于使用 4Mbit/s 规范令牌传递协议的旧的令牌网。

（3）三类线（CAT3）。指目前在 ANSI 和 EIA/TIA568 标准中指定的电缆，该电缆的传输频率 16MHz，最高传输速率为 10Mbit/s，主要应用于语音、10Mbit/s 以太网（10BASE—T）和 4Mbit/s 令牌环，最大网段长度为 100m，采用 RJ 形式的连接器，目前已淡出市场。

（4）四类线（CAT4）。该类电缆的传输频率为 20MHz，用于语音传输和最高传输速率 16Mbit/s（指的是 16Mbit/s 令牌环）的数据传输，主要用于基于令牌的局域网和 10BASE—T/100BASE—T。最大网段长为 100m，采用 RJ 形式的连接器，未被广泛采用。

（5）五类线（CAT5）。该类电缆增加了绕线密度，外套一种高质量的绝缘材料，线缆最高频率带宽为 100MHz，最高传输率为 100Mbit/s，用于语音传输和最高传输速率为 100Mbit/s 的数据传输，主要用于 100BASE—T 和 1000BASE—T 网络，最大网段长为 100m，采用 RJ 形式的连接器。这是最常用的以太网电缆。在双绞线电缆内，不同线对具有不同的绞距长度。通常，4 对双绞线绞距周期在 38.1mm 长度内，按逆时针方向扭绞，一对线对的扭绞长度在 12.7mm 以内。

（6）超五类线（CAT5e）。超五类具有衰减小，串扰少，并且具有更高的衰减与串扰的比值（ACR）和信噪比（Structural Return Loss）、更小的时延误差，性能得到很大提高。超五类线主要用于千兆位以太网（1000Mbit/s）。

（7）六类线（CAT6）。该类电缆的传输频率为 1～250MHz，六类线系统在 200MHz时，综合衰减串扰比（PS—ACR）应该有较大的余量，它提供 2 倍于超五类线的带宽。六类线的传输性能远远高于超五类线标准，最适用于传输速率高于 1Gbit/s 的应用。六类线与超五类线的一个重要的不同点在于：改善了在串扰以及回波损耗方面的性能，对于新一代全双工的高速网络应用而言，优良的回波损耗性能是极重要的。六类线标准中取消了基本链路模型，布线标准采用星形的拓扑结构，要求的布线距离为：永久链路的长度不能超过 90m，信道长度不能超过 100m。

（8）超六类或 6A（CAT6A）。此类产品传输带宽介于六类线和七类线之间，500MHz，目前和七类线产品一样，国家还没有出台正式的检测标准，只是行业中有此类产品，各厂家宣布一个测试值。

（9）七类线（CAT7）。带宽为 600MHz，可能用于今后的 10Gbit/s 比特以太网。

通常，计算机网络所使用的是三类线和五类线，其中 10 BASE—T 使用的是三类线，100BASE—T 使用的是五类线。

2. 同轴电缆

同轴电缆是从内到外依次由内导体（芯线）、绝缘线、屏蔽层铜线网及外保护层的结构制造的。由于从横截面看这四层构成了 4 个同心圆，故而得名。

同轴电缆外面加了一层屏蔽铜丝网，是为了防止外界的电磁干扰而设计的，因此它比双绞线的抗外界电磁干扰能力要强。根据阻抗的不同，可分为基带同轴电缆，特性阻抗为 50Ω，适用于计算机网络的连接，由于是基带传输，数字信号不经调制直接送上电缆，是单路传输，数据传输速率可达 10Mbit/s。宽带同轴电缆特性阻抗为 75Ω，常用于有线电视（CATV）的传输介质，如有线电视同轴电缆带宽达 750MHz，可同时传输几十路电视信号，并同时通过调制解调器支持 20Mbit/s 的计算机数据传输。

3. 光纤（又称光导纤维或光缆）

光纤常应用在远距离、快速传输大量信息的系统中，它是由石英玻璃经特殊工艺拉成细丝来传输光信号的介质，这种细丝的直径比头发丝还要细，一般直径在 8～9μm（单模光纤）及 50/62.5μm（多模光纤，50μm 为欧洲标准，62.5μm 为美国标准），但它能传输的数据量却是巨大的。人们已经实现在一条光纤上传输几百个"太"位（$1T=2^{40}$）的信息量，而且这还远不是光纤的极限。在光纤中以内部的全反射来传输一束经过编码的光信号。

光纤根据工艺的不同分为单模光纤和多模光纤两大类。单模光纤由于直径小，与光波波长相当，光纤如同一个波导，光脉冲在其中没有反射，而沿直线进行传输，所使用的光源为方向性好的半导体激光。多模光纤在给定的工作波长上，光源发出的光脉冲以多条线路（又称多种模式）同时传输，经多次全反射后先后到达接收端，它所使用的光源为发光二极管。单模光纤由于传输时，由于没有反射，所以衰减小，传输距离远，接收端的一个光脉冲中的光几乎同时到达，脉冲窄，脉冲间距可以排得密，因而数据传输率高；而多模光纤中光脉冲多次全反射，衰减大，因而传输距离近，接收端的一个光脉冲中的光经多次全反射后先后到达，脉冲宽脉冲排得疏，因而数据传输率低。单模光纤的缺点是价格比多模光纤昂贵。

光纤是以光脉冲的形式传输信号的，它具有的优点如下：

（1）所传输的是数字的光脉冲信号，不会受电磁干扰，不怕雷击，不易被窃听。

（2）数据传输安全性好。

（3）传输距离长，且带宽宽，传输速度快。

缺点：光纤系统设备价格昂贵，光纤的连接与连接头的制作需要专门工具和专门培训的人员。

4. 无线介质

随着科技的发展，无线介质应用不断增加，主要可分为两类：一类为使用微波波长或更长波长的无线电频谱；另一类则是光波及红外光范畴的频谱。无线电频谱的典型实例是使用微波频率较低（2.4GHz）的扩频微波通信信道。这种小微波技术的一个例子是以3～10Mbit/s 的数据传输信道，两个通信点间无障碍物的传输距离可达 10km 以上。800/900MHz 或者 1500MHz 的蜂窝移动数字通信装置（即数字手机）也是属于无线电频谱类。第二类的实例如蓝牙技术通信：直接安装在计算机上和外部设备上的小型红外线的收发窗口来进行两机器和设备之间的信息交换，而摆脱了传统的插头插座连接方式，省去了接线的麻烦。

通信卫星做通信中继器的微波通信也是一种常用的无线数据通信。通信卫星有两类：一类是同步地球通信卫星，这种通信卫星距离地球表面较远，所以微波信号较弱，地面要接收卫星发来的微波信号需要较大口径的天线，有一定的传输延时、地面技术复杂、价格昂贵，但这种通信卫星的通信比较稳定，通信容量大；另一类是近地轨道通信卫星，这种卫星距离地球大约数十万米，不能做到与地球角速度相同，不能覆盖地面固定的位置，因此需要多个这种卫星接力工作才能做到通信的连续不被中断。

7.1.4 串行通信接口标准

RS—232C 是美国电子工业协会 EIA（Electronic Industry Association）于 1962 年公布，并于 1969 年修订的串行接口标准。它已经成为国际上通用的标准。1987 年 1 月，RS—232C 再次修订，标准修改得不多。

早期人们借助电话网进行远距离数据传送而设计了调制解调器 Modem，为此就需要有关数据终端与 Modem 之间的接口标准，RS—232C 标准在当时就是为此目的而产生的。目前 RS—232C 已成为数据终端设备 DTE（Data Terminal Equipment），如计算机与数据设备 DCE（Data Communication Equipment），如 Modem 的接口标准，不仅在远距离通信中要经常用到它，就是两台计算机或设备之间的近距离串行连接也普遍采用 RS—232C 接口。PLC 与计算机的通信也是通过此接口。

1. RS—232C

计算机上配有 RS—232C 接口，它使用一个 25 针的连接器。在这 25 个引脚中，20 个引脚作为 RS—232C 信号，其中有 4 个数据线，11 个控制线，3 个定时信号线，2 个地信号线。另外，还保留了 2 个引脚，有 3 个引脚未定义。PLC 一般使用 9 脚连接器，距离较近时，3 脚也可以完成。如图 7.2 所示为 3 针连接器与 PLC 的连接图。

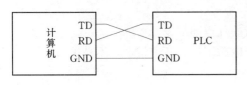

图 7.2　3 针连接器与 PLC 的连接

TD（Transmitted Data）发送数据：串行数据的发送端。

RD（Received Date）接收数据：串行数据的接收端。

GND（GROUND）信号地：它为所有的信号提供一个公共的参考电平，相对于其他型号，它为 0V 电压。

常见的引脚还有以下几种。

RTS（Request To Send）请求发送：当数据终端准备好送出数据时，就发出有效的 RTS 信号，通知 Modem 准备接收数据。

CTS（Data Terminal Ready）清除发送（也称允许发送）：当 Modem 已准备好接收数据终端的传送数据时，发出 CTS 有效信号来响应 RTS 信号。所以 RTS 和 CTS 是一对用于发送数据的联系信号。

DTR 数据终端准备好：通常当数据终端加电，该信号就有效，表明数据终端准备就绪。它可以用作数据终端设备发给数据通信设备 Modem 的联络信号。

DSR（Data Set Ready）数据装置准备好：通常表示 Modem 已接通电源连接到通信线路上，并处在数据传输方式，而不是处于测试方式或断开状态。它可以用作数据通信设备 Modem 响应数据终端设备 DTR 的联络信号。

保护地（机壳地）：一个起屏蔽保护作用的接地端。一般应参考设备的使用规定，连接到设备的外壳或机架上，必要时要连接到大地。

2. RS—232C 的不足

232C 既是一种协议标准，又是一种电气标准，它采用单端的、双极性电源电路，可用于最远距离为 15m、最高速率达 20kbit/s 的串行异步通信。232C 仍有一些不足之处，主要表现在：

（1）传输速率不够快。232C 标准规定最高速率为 20kbit/s，尽管能满足异步通信要求，但不能适应高速的同步通信。

（2）传输距离不够远。232C 标准规定各装置之间电缆长度不超过 50ft（约 15m）。实际上，RS—232C 能够实现 100in 或 200in 的传输，但在使用前，一定要先测试信号的质量，以保证数据的正确传输。

（3）RS—232C 接口采用不平衡的发送器和接收器，每个信号只有一根导线，两个传输方向仅有一个信号线地线，因而，电气性能不佳，容易在信号间产生干扰。

3. RS—485

由于 RS—232C 存在的不足，美国的 EIC1977 年指定了 RS—499、RS—422A 是 RS—499 的子集，RS—485 是 RS—422 的变形。RS—485 为半双工，不能同时发送和接收信号。目前，工业环境中广泛应用 RS—422、RS—485 接口。S7—200 系列 PLC 内部集成的 PPI 接口的物理特性为 RS—485 串行接口，可以用双绞线组成串行通信网络，不仅可以与计算机的 RS—232C 接口互联通信，而且可以构成分布式系统，系统中最多可有 32 个站，新的接口部件允许连接 128 个站。

7.2 工业局域网概述

7.2.1 局域网的拓扑结构

网络拓扑结构是指网络中的通信线路和节点间的几何连接结构，表示了网络的整体结构外貌。网络中通过传输线连接的点称为节点或站点。拓扑结构反映了各个站点间的结构关系，对整个网络的设计、功能、可靠性和成本都有影响。常见的有星形网络、环形网络、总线形网络 3 种拓扑结构形式。

1. 星形网络

星形拓扑结构是以中央节点为中心与各节点连接组成的，网络中任何两个节点要进行通信都必须经过中央节点转发，其网络结构如图 7.3（a）所示。星形网络的特点是：结构简单，便于管理控制，建网容易，网络延迟时间短，误码率较低，便于程序集中开发和资源共享。但系统花费大，网络共享能力差，负责通信协调工作的上位计算机负荷大，通信线路利用率不高，且系统可靠性不高，对上位计算机的依赖性也很强，一旦上位机发生故障，整个网络通信就停止。在小系统、通信不频繁的场合可以应用。星形网络常用双绞线作为传输介质。

上位计算机（也称主机、监控计算机、中央处理机）通过点到点的方式与各现场处理机（也称从机）进行通信，就是一种星形结构。各现场之间不能直接通信，若要进行相互间数据传输，就必须通过中央节点的上位计算机协调。

2. 环形网络

环形网络中，各个节点通过环路通信接口或适配器，连接在一条首尾相连的闭合环形通信线路上，环路上任何节点均可以请求发送信息。请求一旦被批准，便可以向环路发送信息。环形网络中的数据主要是单向传输，也可以是双向传输。由于环线是公用的，一个节点发出的信息可能穿越环中多个节点，信息才能到达目的地址，如果某个节点出现故障，信息不能继续传向环路的下一个节点，应设置自动旁路。环形网络结构如图 7.3（b）所示。

环形网具有容易挂接或摘除节点、安装费用低、结构简单的优点；由于在环形网络中数据信息在网中是沿固定方向流动的，节点之间仅有一个通路，大大简化了路径选择控制；某个节点发生故障时，可以自动旁路，提高系统的可靠性。所以，工业上的信息处理和自动化系统常采用环形网络的拓扑结构。但节点过多时，会影响传输效率，整个网络响应时间变长。

3. 总线形网络

利用总线把所有的节点连接起来，这些节点共享总线，对总线有同等的访问权。总线形网络结构如图 7.3（c）所示。

总线形网络由于采用广播方式传输数据，任何一个节点发出的信息经过通信接口（或适配器）后，沿总线向相反的两个方向传输，因此可以使所有节点接收到，各节点将目的

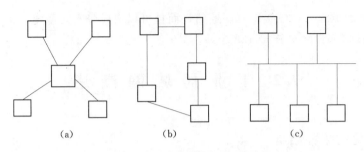

图 7.3　网络的拓扑结构

(a) 星形网络；(b) 环形网络；(c) 总线形网络

地址是本站站号的信息接收下来。这样就无需进行集中控制和路径选择，其结构和通信协

在总线形网络中，所有节点共享一条通信传输链路，因此，在同一时刻，网络上只允许一个节点发送信息。一旦两个或两个以上节点同时发送信息就会发生冲突，应采用网络协议控制冲突。这种网络结构简单灵活，容易挂接或摘除节点，节点间可直接通信，速度快、延时小、可靠性高。

7.2.2　网络协议和体系结构

1. 通信协议

PLC 网络是由各种数字设备（包括 PLC、计算机等）和终端设备等通过通信线路连接起来的复合系统。在这个系统中，由于数字设备型号、通信线路类型、连接方式、同步方式、通信方式等的不同，给网络各节点间的通信带来了不便；甚至影响到 PLC 网络的正常运行，因此在网络系统中，为确保数据通信双方能正确而自动地进行通信，应针对通信过程中的各种问题，制定一整套的约定，这就是网络系统的通信协议，又称网络通信规程。通信协议就是一组约定的集合，是一套语义和语法规则，用来规定有关功能部件在通信过程中的操作。通常通信协议必备的两种功能是通信和信息传输，包括了识别和同步、错误检测和修正等。

2. 体系结构

网络的结构通常包括网络体系结构、网络组织结构和网络配置。

比较复杂的 PLC 控制系统网络的体系结构，常将其分解成一个个相对独立、又有一定的联系层面。这样就可以将网络系统进行分层，各层执行各自承担的任务，层与层可以设有接口。层次的设计结构是目前人们常用的设计方法。

网络组织结构指的是从网络的物理实现方面来描述网络的结构。

网络配置指的是从网络的应用来描述网络的布局、硬件、软件等；网络体系结构是指从功能上来描述网络的结构，至于体系结构中所确定的功能怎样实现，有待网络生产厂家来解决。

7.2.3　现场总线概述

在传统的自动化工厂中，生产现场的许多设备和装置，如传感器、调节器、变送器、执行器等都是通过信号电缆与计算机、PLC 相连的。当这些装置和设备相距较远，分布较广时，就会使电缆线的用量和铺设费用随之大大地增加，造成了整个项目的投资成本增高，系统连线复杂，可靠性下降，维护工作量增大，系统进一步扩展困难等问题。现场总线（Field Bus）的产生将分散于现场的各种设备连接了起来，并有效实施了对设备的监控。它是一种可靠、快速、能经受工业现场环境、低廉的通信总线。现场总线始于 20 世纪 80 年代，90 年代技术日趋成熟，受到世界各自动化设备制造商和用户的广泛关注，目前，是世界上最成功的总线之一。PLC 的生产厂商也将现场总线技术应用于各自的产品之中构成工业局域网的最底层，使得 PLC 网络实现了真正意义上的自动控制领域发展的一个热点，给传统的工业控制技术带来了一次革新。

现场总线技术实际上是实现现场级设备数字化通信的一种工业现场层的网络通信技术。按照国际电工委员会 IEC61158 的定义，现场总线是"安装在过程区域的现场设备、仪表与控制室内的自动控制装置系统之间的一种串行、数字式、多点通信的数据总线。"也就是说，基于现场总线的系统是以单个分散的、数字化、智能化的测量和控制设备作为网络的节点，用总线相连，实现信息的相互交换，使得不同网络、不同现场设备之间可以信息共享。现场设备的各种运行参数、状态信息及故障信息等通过总线传输到远离现场的控制中心，而控制中心又可以将各种控制、维护、组态命令又送往相关的设备，从而建立起具有自动控制功能的网络。通常将这种位于网络底层的自动化及信息集成的数字化网络称之为现场总线系统。

西门子通信网络的中间层为现场总线，用于车间级和现场级的国际标准，传输速率最大为 12Mbit/s，响应时间的典型值为 1ms，使用屏蔽双绞线电缆（最长 9.6km）或光缆（最长 90km），最多可接 127 个从站。

7.3 S7—200 通信部件介绍

在本节中将介绍 S7—200 通信的有关部件，包括通信口、PC/PPI 电缆、通信卡及 S7—200 通信扩展模块等。

7.3.1 通信端口

S7—200 系列 PLC 内部集成的 PPI 接口的物理特性为 RS—485 串行接口，为 9 针 D 型，该端口也符合欧洲标准 EN50170 中 PROFIBUS 标准。S7—200 CPU 上的通信口外形如图 7.4 所示。

在进行调试时，将 S7—200 与接入网络时，该端口一般是作为端口 1 出现的，作为端口 1 时端口各个引脚的名称及其表示的意义见表 7.1。端口 0 为所连接的调试设备的端口。

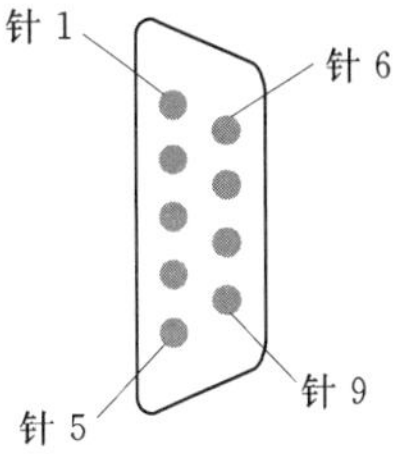

针 1　针 6
针 5　针 9

图 7.4　RS—485 串行
接口外形

7.3.2 RS—232/PPI 电缆

用计算机编程时，一般用 RS—232/PPI（旧称 PC/PPI 电缆，意为个人计算机/点对点接口）电缆连接计算机与可编程控制器，这是一种低成本的通信方式。RS—232/PPI 电缆外型如图 7.5 所示。

表 7.1 S7—200 通信口各引脚名称

引脚	名称	端口 0/端口 1
1	屏蔽	机壳地
2	24V 返回	逻辑地
3	RS—485 信号 B	RS—485 信号 B
4	发送申请	RTS（TTL）
5	5V 返回	逻辑地
6	+5V	+5V，100Ω 串联电阻
7	+24V	+24V
8	RS—485 信号 A	RS—485 信号 A
9	不用	10 位协议选择（输入）
连接器外壳	屏蔽	机壳接地

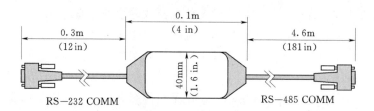

图 7.5 RS—232/PPI 电缆外型

1. RS—232/PPI 电缆的连接

将 RS—232/PPI 电缆有 "PC" 的 RS—232 端连接到计算机的 RS—232 通信接口，标有 "PPI" 的 RS—485 端连接到 CPU 模块的通信口，拧紧两边螺丝即可。

RS—232/PPI 电缆上的 DIP 开关选择的波特率（见表 7.2）应与编程软件中设置的波特率一致。初学者可选通信速率的默认值 9600bit/s。4 号开关为 1，选择 10 位模式，4 号开关为 0，选择 11 位模式，5 号开关为 0，选择 RS—232 口设置为数据通信设备（DCE）模式，5 号开关为 1，选择 RS—232 口设置为数据终端设备（DTE）模式。未用调制解调器时 4 号开关和 5 号开关均应设为 0。

表 7.2 开关设置与波特率的关系

开关 1、2、3	传输速率（bit/s）	转换时间
000	38400	0.5
001	19200	1
010	9600	2
011	4800	4
100	2400	7
101	1200	14
110	600	28

2. RS—232/PPI 电缆通信设置

在 STEP 7—Micro/WIN 的指令树中单击"通信"图标，或从菜单中选择"检视"→"通信"选项，将出现通信设置对话框，"→"表示菜单的上下层关系。在对话框中双击 PC/PPI 电缆的图标，将出现 PC/PG 接口属性的对话框。单击其中的"属性（Properties）"按钮，出现"PC/PPI 电缆属性"对话框。初学者可以使用默认的通信参数，在 PC/PPI 性能设置窗口中按"Default（默认）"按钮可获得默认的参数。

（1）计算机和可编程控制器在线连接的建立。在 STEP 7—Micro/WIN 的浏览条中单击"通信"图标，或从菜单中选择"检视"→"通信"选项，将出现"通信连接"对话框，显示尚未建立通信连接。双击对话框中的刷新图标，编程软件检查可能与计算机连接的所有 S7—200 CPU 模块（站）在对话框中显示已建立起连接的每个站的 CPU 图标、CPU 型号和站地址。

（2）可编程控制器通信参数的修改。计算机和可编程控制器建立起在线连接后，就可以核实或修改后者的通信参数。在 STEP 7—Micro/WIN 的浏览条中单击"系统块"图标，或从主菜单中选择"检视"→"系统块"选项，将出现"系统块"对话框，单击对话框中的"通信口"标签，可设置可编程控制器通信接口的参数，默认的站地址是 2，波特率为 9600bit/s。设置好参数后，单击"确认"按钮退出系统块。设置好需将系统块下载到可编程控制器，设置的参数才会起作用。

（3）可编程控制器信息的读取。要想了解可编程控制器的型号和版本、工作方式、扫描速率、I/O 模块配置以及 CPU 和 I/O 模块错误，可选择菜单命令"PLC"→"信息"，将显示出可编程控制器的 RUN/STOP 状态、以为单位的扫描速率、CPU 的版本、错误的情况和各模块的信息。

"复位扫描速率"按钮用来刷新最大扫描速率、最小扫描速率和最近扫描速率。如果 CPU 配有智能模块，要查看智能模块信息时，选中要查看的模块，单击"智能模块信息"按钮，将出现一个对话框，以确认模块类型、模块版本模块错误和其他有关的信息。

7.3.3 网络连接器

利用西门子公司提供的两种网络连接器可以把多个设备很容易地连到网络中。两种连接器都有两组螺丝端子，可以连接网络的输入和输出。通过网络连接器上的选择开关可以对网络进行偏置和终端匹配。两个连接器中的一个连接器仅提供连接到 CPU 的接口，而另一个连接器增加了一个编程接口（图 7.6）。带有编程接口的连接器可以把 SIMATIC 编程器或操作面板增加到网络中，而不用改动现有的网络连接。编程口连接器把 CPU 的信号传到编程口（包括电源引线）。这个连接器对于连接从 CPU 取电源的设备（例如 TD200 或 OP3）很有用。

进行网络连接时，连接的设备应共享一个共同的参考点。参考点不同时，在连接电缆中会产生电流，这些电流会造成通信故障或损坏设备。或者将通信电缆所连接的设备进行隔离，以防止不必要的电流。

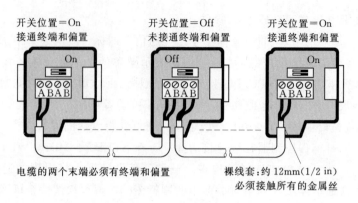

开关位置＝On
接通终端和偏置

开关位置＝Off
未接通终端和偏置

开关位置＝On
接通终端和偏置

电缆的两个末端必须有终端和偏置

裸线套：约 12mm(1/2 in)
必须接触所有的金属丝

图 7.6　网络连接器

7.3.4　PROFIBUS 网络电缆

当通信设备相距较远时，可使用 PROFIBUS 电缆进行连接，表 7.3 列出了 PROFIBUS 网络电缆的性能指标。

表 7.3　　　　　　　　　　　　　　　　PROFIBUS 电缆性能指标

通用特性	规　　范	通用特性	规　　范
类型	屏蔽双绞线	电缆容量	$<60pF/m$
导体截面积	24AWG（$0.22mm^2$）或更粗	阻抗	$100\sim200\Omega$

PROFIBUS 网络的最大长度有赖于波特率和所用电缆的类型，表 7.4 中列出的规范电缆时网络段的最大长度。

表 7.4　　　　　　　　　　　　　　　　PROFIBUS 网络的最大长度

传输速率（bit/s）	网络段的最大电缆长度（m）	传输速率（bit/s）	网络段的最大电缆长度（m）
$9.6\sim93.75k$	1200	$1\sim1.5M$	200
$187.5k$	1000	$3\sim12M$	100
$500k$	400		

7.3.5　网络中继器

西门子公司提供连接到 PROFIBUS 网络环的网络中继器，如图 7.7 所示。利用中继

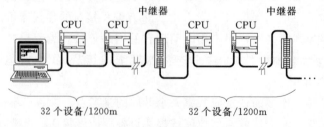

中继器　　　　　　　中继器
CPU　CPU　　　　CPU　CPU

32 个设备/1200m　　　32 个设备/1200m

图 7.7　网络中继器

器可以延长网络通信距离，允许在网络中加入设备，并且提供了一个隔离不同网络环的方法。在波特率是 9600bit/s 时，PROFIBUS 允许在一个网络环上最多有 32 个设备，这时通信的最长距离是 1200m（3936ft）。每个中继器允许加入另外 32 个设备，而且可以把网络再延长 1200m。在网络中最多可以使用 9 个中继器。每个中继器为网络环提供偏置和终端匹配。

7.3.6　EM277 PROFIBUS—DP 模块

EM277 PROFIBUS—DP 模块是专门用于 PROFIBUS—DP 协议通信的智能扩展模块。它的外形如图 7.8 所示。EM277 机壳上有一个 RS—485 接口，通过接口可将 S7—200 系列 CPU 连接至网络，它支持 PROFIBUS—DP 和 MPI 从站协议。其上的地址选择开关可进行地址设置，地址范围为 0～99。

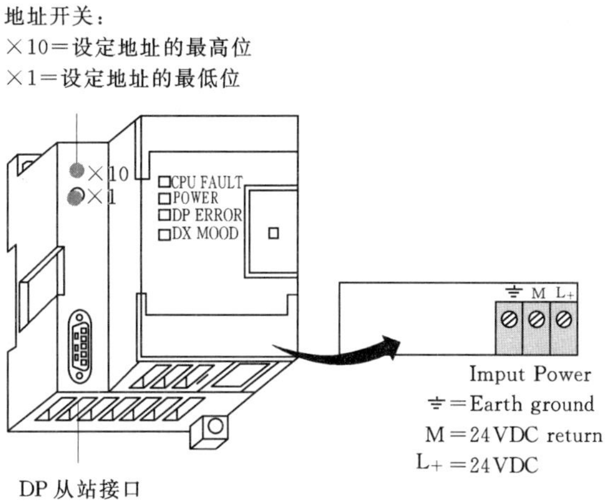

PROFIBUS—DP 是由欧洲标准 EN50170 和国际标准 IEC61158 定义的一种远程 I/O 通信协议。遵守这种标准的设备即使是由不同公司制造的，也是兼容的。DP 表示分布式外围设备，即远程 I/O。PROFIBUS 表示过程现场总线。EM277 模块作为 PRO-FIBUS—DP 协议下的从站，实现通信功能。

除以上介绍的通信模块外，还有其他的通信模块。如用于本地扩展的 CP243—2 通信处理器，利用该模块可增加 S7—200 系列 CPU 的输入、输出点数。

地址开关：
×10＝设定地址的最高位
×1＝设定地址的最低位

×10
×1
□CPU FAULT
□POWER
□DP ERROR
□DX MOOD

M L+

Imput Power
⏚＝Earth ground
M＝24 VDC return
L+＝24 VDC

DP 从站接口

图 7.8　EM227 PROFIBUS—DP 模块

通过 EM277 PROFIBUS—DP 扩展从站模块，可将 S7—200 CPU 连接到 PROFI-BUS—DP 网络。EM277 经过串行 I/O 总线连接到 S7—200 CPU。PROFIBUS 网络经过其 DP 通信端口，连接到 EM277 PROFIBUS—DP 模块。这个端口可运行于 9600bit/s 和 12Mbit/s 之间的任何 PROFIBUS 支持的波特率。作为 DP 从站，EM277 模块接受从主站来的多种不同的 I/O 配置，向主站发送和接收不同数量的数据，这种特性使用户能修改所传输的数据量，以满足实际应用的需要。与许多 DP 站不同的是 EM277 模块不仅仅是传输 I/O 数据，EM277 能读写 S7—200 CPU 中定义的变量数据块，这样使用户能与主站交换任何类型的数据。首先，将数据移到 S7—200 CPU 中的变量存储器，就可将输入计数值、定时器值或其他计算值传送到主站。类似地，从主站来的数据存储在 S7—200 CPU 中的变量存储器内，并可移到其他数据区。EM277 PROFIBUS—DP 模块的 DP 端口可连接到网络上的一个 DP 主站上，但仍能作为一个 MPI 从站与同一网络上如 SI-MATIC 编程器或 S7—300/S7—400 CPU 等其他主站进行通信。图 7.9 表示有一个 CPU224 和一个 EM277 PROFIBUSDP 模拟的 PROFIBUS 网络。在种场合，CPU315—2

是 DP 主站，并且已通过一个带有 STEP 7 编程软件的 SIMATIC 编程器进行组态。CPU224 是 CPU 315—2 所拥有的一个 DP 从站，ET 200I/O 模块也是 CPU315—2 的从站，S7—400 CPU 连接到 PROFIBUS 网络，并且借助于 S7—400 CPU 用户程序中的 XGET 指令，可从 CPU224 读取数据。

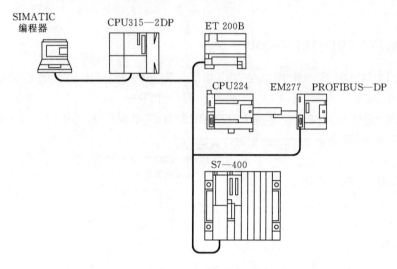

图 7.9　PROFIBUS 网络上的 EM 277 PROFIBUS—DP 模块和 CPU224

7.4　S7—200PLC 的通信

本节介绍与 S7—200 联网通信有关的网络协议，包括 PPI、MPI、PROFIBUS、ModBus 等协议，以及相关的程序指令。

7.4.1　概述

S7—200 的通信功能强，有多种通信方式可供用户选择。在运行 Windows 或 Windows NT 操作系统的个人计算机（PC）上安装了编程软件后，PC 可作为通信中的主站。

1. 单主站方式

单主站与一个或多个从站相连（图 7.10）SETP 7—Micro/WIN 每次和一个 S7—200CPU 通信，但是它可以访问网络上的所有 CPU。

2. 多主站方式

通信网络中有多个主站，一个或多个从站。图 7.11 所示带 CP 通信卡的计算机和文本显示器 TD200、操

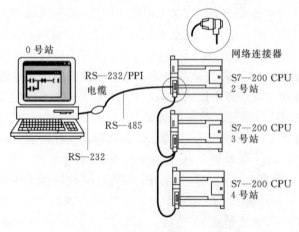

图 7.10　单主站与一个或多个从站相连

作面板 OP15 是主站，S7—200CPU 可以是从站或主站。

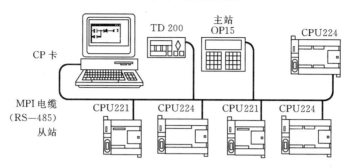

图 7.11　通信网络中有多个主站

3. 使用调制解调器的远程通信方式

利用 RS—232/PPI 电缆与调制解调器连接，可以增加数据传输的距离。串行数据通信中，串行设备可以是数据终端设备（DTE），也可以是数据发送设备（DCE）。当数据从 RS—485 传送到 RS—232 口时，RS—232/PPI 电缆是接收模式（DTE），需要将 DIP 位开关 5 设置为 1 的位置，当数据从 RS—232 传送到 RS—485 口时，RS—232/PPI 电缆是发送模式（DCE），需要将 DIP 开关的第 5 个设置为 0 的位置。

S7—200 系列 PLC 单主站通过 11 位调制解调器（Modem）与一个或多个作为从站的 S7—200 CPU 相连，或单主站通过 10 位调制解调器与一个作为从站的 S7—200 CPU 相连。

4. S7—200 通信的硬件选择

表 7.5 给出了可供用户选择的 SETP 7—Micro/WIN 支持的通信硬件和波特率。除此之外，S7—200 还可以通过 EM277 PROFIBUS—DP 现场总线网络，各通信卡提供一个与 PROFIBUS 网络相连的 RS—485 通信口。

表 7.5　　　　　　　　　　SETP 7—Micro/WIN 支持的硬件配置

支持的硬件	类型	支持的波特率（kbit/s）	支持的协议
RS—232/PPI 电缆	到 PC 通信口的电缆连接器	9.6，19.2	PPI 协议
CP5511	Ⅱ 型，PCMCIA 卡	9.6，19.2，187.5	支持用于笔记本电脑的 PPI，MPI 和 PROFIBUS 协议
CP5611	PCI 卡（版本 3 或更高）		支持用于 PC 的 PPI，MPI 和 PROFIBUS 协议
MPI	集成在编程器中的 PC ISA 卡		

S7—200 CPU 可支持多种通信协议，如点到点（Point‐to‐Point）的协议（PPI）、多点协议（MPI）及 PROFIBUS 协议。这些协议的结构模型都是基于开放系统互联参考模型（OSI）的 7 层通信结构。PPI 协议和 MPI 协议通过令牌环网实现。令牌环网遵守欧洲标准 EN50170 中的过程现场总线（PROFIBUS）标准。它们都是异步、基于字符的协议，传输的数据带有起始位、8 位数据、奇校验和一个停止位。每组数据都包含特殊的起始和结束标志、源站地址和目的站地址、数据长度、数据完整性检查几部分。只要相互的波特率相同，3 个协议可在同一网络上运行而不互相影响。

除上述 3 种协议外，自由通信口方式是 S7—200 PLC 的一个很有特色的功能。它使 S7—200 PLC 可以与任何通信协议公开的其他设备控制器进行通信，即 S7—200 PLC 可以由用户自己定义通信协议，如 ASCII 协议，波特率最高为 38.4kbit/s 可调整，因此使可通信的范围大大增加，使控制系统配置更加灵活方便。任何具有串行接口的外设，例如打印机或条形码阅读器、变频器、调制解调器 Modem、上位 PC 机等。S7—200 系列微型 PLC 用于两个 CPU 间简单的数据交换，用户可通过编程来编制通信协议来交换数据，例如，具有 RS—232 接口的设备可用 RS—232/PPI 电缆连接起来，进行自由通信方式通信。利用 S7—200 的自由通信口及有关的网络通信指令，可以将 S7—200 CPU 加入 Mod-Bus 网络和以太网络。

7.4.2　利用 PPI 协议进行网络通信

PPI 通信协议是西门子专为 S7—200 系列 PLC 开发的一个通信协议，可通过普通的两芯屏蔽双绞电缆进行联网，波特率为 9.6kbit/s、19.2kbit/s 和 187.5kbit/s 。S7—200

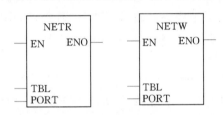

图 7.12　网络读、网络写指令
NETR、NETW

系列 CPU 上集成的编程口同时也是 PPI 通信联网接口，利用 PPI 通信协议进行通信非常简单方便，只用 NETR 和 NETW 两条语句，即可进行数据信号的传递，不需额外再配置模块或软件。PPI 通信网络是一个令牌传递网，在不加中继器的情况下，最多可以由 31 个 S7—200 系列 PLC、TD200、OP/TP 面板或上位机插 MPI 卡为站点构成 PPI 网。

网络读、网络写指令有 NETR（Network Read）、NETW（Network Write）。

网络读、网络写指令格式如图 7.12 所示。

TBL：缓冲区首址，操作数为字节。

PROT：操作端口，CPU226 为 0 或 1，其他只能为 0。

网络读 NETR 指令是通过端口（PROT）接收远程设备的数据并保存在表（TBL）中。可从远方站点最多读取 16 字节的信息。

网络写 NETW 指令是通过端口（PROT）向远程设备写入在表（TBL）中的数据。可向远方站点最多写入 16 字节的信息。

在程序中可以有任意多 NETR/NETW 指令，但在任意时刻最多只能有 8 个 NETR 及 NETW 指令有效。TBL 表的参数定义见表 7.6。

表 7.6 中各参数的意义如下：

远程站点的地址：被访问的 PLC 地址。

数据区指针（双字）：指向远程 PLC 存储区中的数据的间接指针。

接收或发送数据区：保存数据的 1~16 个字节，其长度在"数据长度"字节中定义。对于 NETR 指令，此数据区指执行 NETR 后存放从远程站点读取的数据区。对于 NETW 指令，此数据区指执行 NETW 前发送给远程站点的数据存储区。

表 7.6 中字节的意义如下。

表 7.6 TBL 表 的 参 数 定 义

VB100	D	A	E	0	错误码
VB101					远程站点的地址
VB102					
VB103					指向远程站点的数据指针
VB104					
VB105					
VB106					数据长度（1～16 字节）
VB107					数据字节 0
VB108					数据字节 1
⋮					⋮
VB122					数据字节 15

D：操作已完成。0 表示未完成，1 表示功能完成。

A：激活（操作已排队）。0 表示未激活，1 表示激活。

E：错误。0 表示无错误，1 表示有错误。

4 位错误代码的说明如下。

0：无错误。

1：超时错误。远程站点无响应。

2：接收错误。有奇偶错误等。

3：离线错误。重复的站地址或无效的硬件引起冲突。

4：排队溢出错误。多于 8 条 NETR/NETW 指令被激活。

5：违反通信协议。没有在 SMB30 中允许 PPI，就试图使用 NETR、NETW 指令。

6：非法参数。

7：没有资源。远程站点忙（正在进行上载或下载）。

8：第七层错误。违反应用协议。

9：信息错误。错误的数据地址或错误的数据长度。

7.4.3 利用 MPI 协议进行网络通信

MPI 协议总是在两个相互通信的设备之间建立逻辑连接。MPI 协议允许主/主和主/从两种通信方式。选择何种方式依赖于设备类型。如果是 S7—300 CPU，由于所有的 S7—300 CPU 都必须是网络主站，所以进行主/主通信方式。如果设备是 S7—200 CPU，那么就进行主/从通信方式，因为 S7—200 CPU 是从站。在 7.11 图中，S7—200 可以通过内置接口，连接到 MPI 网络上，波特率为 19.2kbit/s、187.5kbit/s 。它可与 S7—300 或者是 S7—400 CPU 进行通信。S7—200 CPU 在 MPI 网络中作为从站，它们彼此间不能通信。

7.4.4 利用 PROFIBUS 协议进行网络通信

PROFIBUS 是世界上第一个开放式现场总线标准，目前技术已成熟，其应用领域覆盖了从机械加工、过程控制、电力、交通到楼宇自动化的各个领域。PROFIBUS 于 1995 年成为欧洲工业标准（EN50170），1999 年成为国际标准（1EC61158—3）。

在 S7—200 系列 PLC 的 CPU 中，CPU22X 都可以通过增加 EM277 PROFIBUS—DP 扩展模块的方法支持 PROFIBUS DP 网络协议。最高传输速率可达 12Mbit/s。采用 PRO-FIBUS 的系统，对于不同厂家所生产的设备不需要对接口进行特别的处理和转换，就可以通信。PROFIBUS 连接的系统由主站和从站组成，主站能够控制总线，当主站获得总线控制权后，可以主动发送信息。从站通常为传感器、执行器、驱动器和变送器。它们可以接收信号并给予响应，但没有控制总线的权力。当主站发出请求时，从站回送给主站相应的信息。

PRORFIBUS 除了支持主/从模式，还支持多主/多从的模式。对于多主站的模式，在主站之间按令牌传递顺序决定对总线的控制权。取得控制权的主站，可以向从站发送，获取信息，实现点对点的通信。

西门子 S7 通过 PROFIBUS 现场总线构成的系统，其基本特点如下：

（1）PLC、I/O 模板、智能仪表及设备可通过现场总线连接，特别是同厂家的产品提供通用的功能模块管理规范，通用性强，控制效果好。

（2）I/O 模板安装在现场设备（传感器、执行器等）附近，结构合理。

（3）信号就地处理，在一定范围内可实现互操作。

（4）编程仍采用组态方式，设有统一的设备描述语言。

（5）传输速率可在 9.6kbit/s～12Mbit/s 间选择。

（6）传输介质可以用金属双绞线或光纤。

1. PROFIBUS 的组成

PROFIBUS 由 3 个相互兼容的部分组成，即 PROFIBUS—FMS，PROFIBUS—DP 及 PROFIBUS—PA。

（1）PROFIBUS—DP（Distributed Periphery 分布 I/O 系统）。PROFIBUS—DP 是一种优化模板，是制造业自动化主要应用的协议内容，是满足用户快速通信的最佳方案，每秒可传输 12Mbit。扫描 1000 个 I/O 点的时间少于 1ms。它可以用于设备级的高速数据传输，远程 I/O 系统尤为适用。位于这一级的 PLC 或工业控制计算机可以通过 PROFI-BUSE—DP 同分散的现场设备进行通信。

（2）PROFIBUS—PA（Process Automation 过程自动化）。是为 PA 主要用于过程自动化的信号采集及控制，它是专为过程自动化所设计的协议，可用于安全性要求较高的场合及总线集中供电的站点。

（3）PROFIBUS—FMS（Fieldbus Message Specification 现场总线信息规范）。FMS 是为现场的通用通信功能所设计，主要用于非控制信息的传输，传输速度中等，可以用于车间级监控网络。FMS 提供了大量的通信服务，用以完成以中等级传输速度进行的循环和非循环的通信服务。对于 FMS 而言，它考虑的主要是系统功能而不是系统响应时间，应用过程中通常要求的是随机的信息交换，如改变设定参数。FMS 服务向用户提供了广泛的应用范围和更大的灵活性，通常用于大范围、复杂的通信系统。

2. PROFIBUS 协议结构

PROFIBUS 协议以 ISO/OSI 参考模型为基础。第一层为物理层，定义了物理的传输特性；第二层为数据链路层；第三层～第六层 PROFIBUS 未使用；第七层为应用层，定义了应用的功能。PROFIBUS—DP 是高效、快速的通信协议，它使用了第一层、第二层及用户接口，第三层～第七层未使用。这样简化了的结构确保了 DP 的高速的数据传输。

3. 传输技术

PROFIBUS 对于不同的传输技术定义了唯一的介质存取协议。

（1）RS—485。RS—485 是 PROFIBUS 使用最频繁的传输技术，具体论述参见前面有关章节。

（2）IEC61158—2。根据 IEC61158—2 在过程自动化中使用固定波特率 31.25kbit/s 的同步传输，它可以满足化工和石化工业对安全的要求，采用双线技术通过总线供电，这样 PROFIBUS 就可以用于危险区域了。

（3）光纤。在电磁干扰强度很高的环境和高速、远距离传输数据时，PROFIBUS 可使用光纤传输技术。使用光纤传输的 PROFIBUS 总线段可以设计成星形或环形结构。现在在市面上已经有 RS—485 传输链接与光纤传输链接之间的耦合器，这样就实现了系统内 RS—485 和光纤传输之间的转换。

（4）PROFIBUS 介质存取协议。PROFIBUS 通信规程采用了统一的介质存取协议，此协议由 OSI 参考模型的第二层来实现。在 PROFIBUS 协议设计时充分考虑了满足介质存取控制的两个要求，即在主站间通信时，必须保证在分配的时间间隔内，每个主站都有足够的时间来完成它的通信任务，在 PLC 与从站（PLC 或其他设备）间通信时，必须快速、简捷地完成循环，进行实时的数据传输。为此，PROFIBUS 提供了两种基本的介质存取控制，即令牌传递方式和主/从方式。

令牌传递方式可以保证每个主站在事先规定的时间间隔内都能获得总线的控制权。令牌是一种特殊的报文，它在主站之间传递着总线控制权，每个主站均能按次序获得一次令牌，传递的次序是按地址升序进行的。

主/从方式允许主站在获得总线控制权时，可以与从站通信，每发送或获得信息。

主站要发出信息，必须持有令牌。假设有一个由 3 个主站和 7 个从站构成的 PROFIBUS 系统。3 个主站构成了一个令牌传递的逻辑环，在这个环中，令牌按照系统预先确定的地址升序从一个主站传递给下一个主站。当一个主站得到了令牌后，它就能在一定的时间间隔内执行该主站的任务，可以按照主/从关系与所有从站通信，也可以按照主/主关系与所有主站通信。在总线系统建立的初期阶段，主站的介质存取控制（MAC）的任务是决定总线上的站点分配并建立令牌逻辑环。在总线的运行期间，损坏的或断开的主站必须从环中撤除，新接入的主站必须加入逻辑环。MAC 的其他任务是检测传输介质和收发器是否损坏，检查站点地址是否出错，以及令牌是否丢失或有多个令牌。

PROFIBUS 的第二层按照国际标准 IEC870—5—1 的规定，通过使用特殊的起始位和结束位、无间距字节异步传输及奇偶校验来保证传输数据的安全。PROFIBUS 第二层按照非连接的模式操作，除了提供点对点通信功能外，还提供多点通信的功能，即广播通信和有选择的广播、组播。所谓广播通信，即主站向所有站点（主站和从站）发送信息，不要求回答。所谓有选择的广播、组播是指主站向一组站点（从站）。

4. S7—200 CPU 接入 PROFIBUS 网络

S7—200 CPU 必须通过 PROFIBUS—DP 模块 EM277 连接到网络，不能直接接入 PROFIBUS 网络进行通信。EM277 经过串行 I/O 总线连接到 S7—200 CPU。PROFIBUS 网络经过其 DP 通信端口，连接到 EM277 模块。这个端口支持 9600bit/s～12Mbit/s 之间的任何传输速率。EM277 模块在 PROFIBUS 网络中只能作为 PROFIBUS 从站出现。作为 DP 从站，EM277 模块接受从主站来的多种不同的 I/O 配置，向主站发送和接收不同数量的数据。这种特性使用户能修改所传输的数据量，以满足实际应用的需要。与许多 DP 站不同的是，EM277 模块不仅仅传输 FO 数据。EM277 能读写 S7—200 CPU 中定义的变量数据块。这样，使用户能与主站交换任何类型的数据。通信时，首先将数据移到 S7—200 CPU 中的变量存储区，就可将输入、计数值、定时器值或其他计算值传输到主站。类似地，从主站来的数据存储在 S7—200 CPU 中的变量存储区内，进而可移到其他数据区。

EM277 模块的 DP 端口可连接到网络上的一个 DP 主站上，仍能作为一个 MPI 从站与同一网络上如 SIMATIC 编程器或 S7—300/S7—400 CPU 等其他主站进行通信。为了将 EM277 作为一个 DP 从站使用，用户必须设定与主站组态中的地址相匹配的 DP 端口地址。从站地址是使用 EM277 模块上的旋转开关设定的。在变动旋转开关之后，用户必须重新启动 CPU 电源，以便使新的从站地址起作用。主站通过将其输出区来的信息发送给从站的输出缓冲区（称为接收信箱），与每个从站交换数据。从站将其输入缓冲区（称为发送信箱）的数据返回给主站的输入区，以响应从主站来的信息。

EM277 可用 DP 主站组态，以接收从主站来的输出数据，并将输入数据返回给主站。输出和输入数据缓冲区驻留在 S7—200CPU 的变量存储区（V 存储区）内。当用户组态 DP 主站时，应定义 V 存储区内的字节位置。从这个位置开始为输出数据缓冲区，它应作为 EM277 的参数赋值信息的一个部分。用户也要定义 FO 配置，它是写入到 S7—200 CPU 的输出数据总量和从 S7—200 CPU 返回的输入数据总量。EM277 从 FO 配置确定输入和输入缓冲区的大小。DP 主站将参数赋值和 I/O 配置信息写入到 EM277 模块 V 存储器地址和输入及输出数据长度传输给 S7—200 CPU。

输入和输出缓冲区的地址可配置在 S7—200 CPU 的 V 存储区中任何位置。输入和输出缓冲区器的默认地址为 VB0。输入和输出缓冲地址是主站写入 S7—200 CPU 赋值参数的一部分。用户必须组态主站以识别所有的从站及将需要的参数和 I/O 配置写入每一个从站。

一旦 EM277 模块已用一个 DP 主站成功地进行了组态，EM277 和 DP 主站就进入数据交换模式。在数据交换模式中，主站将输出数据写入到 EM277 模块，然后，EM277 模块响应最新的 S7—200 CPU 输入数据。EM277 模块不断地更新从 S7—200 CPU 来的输入，以便向 DP 主站提供最新的输入数据。然后，该模块将输出数据传输给 S7—200 CPU。从主站来的输出数据放在 V 存储区中（输出缓冲区）由某地址开始的区域内，而该地址是在初始化期间，由 DP 主站提供的。传输到主站的输入数据取自 V 存储区存储单元（输入缓冲区），其地址是紧随输出缓冲区的。

在建立 S7—200 CPU 用户程序时，必须知道 V 存储区中的数据缓冲区的开始地址和缓冲区大小。从主站来的输出数据必须通过 S7—200 CPU 中的用户程序，从输出缓冲区转移到其他所用的数据区。类似地，传输到主站的输入数据也必须通过用户程序从各种数据区转移到输入缓冲区，进而发送到 DP 主站。

从 DP 主站来的输出数据，在执行程序扫描后立即放置在 V 存储区内。输入数据（传输到主站）从 V 存储区复制到 EM277 中，以便同时传输到主站。当主站提供新的数据时，则从主站来的输出数据才写入到 V 存储区内。在下次与主站交换数据时，将送到主站的输入数据发送到主站。

SMB200～SMB249 提供有关 EM277 从站模块的状态信息（如果它是 I/O 链中的第一个智能模块）。如果 EM277 是 I/O 链中的第二个智能模块，那么，EM277 的状态是从 SMB250～SMB299 获得的。如果 DP 尚未建立与主站的通信，那么，这些 SM 存储单元显示默认值。当主站已将参数和 I/O 组态写入到 EM277 模块后，这些 SM 存储单元显示 DP 主站的组态集。用户应检查 SMB224，并确保在使用 SMB225～SMB229 或 V 存储区中的信息之前，EM277 已处于与主站交换数据的工作模式。

7.4.5 利用 ModBus 协议进行网络通信

STEP 7—Micro/WIN 指令库包含有专门为 Modbus 通信设计的预先定义的专门的子程序和中断服务程序，从而与 Modbus 主站通信简单易行。使用一个 Modbus 从站指令可以将 S7—200 组态为一个 Modbus 从站，与 Modbus 主站通信。当在用户编制的程序中加入 Modbus 从站指令时，相关的子程序和中断程序自动加入到所编写的项目中。

1. Modbus 协议介绍

Modbus 协议是应用于电子控制器上的一种通用语言，具有较广泛的应用。Modbus 协议现在为一通用工业标准。有了它，不同厂商生产的控制设备可以连成工业网络，进行集中监控。通过此协议，控制器相互之间、控制器经由网络（例如以太网）和其他设备之间可以通信。该协议定义了一个控制器能认识使用的消息结构，而不管它们是经过何种网络进行通信的。它描述了控制器请求访问其他设备的过程，以及怎样检测错误并进行记录。它确定了消息域格式及内容的公共格式。

当在 Modbus 网络上通信时，每个控制器需要知道它们的设备地址，识别按地址发来的消息，决定要产生何种行动。如果需要回应，控制器将生成反馈信息并用 Modbus 协议发出。在其他网络上，包含了 Modbus 协议的消息转换为在此网络上使用的帧或包结构。这种转换也扩展了根据具体的网络解决节点地址、路由路径及错误检测的方法。

（1）ModBus 协议网络选择。在 Modbus 网络上转输时，标准的 Modbus 口是使用与 RS—232C 兼容的串行接口，它定义了连接口的引脚、电缆、信号位、传输波特率、奇偶校验。控制器能直接或经由 Modem 组网。

控制器通信使用主/从技术，即指只有一个设备（主设备）能初始化传输（查询），其他设备（从设备）则根据主设备查询提供的数据做出相应反应。典型的主设备有主机和可编程仪表；典型的从设备有 PLC。

主设备可单独与从设备通信，也能以广播方式和所有从设备通信。如果单独通信，从设备返回消息作为回应，如果是以广播方式查询的，则不做任何回应。Modbus 协议建立了主设备查询的格式：设备（或广播）地址、功能代码、所有要发送的数据、错误检测域。从设备回应消息也由 Modbus 协议构成，包括确认要行动的域、任何要返回的数据和错误检测域。如果在消息接收过程中发生错误，或从设备不能执行其命令，从设备将建立错误消息并把它作为回应发送出去。

（2）ModBus 查询——回应周期。

1）查询消息包括功能代码、数据段、错误检测等几部分。功能代码告之被选中的从设备要执行何种功能。数据段包含了从设备要执行功能的任何附加信息。例如功能代码 03 是要求从设备读保持寄存器并返回它们的内容。数据段必须包含要告之从设备的信息，即从何寄存器开始读和要读的寄存器数量。错误检测域为从设备提供了一种验证消息内容是否正确的方法。

2）回应消息包括功能代码、数据段、错误检测等几部分。如果从设备产生正常的回应，在回应消息中的功能代码是在查询消息中的功能代码的回应。数据段包括了从设备收集的数据，即寄存器值或状态。如果有错误发生，功能代码将被修改以用于指出回应消息是错误的，同时数据段包含了描述此错误信息的代码。错误检测域允许主设备确认消息内容是否可用。

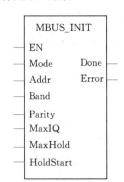

图 7.13　MBUS _ INIT
指令

3）ModBus 数据传输模式。控制器能设置为两种传输模式（ASCII 或 RTU）中的任何一种。在配置每个控制器的时候，一个 Modbus 网络上的所有设备都必须选择相同的传输模式和串口通信参数（波特率、校验方式等）。所选的 ASCII 或 RTU 方式仅适用于标准的 Modbus 网络，它定义了在这些网络上连续传输的消息段的每一位，以及决定怎样将信息打包成消息域和如何解码。在其他网络上（像 MAP 和 Modbus Plus）Modbus 消息被转成与串行传输无关的帧。

2.S7—200 中 ModBus 从站协议指令

（1）MBUS INIT 指令。用于使能、初始化或禁止 Modbus 通信，如图 7.13 所示。只有当本指令执行无误后，才能执行 MBUS _ SLVE 指令。当 EN 位使能时，在每个周期 MBUS _ INIT 都被执行。但在使用时，只有当改变通信参数时，MBUS _ INIT 指令才重新执行，因此，EN 位的输入端应采用脉冲输入，并且该脉冲的应采用边沿检测的方式产生，或者采取措施使 MBUS _ INIT 指令只执行一次。

表 7.7 列出了 MBUS _ INIT 指令各参数的类型及适用的变量。

参数说明：

1）参数 Baud 用于设置波特率，可选 1200bit/s、2400bit/s、4800bit/s、9600bit/s、19200bit/s、38400bit/s、57600bit/s、11520bit/s。

2）参数 Addr 用于设置地址，地址范围为 1～247。

3）参数 Parity 用于设置校验方式使之与 ModBus 主站匹配。其值可为 0（无校验）、

1（奇校验）、2（偶校验）。

表 7.7　　　　　　　　　　MBUS_INIT 指令各参数的类型及适用的变量

输入/输出	数据类型	适　用　变　量
Mode，Addr，Parity	Byte	VB、IB、QB、MB、SB、SMB、LB、AC、Constant、*AC、*VD、*LD
Baud，HoldStart	Dwore	VD、ID、QD、MD、SD、SMD、LD、AC、Constant、*AC、*VD、*LD
Delay，MaxAI，MaxHold	Word	VW、IW、QW、MW、SW、SMW、LW、AC、Constant、*AC、*VD、*LD
Done	Bool	I、Q、M、S、SM、T、C、V、L
Error	Byte	VB、IB、QB、MB、SB、SMB、LB、AC、*AC、*VD、*LD

4）参数 MaxIQ 用于设置最大可访问的 I/O 点数。

（2）MBUS_SLAVE 指令。MBUS_SLAVE 指令用于响应 ModBus 主站发出的请求。该指令应该在每个扫描周期都被执行，以检查是否有主站的请求。其梯形图指令如图7.14 所示。只有当指令的 EN 位输入有效时，该指令在每个扫描周期才被执行。当响应 ModBus 主站的请求时，Done 位有效，否则 Done 处于无效状态。位 Error 显示指令执行的结果。Done 有效时 Error 才有效，但 Done 由有效变为无效时，Error 状态并不发生改变。表 7.8 列出了 MBUS_SLAVE 指令各参数的类型及适用的变量。

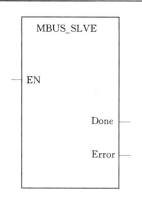

图7.14　MBUS_SLAVE 指令

表 7.8　　　　　　　　　　MBUS_SLAVE 指令各参数的类型及适用的变量

参数	数据类型	操　作　数
Done	Bool	I、Q、M、S、SM、T、C、V、L
Error	Byte	VB、IB、QB、MB、SB、SMB、LB、AC、*AC、*VD、*LD

7.4.6　工业以太网

随着网络控制技术的发展和成熟，自动控制技术、计算机、通信、网络技术、信息交换的网络正迅速全面覆盖，从工厂的现场设备到控制到管理的各个层次中均有应用，由于领域宽，导致企业网络不同层次间的数据传输已变得越来越复杂了。人们对工业局域网的开放性、互联性、带宽等方面提出了更高的要求，应用传统的现场总线的工业控制网已无法实现企业管理自动化与工业控制自动化的无缝接合，技术上早已成熟的管理网——以太网正在闯入人们的视线。20 世纪 70 年代末期，由 Xerox、DEC 和 Intel 公司共同推出的以太网产品发展到现在已获得了空前的发展，传输速率从早期的 10Mbit/s 到 100Mbit/s 的快速以太网产品，已经开始流行。早期阻碍以太网应用与实时控制的难点已被解决，工业以太网已经成为工业控制系统的一种新的工业通信网。工业以太网有以下的一些优点：

（1）以太网可以满足控制系统各个层次的要求，使企业信息网与控制网得以统一。

（2）可使设备的成本下降。

（3）有利于企业工程人员的学习和管理，以太网维护容易，工作人员无需再专门学习。

（4）工业以太网易于与其他网络（如 Internet）进行集成。

（5）速度更快。

西门子公司已将工业以太网运用于工业控制领域，用 ASI、PROFIBUS 和工业以太网可以构成监控系统。

习 题 与 思 考 题

7.1　什么是并行传输？什么是串行传输？

7.2　什么是异步传输和同步传输？

7.3　为什么要对信号进行调制和解调？

7.4　常见的传输介质有哪些，它们的特点是什么？

7.5　RS—232/PPI 电缆上的 DIP 开关如何设定？

7.6　奇偶检验码如何实现奇偶检验？

7.7　常见的网络的拓扑结构有哪些？

7.8　NETR/NETW 指令各操作数的含义是什么？如何应用？

7.9　MBUS＿INIT 指令各操作数的含义是什么？如何应用？

7.10　MBUS＿SLAVE 指令各操作数的含义是什么？如何应用？

第8章 PLC应用系统设计及实例

8.1 应用系统设计概述

在了解了PLC的基本工作原理和指令系统之后，可以结合实际进行PLC的设计，PLC的设计包括硬件设计和软件设计两部分，PLC设计的基本原则是：

（1）充分发挥PLC的控制功能，最大限度地满足被控制的生产机械或生产过程的控制要求。

（2）在满足控制要求的前提下，力求使控制系统经济、简单，维修方便。

（3）保证控制系统安全可靠。

（4）考虑到生产发展和工艺的改进，在选用PLC时，在I/O点数和内存容量上适当留有余地。

（5）软件设计主要是指编写程序，要求程序结构清楚，可读性强，程序简短，占用内存少，扫描周期短。

8.2 PLC应用系统的设计

8.2.1 PLC控制系统的设计内容及设计步骤

1. PLC控制系统的设计内容

（1）根据设计任务书，进行工艺分析，并确定控制方案，它是设计的依据。

（2）选择输入设备（如按钮、开关、传感器等）和输出设备（如继电器、接触器、指示灯等执行机构）。

（3）选定PLC的型号（包括机型、容量、I/O模块和电源等）。

（4）分配PLC的I/O点，绘制PLC的I/O硬件接线图。

（5）编写程序并调试。

（6）设计控制系统的操作台、电气控制柜等以及安装接线图。

（7）编写设计说明书和使用说明书。

2. 设计步骤

（1）工艺分析。深入了解控制对象的工艺过程、工作特点、控制要求，并划分控制的各个阶段，归纳各个阶段的特点和各阶段之间的转换条件，画出控制流程图或功能流程图。

（2）选择合适的PLC类型。在选择PLC机型时，主要考虑以下几点：

1）功能的选择。对于小型的 PLC 主要考虑 I/O 扩展模块、A/D 与 D/A 模块以及指令功能（如中断、PID 等）。

2）I/O 点数的确定。统计被控制系统的开关量、模拟量的 I/O 点数，并考虑以后的扩充（一般加上 15%～20% 的备用量），从而选择 PLC 的 I/O 点数和输出规格。

3）内存的估算。用户程序所需的内存容量主要与系统的 I/O 点数、控制要求、程序结构长短等因素有关。一般可按下式估算

$$存储容量 = 开关量输入点数 \times 10 + 开关量输出点数 \times 8 + 模拟通道数$$

$$\times 100 + \frac{定时器数量}{计数器数量} \times 2 + 通信接口个数 \times 300 + 备用量$$

（3）分配 I/O 点。分配 PLC 的输入/输出点，编写输入/输出分配表或画出输入/输出端子的接线图，接着就可以进行 PLC 程序设计，同时进行控制柜或操作台的设计和现场施工。

（4）程序设计。对于较复杂的控制系统，根据生产工艺要求，画出控制流程图或功能流程图，然后设计出梯形图，再根据梯形图编写语句表程序清单，对程序进行模拟调试和修改，直到满足控制要求为止。

（5）控制柜或操作台的设计和现场施工。设计控制柜及操作台的电器布置图及安装接线图；设计控制系统各部分的电气互锁图；根据图纸进行现场接线，并检查。

（6）应用系统整体调试。如果控制系统由几个部分组成，则应先作局部调试，然后再进行整体调试；如果控制程序的步序较多，则可先进行分段调试，然后连接起来总调。

（7）编制技术文件。技术文件应包括可编程控制器的外部接线图等电气图纸，电器布置图，电器元件明细表，顺序功能图，带注释的梯形图和说明。

8.2.2　PLC 的硬件设计和软件设计及调试

1. PLC 的硬件设计

PLC 硬件设计包括 PLC 及外围线路的设计、电气线路的设计和抗干扰措施的设计等。

选定 PLC 的机型和分配 I/O 点后，硬件设计的主要内容就是电气控制系统的原理图的设计、电气控制元器件的选择和控制柜的设计。电气控制系统的原理图包括主电路和控制电路。控制电路中包括 PLC 的 I/O 接线和自动、手动部分的详细连接等。电器元件的选择主要是根据控制要求选择按钮、开关、传感器、保护电器、接触器、指示灯、电磁阀等。

2. PLC 的软件设计

软件设计包括系统初始化程序、主程序、子程序、中断程序、故障应急措施和辅助程序的设计，小型开关量控制一般只有主程序。首先应根据总体要求和控制系统的具体情况，确定程序的基本结构，画出控制流程图或功能流程图，简单的可以用经验法设计，复杂的系统一般用顺序控制设计法设计。

3. 软件硬件的调试

调试分为模拟调试和联机调试。

软件设计好后一般先作模拟调试。模拟调试可以通过仿真软件来代替 PLC 硬件在计算机上调试程序。如果有 PLC 的硬件,可以用小开关和按钮模拟 PLC 的实际输入信号(如启动、停止信号)或反馈信号(如限位开关的接通或断开),再通过输出模块上各输出位对应的指示灯,观察输出信号是否满足设计的要求。需要模拟量信号 I/O 时,可用电位器和万用表配合进行。在编程软件中可以用状态图或状态图表监视程序的运行或强制某些编程元件。

硬件部分的模拟调试主要是对控制柜或操作台的接线进行测试。可在操作台的接线端子上模拟 PLC 外部的开关量输入信号,或操作按钮的指令开关,观察对应 PLC 输入点的状态。用编程软件将输出点强制 ON/OFF,观察对应的控制柜内 PLC 负载(指示灯、接触器等)的动作是否正常,或对应的接线端子上的输出信号的状态变化是否正确。

联机调试时,把编制好的程序下载到现场的 PLC 中。调试时,主电路一定要断电,只对控制电路进行联机调试。通过现场的联机调试,还会发现新的问题或对某些控制功能的改进。

8.2.3 PLC 程序设计常用的方法

PLC 程序设计常用的方法主要有经验设计法、继电器控制电路转换为梯形图法、逻辑设计法、顺序控制设计法等。

1. 经验设计法

经验设计法即在一些典型的控制电路程序的基础上,根据被控制对象的具体要求,进行选择组合,并多次反复调试和修改梯形图,有时需增加一些辅助触点和中间编程环节,才能达到控制要求。这种方法没有规律可遵循,设计所用的时间和设计质量与设计者的经验有很大的关系,所以称为经验设计法。经验设计法用于较简单的梯形图设计。应用经验设计法必须熟记一些典型的控制电路,如起保停电路、脉冲发生电路等,这些电路在前面的章节中已经介绍过。

2. 继电器控制电路转换为梯形图法

继电器接触器控制系统经过长期的使用,已有一套能完成系统要求的控制功能并经过验证的控制电路图,而 PLC 控制的梯形图和继电器—接触器控制电路图很相似,因此可以直接将经过验证的继电器接触器控制电路图转换成梯形图。主要步骤如下。

(1) 熟悉现有的继电器控制线路。

(2) 对照 PLC 的 I/O 端子接线图,将继电器电路图上的被控器件(如接触器线圈、指示灯、电磁阀等)换成接线图上对应的输出点的编号,将电路图上的输入装置(如传感器、按钮开关、行程开关等)触点都换成对应的输入点的编号。

(3) 将继电器电路图中的中间继电器、定时器,用 PLC 的辅助继电器、定时器来代替。

(4) 画出全部梯形图,并予以简化和修改。

这种方法对简单的控制系统是可行的,比较方便,但较复杂的控制电路,就不适用了。

【例 8.1】 图 2.7 所示为电动机 Y/△ 降压启动控制主电路和电气控制的原理图。

（1）工作原理。按下启动按钮 SB_2，KM_1、KM_3、KT 通电并自保，电动机接成 Y 型启动，2s 后，KT 动作，使 KM_3 断电，KM_2 通电吸合，电动机接成 △ 形运行。按下停止按钮 SB_1，电动机停止运行。

（2）I/O 分配。

I/O 分配见表 8.1。

表 8.1　　　　　　　　　　　　　　　　【例 8.1】I/O 分配

项目	分　配　项			
输入	输入继电器	对应开关/按钮	功能	备注
	I0.0	SB_1	停止按钮	
	I0.1	SB_2	启动按钮	
	I0.2	FR	过载保护	
输出	输出继电器	负载	功能	备注
	Q0.0	KM		
	Q0.1	$KM_△$		
	Q0.2	KM_Y		

（3）梯形图程序。转换后的梯形图程序如图 8.1 所示。按照梯形图语言中的语法规定简化和修改梯形图。为了简化电路，当多个线圈都受某一串并联电路控制时，可在梯形图中设置该电路控制的存储器的位，如 M0.0。简化后的程序如图 8.2 所示。

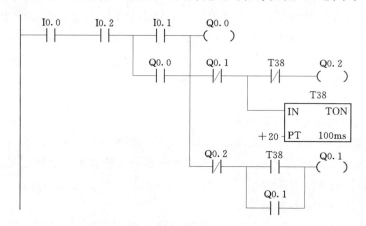

图 8.1　【例 8.1】梯形图程序

3. 逻辑设计法

逻辑设计法是以布尔代数为理论基础，根据生产过程中各工步之间的各个检测元件（如行程开关、传感器等）状态的变化，列出检测元件的状态表，确定所需的中间记忆元件，再列出各执行元件的工序表，然后写出检测元件、中间记忆元件和执行元件的逻辑表达式，再转换成梯形图。该方法在单一的条件控制系统中非常好用，相当于组合逻辑电路，但用在与时间有关的控制系统中就很复杂。

下面将介绍一个交通信号灯的控制电路。

【例 8.2】 用 PLC 构成交通灯控制系统。

(1) 控制要求。如图 8.3 所示，启动后，南北红灯亮并维持 25s，南北红灯亮的同时东西绿灯亮并维持 20s，东西绿灯亮 1s 后，东西车灯甲亮（表示东西向车通行），东西绿灯亮 20s 后闪亮 3s，3s 时间到时，车灯甲熄灭同时东西黄灯亮并维持 2s，2s 时间到时，南北红灯和东西黄灯熄灭；东西红灯亮并维持 30s，东西红灯亮的同时南北绿灯亮并维持 25s，南北绿灯亮 1s 后，南北车灯乙亮（表示南北向车通行），南北绿灯亮 25s 后闪亮 3s，3s 时间到时，车灯乙熄灭同时南北黄灯亮并维持 2s，2s 时间到时，东西红灯和南北黄灯熄灭。循环进入下一个周期。

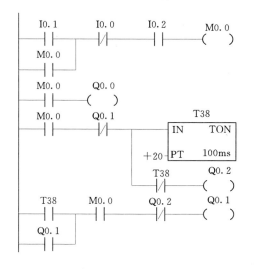

图 8.2 【例 8.1】简化后的梯形图程序

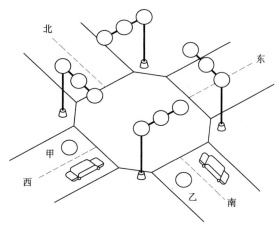

图 8.3 交通灯控制示意图

(2) I/O 分配。I/O 分配见表 8.2。

表 8.2   I/O 分 配

项目	分 配 项		
输入	输入继电器	功能	备注
	I0.0	启动	
	输出继电器	功能	备注
	Q0.0	南北红灯	
	Q0.1	南北黄灯	
	Q0.2	南北绿灯	
输出	Q0.3	东西红灯	
	Q0.4	东西黄灯	
	Q0.5	东西绿灯	
	Q0.6	南北车灯	
	Q0.7	东西车灯	

(3) 程序设计。根据控制要求首先画出十字路口交通信号灯的时序图，如图 8.4

所示。

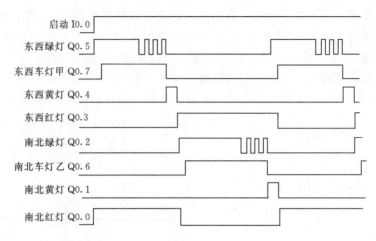

图 8.4　十字路口交通信号灯的时序图

根据十字路口交通信号灯的时序图，用基本逻辑指令设计的信号灯控制的梯形图如图 8.5 所示。分析如下：

首先，找出南北方向和东西方向灯的关系：南北红灯亮（灭）的时间＝东西红灯灭（亮）的时间，南北红灯亮 25s（T37 计时）后，东西红灯亮 30s（T41 计时）。

其次，找出东西方向的灯的关系：东西红灯亮 30s 后灭（T41 复位）→东西绿灯平光亮 20s（T43 计时）→东西绿灯闪光 3s（T44 计时），绿灯灭→东西黄灯亮 2s（T42 计时）。

再次，找出南北向灯的关系：南北红灯亮 25s（T37 计时）后灭→南北绿灯平光 25s（T38 计时）→南北绿灯闪光 3s（T39 计时）后，绿灯灭→南北黄灯亮 2s（T40 计时）。

最后找出车灯的时序关系：东西车灯是在东西绿灯亮后开始延时（T49 计时）1s 后，东西车灯亮，直至东西绿灯闪光灭（T44 延时到）；南北车灯是在南北绿灯亮后开始延时（T50 计时）1s 后，南北车灯亮，直至南北绿灯闪光灭（T39 延时到）。

8.2.4　PLC 程序设计步骤

PLC 程序设计一般分为以下几个步骤。

1. 程序设计前的准备工作

程序设计前的准备工作就是要了解控制系统的全部功能、规模、控制方式、I/O 信号的种类和数量、是否有特殊功能的接口、与其他设备的关系、通信的内容与方式等，从而对整个控制系统建立一个整体的概念。接着进一步熟悉被控对象，可把控制对象和控制功能按照响应要求、信号用途或控制区域分类，确定检测设备和控制设备的物理位置，了解每一个检测信号和控制信号的形式、功能、规模及之间的关系。

2. 设计程序框图

根据软件设计规格书的总体要求和控制系统的具体情况，确定应用程序的基本结构、按程序设计标准绘制出程序结构框图，然后再根据工艺要求，绘出各功能单元的功能流

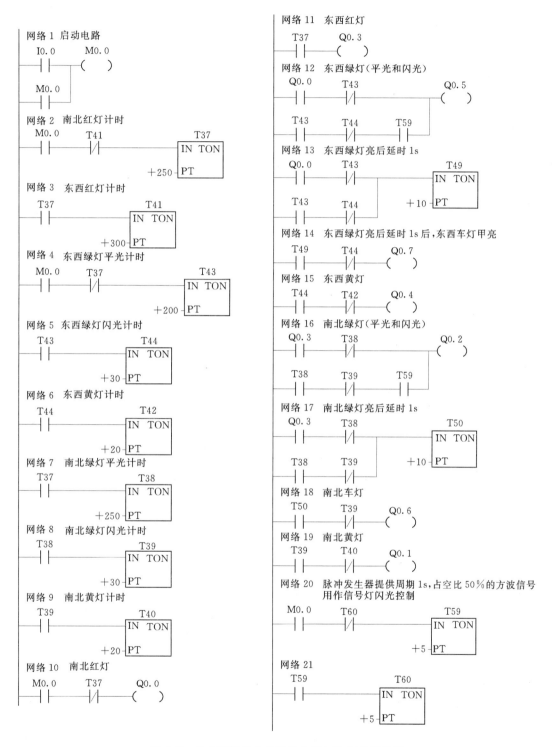

图 8.5 基本逻辑指令设计的信号灯控制的梯形图

程图。

3. 编写程序

根据设计出的框图逐条地编写控制程序，编写过程中要及时给程序加注释。

4. 程序调试

调试时先从各功能单元入手，设定输入信号，观察输出信号的变化情况。各功能单元调试完成后，再调试全部程序，调试各部分的接口情况，直到满意为止。程序调试可以在实验室进行，也可以在现场进行。如果在现场进行测试，需将可编程控制器系统与现场信号隔离，可以切断 I/O 模块的外部电源，以免引起机械设备动作。程序调试过程中先发现错误，后进行纠错。基本原则是"集中发现错误，集中纠正错误"。

5. 编写程序说明书

在说明书中通常对程序的控制要求、程序的结构、流程图等给以必要的说明，并且给出程序的安装操作使用步骤等。

8.3　应　用　举　例

8.3.1　机械手的模拟控制

图 8.6 所示为传送工件的某机械手的工作示意图，其任务是将工件从传送带 A 搬运到传送带 B。

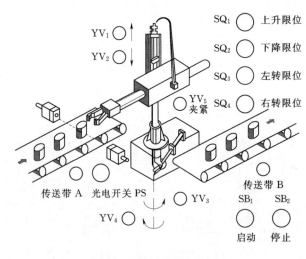

图 8.6　机械手控制示意图

1. 控制要求

按启动按钮后，传送带 A 运行直到光电开关 PS 检测到物体，才停止，同时机械手下降。下降到位后机械手夹紧物体，2s 后开始上升，而机械手保持夹紧。上升到位左转，左转到位下降，下降到位机械手松开，2s 后机械手上升。上升到位后，传送带 B 开始运行，同时机械手右转，右转到位，传送带 B 停止，此时传送带 A 运行直到光电开关 PS 再次检测到物体，才停止……如此循环。

机械手的上升、下降和左转、右转的执行，分别由双线圈二位电磁阀控制汽缸的运动控制。当下降电磁阀通电，机械手下降，若下降电磁阀断电，机械手停止下降，保持现有的动作状态。当上升电磁阀通电时，机械手上升。同样左转和右转也是由对应的电磁阀控制。夹紧和放松则是由单线圈的二位电磁阀控制汽缸的运动来实现，线圈通电时执行夹紧动作，断电时执行放松动作。并且要求只有当机械手处于上限位时才能进行左右移动，因此在左右转动时用上限条件作为联锁保护。由于上下运动，左右转动采用双线圈二位电磁阀控制，两个线圈不能同时通电，因此在上下、左右运动的电路中必须设置互锁环节。

为了保证机械手动作准确，机械手上安装了限位开关 SQ₁、SQ₂、SQ₃、SQ₄，分别对机械手进行下降、上升、左转、右转等动作的限位，并给出动作到位的信号。光电开关 PS 负责检测传送带 A 上的工件是否到位，到位后机械手开始动作。

2. I/O 分配

I/O 分配见表 8.3。

表 8.3   I/O 分 配

项目	分 配 项			
	输入继电器	对应开关/按钮	功能	备注
输入	I0.0	SB₂	启动按钮	
	I0.1	SQ₁	上升限位	
	I0.2	SQ₂	下降限位	
	I0.3	SQ₃	左转限位	
	I0.4	SQ₄	右转限位	
	I0.5	SB₁	停止按钮	
	I0.6	PS	光电开关	
	输出继电器	负载	功能	备注
输出	Q0.1	YV₁	上升	
	Q0.2	YV₂	下降	
	Q0.3	YV₃	左转	
	Q0.4	YV₄	右转	
	Q0.5	YV₅	夹紧	
	Q0.7	KM₁	传送带 A	
	Q0.6	KM₂	传送带 B	

3. 控制程序设计

根据控制要求先设计出功能流程图，如图 8.7 所示。根据功能流程图再设计出梯形图程序，如图 8.8 所示。流程图是一个按顺序动作的步进控制系统，在本例中采用移位寄存器编程方法。用移位寄存器 M10.1～1M11.2 位，代表流程图的各步，两步之间的转换条件满足时，进入下一步。移位寄存器的数据输入端 DATA（M10.0）由 M10.1～M11.1 各位的常闭触点、上升限位的标志位 M1.1、右转限位的标志位 M1.4 及传送带 A 检测到工件的标志位 M1.6 串联组成，即当机械手处于原位，各工步未启动时，若光电开关 PS 检测到工件，则 M10.0 置 1，这作为输入的数据，同时也作为第一个移位脉冲信号。以后的移位脉冲信号由代表步位状态中间继电器的常开触点和代表处于该步位的转换条件触点串联支路依次并联组成。在 M10.0 线圈回路中，串联 M10.1～M11.1 各位的常闭触点，是为了防止机械手在还没有回到原位的运行过程中移位寄存器的数据输入端再次置

1，因为移位寄存器中的"1"信号在 M10.1～M11.1 之间依次移动时，各步状态位对应的常闭触点总有一个处于断开状态。当"1"信号移到 M11.2 时，机械手回到原位，此时移位寄存器的数据输入端重新置 1，若启动电路保持接通 (M0.0＝1)，机械手将重复工作。当按下停止按钮时，使移位寄存器复位，机械手立即停止工作。若按下停止按钮后机械手的动作仍然继续进行，直到完成一周期的动作后，回到原位时才停止工作，请读者思考应如何修改程序。

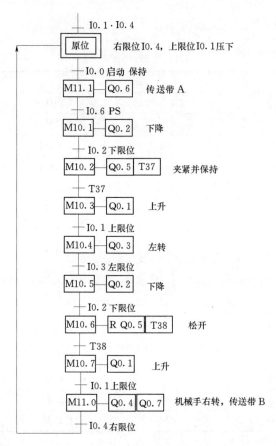

图 8.7　机械手流程图

4. 程序的调试和运行

输入程序，调试并运行程序。

8.3.2　除尘室 PLC 控制

在制药、水厂等一些对除尘要求比较严格的车间，人、物进入这些场合首先需要进行除尘处理，为了保证除尘操作的严格进行，避免人为因素对除尘要求的影响，可以用 PLC 对除尘室的门进行有效控制。下面将介绍某无尘车间进门时对人或物进行除尘的过程。

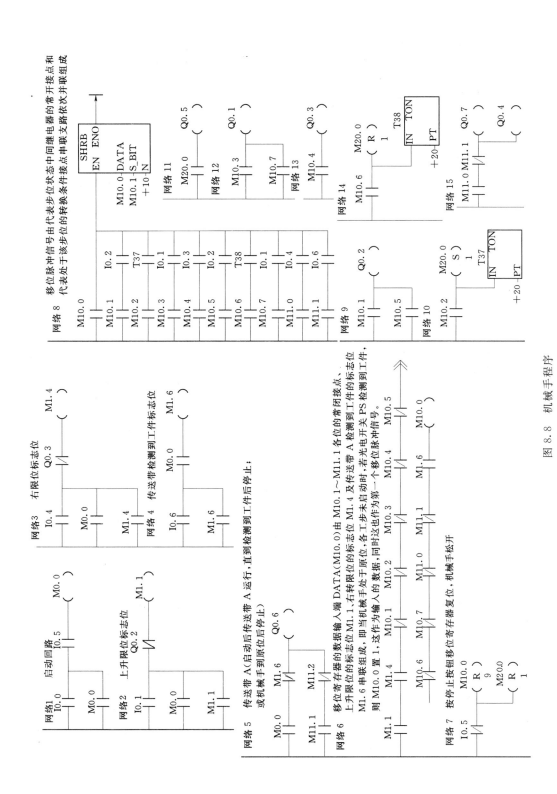

图 8.8 机械手程序

1. 控制要求

人或物进入无污染、无尘车间前，首先在除尘室严格进行指定时间的除尘才能进入车间，否则门打不开，进入不了车间。除尘室的结构如图 8.9 所示。图中第一道门处设有两个传感器，即开门传感器和关门传感器；除尘室内有两台风机，用来除尘；第二道门上装有电磁锁和开门传感器，电磁锁在系统控制下自动锁上或打开。进入室内需要除尘，出来时不需除尘。

具体控制要求如下。

进入车间时必须先打开第一道门进入除尘室，进行除尘。当第一道门打开时，开门传感器动作，第一道门关上时关门传感器动作，第一道门关上后，风机开始吹风，电磁锁把第二道门锁上并延时 20s 后，风机自动停止，电磁锁自动打开，此时可打开第二道门进入室内。第二道门打开时相应的开门传感器动作。人从室内出来时，第二道门的开门传感器先动作，第一道门的开门传感器才动作，关门传感器与进入时动作相同，出来时不需除尘，所以风机、电磁锁均不动作。

2. I/O 分配

I/O 分配见表 8.4。

表 8.4　　　　　　　　　　　I/O　分　配

项目	分　配　项		
	输入继电器	功能	备注
输入	I0.0	第一道门的开门传感器	
	I0.1	第一道门的关门传感器	
	I0.2	第二道门的开门传感器	
	输出继电器	功能	备注
输出	Q0.0	风机 1	
	Q0.1	风机 2	
	Q0.2	电磁锁	

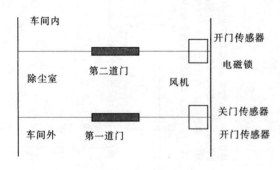

图 8.9　除尘室的结构

3. 程序设计

除尘室的控制系统梯形图程序如图 8.10 所示。

4. 程序的调试和运行

输入程序编译无误后，按除尘室的工艺要求调试程序，并记录结果。

8.3.3　水塔水位的模拟控制

用 PLC 构成水塔水位控制系统如图 8.11 所示。在模拟控制中，用按钮 SB 来模拟液位传感器，用 L_1、L_2 指示灯来模拟抽水电动机。

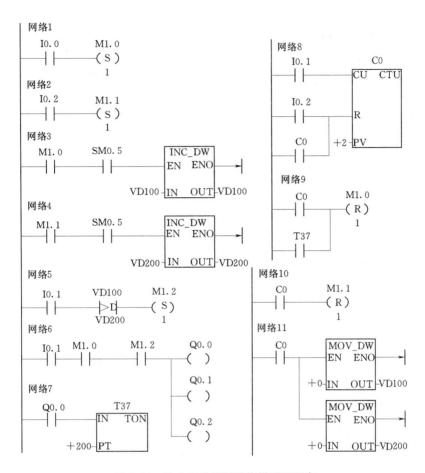

图 8.10 除尘室的控制系统梯形图程序

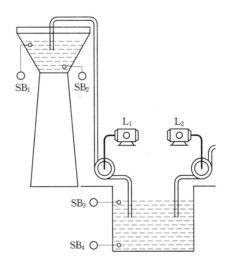

图 8.11 水塔水位控制示意图

1. 控制要求

按下 SB_4，水池需要进水，灯 L_2 亮；直到按下 SB_3，水池水位到位，灯 L_2 灭；按 SB_2，表示水塔水位低需进水，灯 L_1 亮，进行抽水；直到按下 SB_1，水塔水位到位，灯 L_1 灭，过 2s 后，水塔放完水后重复上述过程即可。

2. I/O 分配

I/O 分配见表 8.5。

表 8.5　　　　　　　　　　　　I / O　分　配

项目	分　配　项		
	输入继电器	对应开关/按钮	备注
输入	I0.1	SB_1	
	I0.2	SB_2	
	I0.3	SB_3	
	I0.4	SB_4	
	输出继电器	负载	备注
输出	Q0.1	L_1	
	Q0.2	L_2	

3. 程序设计

水塔水位控制的梯形图参考程序如图 8.12 所示。

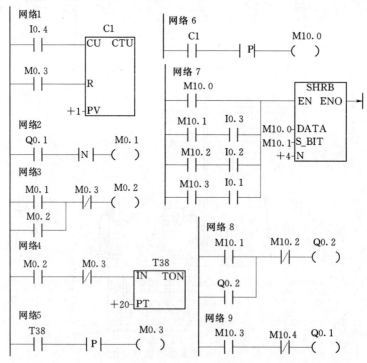

图 8.12　水塔水位控制梯形图

4．程序的调试和运行

输入梯形图程序并按控制要求调试程序。

8.4　S7—200 系列 PLC 的装配、检测和维护

8.4.1　PLC 的安装与配线

1．PLC 安装

（1）安装方式。S7—200 的安装方法有两种，即底板安装和 DIN 导轨安装。底板安装是利用 PLC 机体外壳 4 个角上的安装孔，用螺钉将其固定在底版上。DIN 导轨安装是利用模块上的 DIN 夹子，把模块固定在一个标准的 DIN 导轨上。导轨安装既可以水平安装，也可以垂直安装。

（2）安装环境。PLC 适用于工业现场，为了保证其工作的可靠性，延长 PLC 的使用寿命，安装时要注意周围环境条件：环境温度在 0～55℃范围内；相对湿度在 35％～85％范围内（无结霜），周围无易燃或腐蚀性气体、过量的灰尘和金属颗粒；避免过度的震动和冲击；避免太阳光的直射和水的溅射。

（3）安装注意事项。除了环境因素，安装时还应注意：PLC 的所有单元都应在断电时安装、拆卸；切勿将导线头、金属屑等杂物落入机体内；模块周围应留出一定的空间，以便于机体周围的通风和散热。此外，为了防止高电子噪声对模块的干扰，应尽可能将 S7—200 模块与产生高电子噪声的设备（如变频器）分隔开。

2．PLC 的配线

PLC 的配线主要包括电源接线、接地、I/O 接线及对扩展单元的接线等。

（1）电源接线与接地。PLC 的工作电源有 120/230V 单相交流电源和 24V 直流电源。系统的大多数干扰往往通过电源进入 PLC，在干扰强或可靠性要求高的场合，动力部分、控制部分、PLC 自身电源及 I/O 回路的电源应分开配线，用带屏蔽层的隔离变压器给 PLC 供电。隔离变压器的一次侧最好接 380V，这样可以避免接地电流的干扰。输入用的外接直流电源最好采用稳压电源，因为整流滤波电源有较大的波纹，容易引起误动作。

良好的接地是抑制噪声干扰和电压冲击保证 PLC 可靠工作的重要条件。PLC 系统接地的基本原则是单点接地，一般用独自的接地装置，单独接地，接地线应尽量短，一般不超过 20m，使接地点尽量靠近 PLC。

1）交流电源接线安装如图 8.13 所示。说明如下：

a．用一个单极开关 a 将电源与 CPU 所有的输入电路和输出（负载）电路隔开。

b．用一台过流保护设备 b 以保护 CPU 的电源输出点以及输入点，也可以为每个输出点加上保险丝。

c．当使用 Micro PLC 24V DC 传感器电源 c 时可以取消输入点的外部过流保护，因为该传感器电源具有短路保护功能。

d．将 S7—200 的所有地线端子同最近接地点 d 相连接以提高抗干扰能力。所有的接

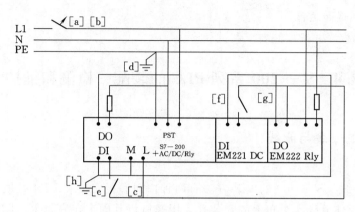

图 8.13　120/230V 交流电源接线

地端子都使用 14 AWG 或 1.5mm² 的电线连接到独立接地点上（也称一点接地）。

　　e. 本机单元的直流传感器电源可用来为本机单元的直流输入 e，扩展模块 f，以及输出扩展模块 g 供电。传感器电源具有短路保护功能。

　　f. 在安装中如把传感器的供电 M 端子接到地上 h 可以抑制噪声。

　　2）直流电源安装如图 8.14 所示。说明如下：

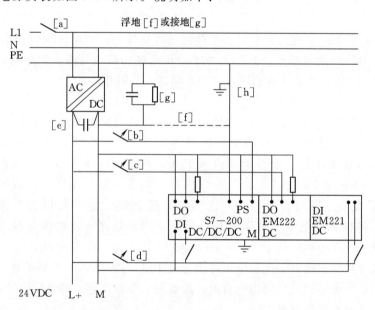

图 8.14　直流电源安装示意图

　　a. 用一个单极开关 a，将电源同 CPU 所有的输入电路和输出（负载）电路隔开。

　　b. 用过流保护设备 b、c、d，来保护 CPU 电源、输出点，以及输入点。或在每个输出点加上保险丝进行过流保护。当使用 Micro 24V DC 传感器电源时不用输入点的外部过流保护。因为传感器电源内部具有限流功能。

　　c. 用外部电容 e 来保证在负载突变时得到一个稳定的直流电压。

　　d. 在应用中把所有的直流电源接地或浮地 f（即把全机浮空，整个系统与大地的绝缘电阻不能小于 50MΩ）可以抑制噪声，在未接地直流电源的公共端与保护线 PE 之间串联电阻与电容的并联回路 g，电阻提供了静电释放通路，电容提供高频噪声通路。常取 $R=1MΩ$，$C=4700pF$。

e. 将 S7—200 所有的接地端子同最近接地点 h 连接，采用一点接地，以提高抗干扰能力。

f. 24V 直流电源回路与设备之间，以及 120/230V 交流电源与危险环境之间，必须进行电气隔离。

（2）I/O 接线和对扩展单元的接线。可编程控制器的输入接线是指外部开关设备 PLC 的输入端口的连接线。输出接线是指将输出信号通过输出端子送到受控负载的外部接线。

I/O 接线时应注意：I/O 线与动力线、电源线应分开布线，并保持一定的距离，如需在一个线槽中布线时，须使用屏蔽电缆；I/O 线的距离一般不超过 300m；交流线与直流线，输入线与输出线应分别使用不同的电缆；数字量和模拟量 I/O 应分开走线，传送模拟量 I/O 线应使用屏蔽线，且屏蔽层应一端接地。

PLC 的基本单元与各扩展单元的连接比较简单，接线时，先断开电源，将扁平电缆的一端插入对应的插口即可。PLC 的基本单元与各扩展单元之间电缆传送的信号小，频率高，易受干扰。因此不能与其他连线敷设在同一线槽内。

8.4.2　PLC 的自动检测功能及故障诊断

PLC 具有很完善的自诊断功能，如出现故障，借助自诊断程序可以方便地找到出现故障的部件，更换后就可以恢复正常工作。故障处理的方法可参看 S7—200 系统手册的故障处理指南。实践证明，外部设备的故障率远高于 PLC，而这些设备故障时，PLC 不会自动停机，可使故障范围扩大。为了及时发现故障，可用梯形图程序实现故障的自诊断和自处理。

1. 超时检测

机械设备在各工步的所需的时间基本不变，因此可以用时间为参考，在可编程控制器发出信号，相应的外部执行机构开始动作时启动一个定时器开始定计时，定时器的设定值比正常情况下该动作的持续时间长 20% 左右。如某执行机构在正常情况下运行 10s 后，使限位开关动作，发出动作结束的信号。在该执行机构开始动作时启动设定值为 12s 的定时器定时，若 12s 后还没有收到动作结束的信号，由定时器的常开触点发出故障信号，该信号停止正常的程序，启动报警和故障显示程序，使操作人员和维修人员能迅速判别故障的种类，及时采取排除故障的措施。

2. 逻辑错误检查

在系统正常运行时，PLC 的输入、输出信号和内部的信号（如存储器为的状态）相互之间存在着确定的关系，如出现异常的逻辑信号，则说明出了故障。因此可以编制一些常见故障的异常逻辑关系，一旦异常逻辑关系为 ON 状态，就应按故障处理。如机械运动过程中先后有两个限位开关动作，这两个信号不会同时接通。若它们同时接通，说明至少有一个限位开关被卡死，应停机进行处理。在梯形图中，用这两个限位开关对应的存储器的位的常开触点串联，来驱动一个表示限位开关故障的存储器的位就可以进行检测。

8.4.3　PLC 的维护与检修

虽然 PLC 的故障率很低，由 PLC 构成的控制系统可以长期稳定和可靠的工作，单对它进行维护和检查是必不可少的。一般每半年应对 PLC 系统进行一次周期性检查。检修内容包括：

（1）供电电源。查看 PLC 的供电电压是否在标准范围内。交流电源工作电压的范围为 85～264V，直流电源电压应为 24V。

（2）环境条件。查看控制柜内的温度是否在 0～55℃范围内，相对湿度在 35％～85％范围内，以及无粉尘、铁屑等积尘。

（3）安装条件。连接电缆的连接器是否完全插入旋紧，螺钉是否松动，各单元是否可靠固定、有无松动。

（4）I/O 端电压。I/O 端电压均应在工作要求的电压范围内。

8.5　PLC 应用中若干问题的处理

在实际应用中，经常会遇到 I/O 点数不够的问题，可以通过增加扩展单元或扩展模块的方法解决，也可以通过对输入信号和输出信号进行处理，减少实际所需 I/O 点数的方法解决。

1. 减少输入点数的方法

（1）分时分组输入。一般系统中设有自动和手动两种工作方式，两种方式不会同时执行。将两种方式的输入分组，从而减少实际输入点。如图 8.15 所示。PLC 通过 I1.0 识别手动和自动，从而执行手动程序或自动程序。图中的二极管用来切断寄生电路。若图中没有二极管，转换开关在自动，S_1、S_2、S_3 闭合，S_4 断开，这时电流从 L_+ 端子流出，经 S_3、S_1、S_2 形成的寄生回路电流流入 I0.1，使 I0.1 错误的变为 ON。各开关串如入二极管后，则切断寄生回路。

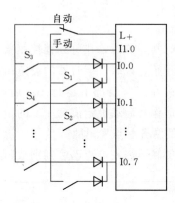

图 8.15　分时分组输入
接线示意图

（2）硬件编码，PLC 内部软件译码。如图 8.16 所示。

（3）输入点合并。将功能相同的常闭触点串联或将常开触点并联，就只占用一个输入点。一般多点操作的启动停止按钮、保护、报警信号可采用这种方式。如图 8.17 所示。

（4）将系统中的某些输入信号设置在 PLC 之外。系统中某些功能单一的输入信号，如一些手动操作按钮、热继电器的常闭触点就没有必要作为 PLC 的输入信号，可直接将其设置在输出驱动回路当中。

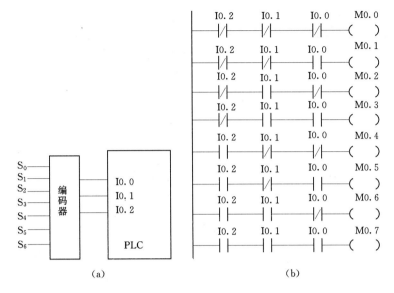

图 8.16 编码输入方式

(a) 外部电路图；(b) 内部译码梯形图

2. 减少输出点的方法

（1）在可编程控制器输出功率允许的条件下，可将通断状态完全相同的负载并联共用一个输出点。

（2）负载多功能化。一个负载实现多种用途，如在 PLC 控制中，通过编程可以实现一个指示灯的平光和闪烁，这样一个指示灯可以表示两种不同的信息，节省了输出点。

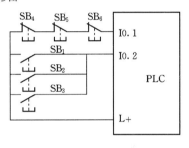

图 8.17 输入点合并

习 题 与 思 考 题

8.1 可编程控制器系统设计一般分为几步？

8.2 如何选择合适的 PLC 类型？

8.3 用 PLC 构成液体混合控制系统，如图 8.18 所示。控制要求如下：按下启动按钮，电磁阀 Y_1 闭合，开始注入液体 A，按 L_2 表示液体到了 L_2 的高度，停止注入液体 A。同时电磁阀 Y_2 闭合，注入液体 B，按 L_1 表示液体到了 L_1 的高度，停止注入液体 B，开启搅拌机 M，搅拌 4s，停止搅拌。同时 Y_3 为 ON，开始放出液体至液体高度为 L_3，再经 2s 停止放出液体。同时液体 A 注入。开始循环。按停止按钮，所有操作都停止，须重新启动。要求列出 I/O 分配表，编写梯形图程序并上机调试程序。

8.4 用 PLC 构成级节传送带控制系统，如图 8.19 所示。控制要求为：启动后，先启动最末的皮带机，1s 后再依次启动其他的皮带机；停止时，先停止最初的皮带机，1s 后再依次停止其他的皮带机；当某条皮带机发生故障时，该机及前面的应立即停止，以后的每隔 1s 顺序停止；当某条皮带机有重物时，该皮带机前面的应立即停止，该皮带机运行 1s 后停止，再 1s 后接下去的一台停止，依此类推。要求列出 I/O 分配表，编写四级传送带故障设置控制梯形图程序和载重设置控制梯形图程序并上机调试程序。

8.5　PLC 对安装环境有何要求？PLC 的安装方法有几种？

8.6　I/O 接线时应注意哪些事项？PLC 如何接地？

8.7　PLC 减少输入、输出点数的方法有几种？

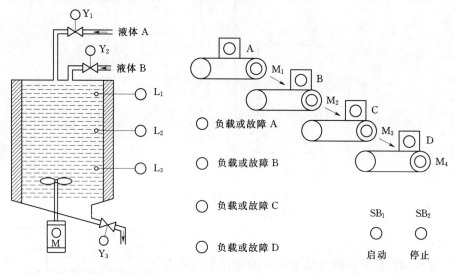

图 8.18　液体混合模拟控制系统　　　　图 8.19　四级传送带控制示意图

参 考 文 献

［1］ 李仁. 电器控制［M］. 北京：机械工业出版社，2012.

［2］ ［印］S. K. Bhattacharya Brijinder Singh 著. 电气控制技术及应用［M］. 陶国彬，张秀艳，任爽，张庆生译. 北京：科学出版社，2012.

［3］ ［日］冈本裕生著. 图解继电器与顺序控制器［M］. 吕砚山译. 北京：科学出版社，2008.

［4］ 廖常初. PLC 编程及应用［M］. 北京：机械工业出版社，2011.

［5］ 廖常初. S7—2000 PLC 编程及应用［M］. 北京：机械工业出版社，2007.

［6］ David A. Geller. Programmable Controllers Using the Allen-Bradley SIC－500 Family［M］. Prentice Hall，2000

［7］ 王永华. 现代电气控制及 PLC 应用技术［M］. 北京：北京航空航天大学出版社，2003.

［8］ ［美］Rex Miller Mark R Miller 著. 王巍，实用工业电器与电机的控制［M］. 崔维娜译. 北京：科学出版社，2009.

［9］ 王仁祥. 现代电气控制与 PLC 应用教程［M］. 北京：机械工业出版社，2012.

［10］ 巫莉. 电气控制与 PLC 应用［M］. 北京：中国电力出版社，2008.

［11］ 金续曾. 电机电气控制线路图册［M］. 北京：中国水利水电出版社，2007.

［12］ 陈建明. 电气控制与 PLC 应用［M］. 北京：电子工业出版社，2006.

［13］ 庞科旺，刘维亭. PLC 变频器与电气控制［M］. 北京：中国电力出版社，2012.

［14］ 李道霖. 电气控制与 PLC 原理及应用（西门子系列）. 2 版［M］. 北京：电子工业出版社，2009.

［15］ ［美］Richard C. Dorf，Robert H. Bishop 著. 现代控制系统. 赵千川，等译. 10 版［M］. 北京：清华大学出版社，2008.

［16］ 廖常初. PLC 应用技术问答［M］. 北京：机械工业出版社，2006.

［17］ S7—200 系统手册. 西门子公司.

［18］ S7—200 编程手册. 西门子公司.